JN137941

# 通信の世紀

## 情報技術と国家戦略の一五〇年史

大野哲弥

新潮選書

# 通信の世紀

情報技術と国家戦略の一五〇年史

（目次）

## 第七章　光海底ケーブルの登場とインターネットの衝撃　255

図版作成　アトリエ・プラン
写真提供　ＫＤＤＩ（33頁、75頁、78頁、212頁、226頁、229頁、232頁、257頁）

引用については適宜、片仮名を平仮名に、旧漢字を新漢字に変更した。また明治五年以前の旧暦については、新暦表記とした。

# 通信の世紀

情報技術と国家戦略の一五〇年史

# はじめに

二〇一七年現在、日本におけるパソコンの世帯保有率は約七三%、携帯電話の世帯保有率は約九五%である。[1] インターネットの個人利用率は約七八%で、その内スマートフォンからの利用は約五二%、パソコンからの利用は約四九%となっている。およそ一億人がインターネットを利用していることになる。インターネット上を流れる通信量を見ると、二〇一七年一一月のブロードバンド契約者からの総ダウンロード量は推定で一〇・八テラビット毎秒（ｂｐｓ：ビット・パー・セコンド）と前年同月比で約三〇%増加し、十年前の二〇〇七年一一月の約〇・七テラｂｐｓの一五倍以上となっている。[2] もはやインターネットは私たちの生活にはなくてはならない存在であり、「通信」という大きな枠組みで考えれば、日本人は「通信」なしには、一日も暮らせない時代を生きているように見える。

## 世界を結ぶ光海底ケーブル

インターネットは、様々なネットワークが繋がった全世界を結ぶ単一のネットワークである。利用者は国内同様に海外にメールを送れるばかりでなく、クリックするだけで外国のウェブサイトに接続することができる。見た目は日本語のウェブサイトでもサーバーは海外というものが少なからずあり、意識しないうちに外国と接続しているということはもはや現代の常識といってもいいだろう。そこには国境の隔たりを全く感じさせない。

そしてこの海外と日本を繋ぐ「通信」の通り道が、海の底を走る光ファイバーのケーブルである。国際間の情報のやりとりが増加している現在、光海底ケーブルは欠かせない「通信」の基盤となっている。今や海は、国と国を隔てる障壁ではなく、絶好のメディア（媒体）となっているのである。二〇一七年現在、テレビ放送を含めた国際間の電気通信の九九％が光海底ケーブル経由である。かつて国際間のテレビ中継では人工衛星が主役であり、現在でも、海外からのテレビ中継は衛星経由で送られてきていると思われがちだが、実のところは海の底を通ってくる。衛星中継ならぬ「海底中継」なのである。

二〇一七年にKDDIやグーグルなどにより日本と米国西海岸の九〇〇〇キロを結ぶ「FASTER」ケーブルが開通した。その回線容量は六〇テラbpsにのぼる。かつて一ギガbpsの容量のケーブルを電話回線換算で一万二〇〇〇強としていたから、その六〇〇〇〇倍にあたる六〇テラbpsは七億二〇〇〇万回線になる。日米両国民全員が一度に電話をしても十分余裕がある容量である。こうなると電話回線に換算する意味もないので、通信事業者は、約四〇〇万人が同時に高精細映像（一五メガbps）を見られると説明している。国際間にこれだけの大容量の伝送路があれば、グローバル化するのは当然であり、グローバル化するから、ますます大容量の回線が（本当に必要なのかは別として）求められる。現在、マイクロソフトやフェイスブックもケーブル計画に参加している。海底ケーブルは通信会社のものだけではなく最新IT企業も積極的に参加する事業となっている。私たちが使っているパソコンやスマートフォンは海底ケーブルに直結して、世界に繋がっているのである。

海底ケーブルが最初に日本に陸揚げされたのは、一八七一（明治四）年のことである。デンマーク国籍のグレートノーザン電信会社（日本名：大北《たいほく》電信会社）により上海と長崎の間が結ばれた。この時のケーブルは銅線をガッタパーチャという樹脂で防水した電信用回線で、わずか一回線であった。その後、二〇世紀初頭に無線電信が実用化され、第二次世界大戦の前後は短波無線が通信の主役を務めたが、一九五〇年代には電話にも使える海底同軸ケーブルが登場して、その座を譲った。さらに一九六〇年代後半にインテルサット衛星による通信が登場し、次第にケーブルを凌駕する状況となった。そして一九八〇年代末に光海底ケーブルが実用化され、現在に至るまで国際間伝送路の主役となっているわけである。面白いことに、国際伝送路の変遷を古い方から並べると、「海底電信ケーブル」、「無線通信」、「海底同軸ケーブル」、「衛星通信」、「光海底ケーブル」と、有線と無線がまるで源平の盛衰のように交互に主役を務めてきたことが分かる。そして国際間の伝送路の無線と有線の勝負は、有線に軍配が上がっている。

だが一方で、無線技術は移動中でも利用できるという大きな利点を持つ。スマートフォンを中心とする携帯端末の急増にみられるように、利用者と最寄りの通信会社の設備との間の伝送路は、無線が中心となりつつあるので、見方によっては一五〇年経って無線と有線の勝負は引き分けの状態ともいえる。国際間、長距離を結ぶ基幹伝送路は光ファイバー、利用者と最寄りの通信会社を結ぶ足まわりは無線と、棲み分けているといってもいいかもしれない。このような環境の中で、私たちの「情報化社会」が成り立っている。

## 通信とともに発達した暗号技術

通信とともに発達してきたものに暗号がある。電報は電報局員など第三者の目に触れざるを得ず、また料金も高かったため、電文短縮のためにも暗号（略号）が多く使われた。明治初頭に欧米を歴訪した岩倉使節団は、最初に訪問した米国滞在中、本国政府にあて暗号利用を提議している。日露戦争時の暗号電報「敵艦隊見ゆとの警報に接し……」や日米開戦時にワシントンＤＣの日本大使館に打たれた開戦通告の暗号電報はよく知られているところである。

現代でもインターネット上での電子取引などでは認証や情報秘匿が必要であり、暗号化がサービスの前提となっている。インターネットは、米国のスノーデン事件で明らかになったように、しかるべき技術をもった人や組織の手にかかれば流れる情報は丸裸であり、暗号化は欠かせない。私たちは、自分で気が付かないうちに暗号を利用しているのである。かつて暗号の問題は、国や企業のものであったが、現在では個人の生活レベルにまで浸透している。「通信」の時代はまた「暗号」の時代でもあるわけである。

## 通信が語る近現代の日本

二〇一七年末の時点で世界の人口の約五三％にあたる四〇億人がインターネットを利用しているといわれている。便利になる一方で、インターネットの普及により世の中の動きは、ますます速く、落ち着きのないものになっている。選挙などは投票日が一日ずれただけで、全く逆の結果となるくらい、情報は速く、広く、そして大量に伝わっている。また憎悪をこめたコメントや人々をたぶらかすフェイクニュースも満ち溢れている。急激な情報量の増加に不安を抱いている人たちもいるだろう。

このような時代にあって、「通信」の歴史を顧みるのも無駄ではないはずだ。従来の日本における通信の歴史は、「不毛の通信史」と言われるほど遅れていた。[3] 従来の通信史は、政治史や外交史とは切り離され、技術史や制度史に留まっていた。しかし、人々の生活が「通信」と切っても切れない関係になっている現在、通信を技術だけで考えることのほうが不自然である。

本書は、明治以降の日本の通信の歴史を、その時代の技術はもちろん、政治、外交などの社会状況を含め総合的に検討することにより、現代社会における通信の特質を探ることを目指している。特に国際間の伝送路の変遷にまつわる、外交、政治、経済との関係を中心に、軍事や暗号利用についても触れていきたい。それは同時に、従来の歴史研究における通説を再検証することにつながるだろう。

## 見えない武器

戦前期、ケーブルのルートや陸揚げ地の設定は、外交や軍事の枠組みで語られる重要な問題であった。米国の情報技術史家のダニエル・ヘッドリクの電気通信史にかかわる著作のタイトルは、『帝国の手先』であり、『見えない武器』である。[4] 特に『見えない武器』というタイトルは秀逸である。通信史の研究が遅れていた理由の一つとして、通信は目に触れにくいという点がおそらくあげられるだろう。通信の内容が第三者の目に触れることはめったにないし、そもそも電気信号は人間の目では読み取ることもできない。さらにいえば、通信史には、魅力的な車両や船舶、航空機が登場する交通史のような華やかさもないのである。しかし、見えないからこそ大切なものもある。通信の歴史をできるだけ可視化するために、本書は海底ケーブル図や通信設備の写真などに加え、同時代の人には秘められていた暗号電報の記録を積極的に取り上げる。

一五〇年以上に及ぶ国際通信の歴史の中には、その後の社会を変えるような内容を運んだ電報が多くあった。そのほとんどは暗号電報である。日本の近代史上もっとも有名な暗号電報のひとつは日米開戦時、外務本省からワシントンDCの日本大使館に打たれた「対米最終覚書」に関するものであろう。真珠湾攻撃の三〇分前に米国国務省に通告する予定が、攻撃開始の約一時間後になってしまった出来事である。長年の間、日本大使館員の怠慢により通告が遅れたとされてきたが、近年、外務本省が故意に電報を遅らせた結果であるとの説が出され、両論並立の状況となっている。この問題についても、電報交信という面から詳細に検討する。

戦後になり、東京オリンピックが開催された一九六四年、海底同軸ケーブルである第一太平洋横断ケーブル（TPC—1）が開通する。次いで、インテルサット衛星を使った衛星通信が登場し、各国協調の安定した国際通信秩序の中で日本は高度成長を遂げてきた。高度成長を支えたのは、国際テレックスと国際オペレータ通話であった。

そして一九八〇年代後半、先進諸国の通信の自由化と光海底ケーブルの実用化という二つの要因により、時代は大きく動き始めた。国際通信秩序が動揺し、各国通信会社は海外進出を図り、日本にも米英の通信会社が進出の構えを見せるようになったのである。しかし、光海底ケーブルの実用化により国際伝送路単価は急落したうえ、国境のないインターネットの出現により国際通信市場そのものが消滅に向かった。各通信会社の海外進出は夢に終わり、通信会社に代わりIT企業が主役に躍り出たのである。

インターネットの歴史がはじまってから、まだ三〇年ほどである。これからどのように発達していくのだろうか。また現代の課題はどのようなものなのだろうか。人はどれだけの情報を必要としているのだろうか。一五〇年の通信の歴史を振り返りながら考えていこう。まずは一八七二年一月、サンフランシスコ沖で夜明けを待つ岩倉使節団から話をはじめることとしよう。

# 第一章　海底ケーブル四万キロ

## （一）海底ケーブル網の誕生

### 岩倉使節団の国際電報

一八七二（明治五）年一月一七日（新暦）、岩倉使節団が最初の寄港地、サンフランシスコから長崎県令（知事）あてに打った英文の電報がグレートノーザン電信会社長崎局に到着した。電報の原文は現存していないが、外務省の外交史料館には翻訳文として次のような一文が残されている。[5]

「日本大使無事に御着相成候義を政府へ為御知申候」

岩倉使節団は、一八七一年一二月二三日、太平洋汽船のアメリカ号に乗り組み、横浜港を発った。使節団のメンバーは全権大使の岩倉具視右大臣を筆頭に、木戸孝允参議、大久保利通大蔵卿、伊藤博文工部大輔などの有力者揃いである。欧米各国を歴訪する使節団の目的は、各条約締結国元首への聘問、先進諸国の制度・文化の研究や不平等条約改正のための予備交渉などであった。

アメリカ号は一月一五日未明、サンフランシスコ沖に到着した。濃霧のため港外で夜明けを待ったが、日の出前から霧があがりはじめ、朝日に照らされたカリフォルニアの山々に迎えられサンフランシスコ港の桟橋に向かった。サンフランシスコ市は祝砲を放ち、使節団の到着を歓迎した。そして、翌一六日（現地時間）に使節団が打ったのが、冒頭の電報である。米国と日本を結ぶ太平洋ケーブルがまだなかったことから、この電報はサンフランシスコからアメリカ大陸を横断し、大西洋ケーブルで英国を経由、さらに欧州大陸、アジアを経て、地球の四分の三にあたる三万キロ以上を回って長崎に届いた。デンマークのグレートノーザン電信会社が開設したケーブルは、長崎—上海間が一八七一年八月一二日に、長崎—ウラジオストック間が一八七二年一月一日に開通していた。使節団は開始間もない国際電報を早速利用したのである。

　使節団が打った電報は、サンフランシスコから長崎までほぼ一日で届いているが、東京に着いたのは一月二七日であった。長崎から東京まで実に一〇日もの時間を要している。当時、日本国内の電信回線は、東京—横浜間と大阪—神戸間だけであり、長崎に着いた国際電報を東京に届けたのは、いわゆる「飛脚」だった。この年の一月一四日に長崎—東京間に「郵便」の制度が導入されたが、実態は江戸時代の飛脚を整備して、迅速化、低廉化を図ったものであった[6]。日本初の鉄道が新橋—横浜間で開通するのは、さらに後の一〇月一四日であり、当時最速の交通手段は船舶だった。適当な船便があれば長崎—横浜間を四日で結ぶこともできたが、この時は人の脚力に頼るしか方法がなかったのである。横浜とサンフランシスコの航程が二二日であったことを考えれば、決して早いとは言えないものであった。

## 一二〇日間世界一周

岩倉使節団は、その後、積雪に悩まされながらも鉄道でアメリカ大陸を横断し、ワシントンDCにしばし滞在、次いで大西洋を渡って欧州各国を歴訪した。英国、フランス、ベルギー、オーストリアなど都合一二カ国を巡り、最後は地中海からスエズ運河で紅海に抜け、アジア各地に寄港しつつ一八七三（明治六）年九月一三日、横浜港に帰ってきた。これは立派な世界一周旅行である。同時期にはフランスの小説家ジュール・ヴェルヌの『八十日間世界一周』が発表されているが、この物語は一八七二年一〇月に主人公がロンドンから世界一周に旅立つ設定になっている。使節団の当初計画の全行程一〇カ月半のうち移動日は一二〇日だから、いうなれば「一二〇日間世界一周」であった。明治維新後まもない政府の要人たちが、小説の主人公なみの大旅行を行ったわけである。この時代、「世界一周」が世界の一大トピックとなっていたのであるが、そもそも「世界一周」とはどのように定義づけられるのであろうか。

比較社会学の分野で業績を残した園田英弘は、一九世紀後半の交通の大変革として、①一八六九年、アメリカ横断鉄道の開通 ②一八六七年、太平洋横断航路の開通 ③一八六九年、スエズ運河の完工、の三つをあげて、「地球が丸くなった」としている。しかし、この考察の中には電信は含まれていない[7]。園田は、アメリカとアジアを結ぶ太平洋ケーブルが未通だったことから、国際通信網は、まだ世界を一周していなかったとしているが、果たしてそうなのだろうか。

たしかに太平洋ケーブルは未通ではあり、ケーブル自体は地球を四分の三周しかしていなかった。しかし、用途の面だけで捉えれば、使節団がサンフランシスコから打った電報はほぼ一日で長崎についているし、交通と異なり電気通信は逆回りでも威力を発揮できるから、事実上の世界一周と言ってもいいであろう。そもそも欧州中心の当時にあって、世界地図上では太平洋は左右の余白に過ぎなかった。

## 電信とは何か

文字情報を電気符号に変換して送受するのが電信の基本的定義である。この電信が実用化されるまでは、人や文書そのものの移送が必要だった。もちろん交通手段を用いない、狼煙や旗振りといった情報をリレーするものもあったが、遠隔地との通信には多くの困難があった。望楼に取り付けられた腕木の位置により遠隔地に情報を送る「腕木通信」が一七世紀の末から欧州で普及し、ナポレオンが軍事、外交で活用したことは知られているが、送ることのできる情報量は限られる上、霧などで視界を妨げられれば役をなさないなどの欠点があった。何よりもリレー方式では、大海を超えての通信は不可能である。

こうした中、一八世紀から一九世紀にかけて電気に関する発見、発明が相次いだ。米国のベンジャミン・フランクリンは針金を使って電気を伝えることを発見し、イタリアのアレサンドロ・ボルタによりボルタの電池が作られた。さらにデンマークのハンス・エルステッドにより電流による磁気作用が紹介された[8]。電気の伝送速度が極めて速いことから、一九世紀に入るとこれらの発見、発明を通信に応用するために様々な研究が行われるようになった。

ドイツのサミュエル・ゼンメリンクが考案した方法は、アルファベットと数字を表す三五本の電線を使い、たとえば、「A」と決めた電線に電流を流すと、受信側でその電線に対応する試験管の中の水に泡が立ち、「A」が送られてきたと分かるというものであった。最終的に実用化されたのは、電流を流すと磁針が動く性質を使った電磁式電信機であったが、これは複数の電線と磁針を使い、どの電線に電気を流すかにより、磁針が受信機に付けられた文字盤のどの文字を指すかを読み取るという方式である。電磁式受信機を使った電信が、一八三九年、ロンドンのパディントン駅と郊外のウェスト・ドレイトン駅間の鉄道用として開始された。

一方、米国では、サミュエル・モールスにより、短く電気を送る短音（トン）と長く電気を送る長音（ツー）との組み合わせでアルファベットや数字を符号化して送信するモールス信号を使った無線機が開発された。送信者から送られた符号が受信側で紙テープにトンとツーで印字されるという方式である。モールスは、英文で使われるアルファベットの頻度を調べ、一番頻出する「E」を一番簡単な短音一つ「トン（・）」で表すなど効率化を図った。「S」は、「トントントン（・・・）」、「O」は「ツーツーツー（－－－）」としたので、「SOS」は、「トントントン・ツーツーツー・トントントン」となるわけである。

この方式で一八四五年（一八四四年とする説もある）、ワシントンDC―ボルチモア間で電信サービスが開始された。その後、米国では中小の電信会社が乱立したが、一八五六年、ハイラム・シブレーが多くの会社を合併し、ウェスタン・ユニオン社を設立した。米大陸横断、すなわちニューヨーク―サンフランシスコ間の電信開通は一八六一年であった。

電信が画期的だったのは、情報が物質から分離した点にある。[9] 情報の伝達を物の移動に頼る必要がなくなったのである。汽車や船よりも早く情報を遠方に届けることが可能になったために、汽車や船で逃亡した犯人は、電信連絡により到着駅や港で捕まってしまうことになった。

汽車や船に対し電信は比べようもないくらいに速い。岩倉使節団が打った電報のように、電信は、どんな遠回りをしても、最短、最速の航路よりも早く「情報」を伝え、「通信」の役割を果たせる。電気通信の実用化は、通信を交通から独立させたのである。そして、この「通信」の革命の象徴となったのが海底ケーブル網であった。

## 海底ケーブルの誕生

最初の海底ケーブルの開通が陸上の電信網の実用化に比べ一〇年ほど遅れたのは、陸上と異なり、海底では電線を絶縁処理する必要があったためである。一八四三年、英国人の外科医ウィリアム・モントゴメリーにより、マレー半島に自生するガッタパーチャという樹木からとれるゴムに似た樹脂がロンドンの学会で紹介された。このガッタパーチャを絶縁に使えないかと、『ロウソクの科学』で知られるマイケル・ファラデーや、大手電機会社ジーメンス社の創始者ヴェルナー・ジーメンスらが関心を抱き、開発を続けた末、ガッタパーチャで絶縁措置された海底ケーブルが実用化されたのである。[10] そして、この海底ケーブルの革新性にいち早く目をつけたのが、今も世界を代表する通信社、ロイター通信社（現在のトムソン・ロイター）の創始者ジュリウス・ロイターであった。

一八五一年、第一回万国博覧会に沸く英国・ロンドン。そこから東南東に一〇〇キロ余りのドーバーにフランスのカレーからの海底ケーブルが陸揚げされ開通したのは、一一月一三日のことであった。これを見て動き始めたのがロイターであった。この頃、ロイターはドイツ西部の都市アーヘンで伝書鳩を使った情報サービスを行っていた。

一八四九年、パリとブリュッセルの間、ベルリンとアーヘンの間と、陸続きの欧州では主要都市間の電信線の建設がはじまった。主にやり取りされたのは株式市況などの経済情報である。まさに時間が勝負の世界であったのだが、未通の区間も多く、欧州を代表するベルリンとパリの間もまだ通じていなかった。そこでロイターは、この未通の区間を伝書鳩でつなぐ事業を行っていたのである。ベルリンとパリの場合であれば、未通区間を汽車で運ぶより七時間も早く情報を届けることができた。いわば電信の隙間を埋めるニッチビジネスである。しかし、その事業も一八五〇年末の電信線の延長により終わりを遂げ、ロイターは新たなビジネスを模索せざるを得なくなった。そこで見たのがドーバー海峡での海底ケーブルの敷設であった。

　ロイターはアーヘンにあった事務所をロンドンに移し、アーヘンで培った情報網をいかし、新たに開通した海底ケーブルを用いてヨーロッパ大陸の市況をロンドンに、ロンドンの金融情報をヨーロッパ大陸に速報するビジネスを立ち上げたのである。[11] すでに英国内でも六〇〇〇キロを超える電信線が張り巡らされていたこともあって、ビジネスは軌道に乗った。通信の隙間で始まった伝書鳩ビジネスは、通信の発展により奪われたが、海底ケーブルというさらなる技術革新によって、ロイターはその地位を確たるものとしたのである。

## 失敗が生み出した歴史

　英国と欧州大陸がケーブルで結ばれると、次のケーブル敷設の目標は英米間であった。この敷設には米国人の実業家サイラス・フィールドが名乗りをあげ、一八五八年八月、大西洋ケーブルが開通した。両国民の喜びは大きく、大掛かりな祝賀行事が行われた。しかし、このケーブルは開通直後から異常が検知され、二カ月後には通信が途絶してしまった。喜びが大きかっただけに失望も大きかった。フィールドはその後も挑戦と失敗を繰り返し、一八六六年九月、ふたたび大西洋ケーブルは開通したのだが、この紆余曲折の間に、欧米間を結ぶ二つの異なる計画が試みられることになった[12]。大西洋の真ん中を結べなければ、北回りの最短ルートで結ぶか、もしくは海底ケーブル部分が短くてすむように逆回りでユーラシア大陸を横断し、ベーリング海峡を経由して結べばいいという発想である。

北回りとは、北大西洋経由で英国と米大陸を最短距離で結ぶ計画である。この計画は、英国、デンマークの後援も得たが、一八五九年に断念された。この計画にかかわっていたデンマーク人の実業家ティットゲンが後にグレートノーザン電信会社の社長となり、同社の日本進出に関わることになる。

もうひとつは、ベーリング海峡を横断し、シベリアと米大陸を結ぶ計画である。この計画は米国人のシブレーが率いるウェスタン・ユニオン社により進められたが、一八六六年の大西洋ケーブルの完成により断念された。ただ、計画遂行のためロシアを訪問していたシブレーは、ロシア政府にアラスカ売却の意向があることを察知し、この情報を米国政府に伝えたことが一八六七年の米国によるアラスカ買収に結びついた。

シブレーらの計画はもともと中央アジアを経由してインドへ、また日本、清国を経由し、フィリピン、オーストラリアまで結ぶ壮大なものであったが、この時シベリアに敷設されたケーブルが後に長崎と結ばれることになる。

一八五八年にあっさり大西洋ケーブルが結ばれていれば、アラスカ売却や南北戦争に影響を与えたかはともかく、その後の国際通信網も異なっていた可能性があるだろう。いずれにしろ、テイットゲンが関わった北大西洋ケーブル計画と、シブレーたちの残したシベリアケーブルが、日本を海底ケーブル網に巻き込むきっかけとなったことは間違いない。

## 世界一周ケーブル網の完成

海底ケーブルは、一旦実用化されると需要が顕在化し、一八七〇年代に入ると、英国のイースタン・グループの電信会社により、スエズから香港までのケーブルの敷設が一気に進んだ。一八七一年一月五日にはインドを経由してシンガポールまで、六月にはシンガポールからサイゴン、香港までも開通した。

一方、グレートノーザン電信会社により、同年四月一八日に香港―上海のケーブルが開通した。ロシアからは陸上線のシベリアケーブルがウラジオストックまで到達しつつあった。グレートノーザン電信会社もイースタン・グループのイースタンエクステンションオーストラレシアアンドチャイナ電信会社（日本名：大東電信会社、以下イースタンエクステンション）も次の目標は欧州と清国との間の電信連絡であった。

しかし、当時の清国政府は、新技術である電信の導入を拒んでいた。[13] 外国の通信会社からの海底ケーブルの陸揚げ申請も、民衆により破壊される危険性があるとし、許可しなかった。ただ清国政府は、埠頭の外側に停泊した船にケーブルを引き込むことまでは拒否しなかった。やむをえず黙認したというのが実情である。このような状況のもと、同社がやや強引に上海にケーブルを陸揚げし、上海―長崎―ウラジオストックの間をケーブルで結んだのである。

グレートノーザン電信会社が敷設したケーブルにより、日本からは、上海経由とウラジオストック経由の二本のルートで欧米への通信が可能となった。同時に、この二本のルートは、ユーラシア大陸を巡る大きなループを形成した。英国と米国の間も既に結ばれていたので、この時点で、国際通信網も世界一周したと考えていいだろう。そしてこれを早速利用したのが、岩倉使節団であった。

日本が海底ケーブルと結ばれた一八七一年は、海底ケーブル敷設の最初のピークであった。この年に二万キロメートル以上の海底ケーブルが敷設され、総延長が地球一周分にあたる四万キロメートルを突破した。日本は、明治維新とほぼ同時に、欧米による世界交通網、国際通信網に組み込まれたのである。ただ、国内の電信網整備が進んだのは、一八七二年以降となり、国際電報で日本語（ローマ字）の使用が認められたのは、一八八〇（明治一三）年からである。サンフランシスコから打たれた岩倉使節団の電報が英語で書かれ、長崎から東京に送付するのに一〇日間かかったというのにはこのような背景があった。

## （二）グレートノーザン電信会社の日本進出

清国政府は、度重なる欧米からの電信建設、海底ケーブル陸揚げの要望を拒絶しつづけたが、日本政府はどのように外国からのケーブル陸揚げの要求に対応したのか。また、日本の国内の電信建設は、どのように行われたのだろうか。

## 電信の父、寺島宗則

「日本の電信の父」と呼ばれているのは、明治初期、外務大輔、駐英公使、外務卿などを歴任し、外交の立役者として知られる寺島宗則である。寺島は、日本最初の東京―横浜間の電信建設を推進したばかりでなく、国際通信の分野でもグレートノーザン電信会社との交渉をまとめた。一八三二年、薩摩で生まれ、蘭学を学び、薩摩藩主島津斉彬の侍医となった寺島は、医学以外、科学広範に長じており、電信機の実験にも携わっていたのである。そして寺島が二度目に電信に関わったのは、横浜で外国官判事兼神奈川府判事を務めていた時期であった。

寺島は明治改元の前日、一八六八年一〇月二二日（慶応四年九月七日）、横浜―東京間の電信敷設の建議書を外国官（後の外務省）に提出した。寺島による電信建設の建議は、一八六九年一月一日（明治元年一一月一九日）の東京開市（築地に外国人居留地を設けて貿易を許可する）に備えてのものであった。この建議は廟議（閣議）決定され、英国人ジョージ・ギルバートにより建設工事が行われた。東京―横浜間の電信は一八七〇年一月二六日（明治二年一二月二五日）に取扱開始となった。

寺島は電報の取扱い開始をまたず異動し、一八六九年八月一五日に発足した外務省の初代外務大輔に就任した。そしてグレートノーザン電信会社との交渉は、澤宣嘉外務卿のもとで臨むことになる。このように寺島は、電信機の実験、横浜―東京間の電信建設と既に二度にわたり電信に関わっていたうえ、行政経験、外国経験も豊富であり、電信交渉の適任者であった。

## 守り抜いた通信主権

一方、寺島の交渉相手となるグレートノーザン電信会社はどのような動きをしていたのであろうか。日本への海底ケーブルの敷設を計画したグレートノーザン電信会社は、デンマークの地理的位置を利用し、ドイツを経由せずロシアと英国を結ぶケーブルを敷設していた。政治的中立性を掲げ、対抗する欧州強国の関係を利用してビジネスチャンスを摑むのが同社の戦略であった[14]。

グレートノーザン電信会社が次に目をつけたのが、シベリアと米大陸を繋ごうとして頓挫し、放置されていたシベリアケーブルである。このケーブルを利用して、英国―ロシア―日本―中国というルートを建設し、英国系の電信会社がインド、シンガポールを経由して清国に伸ばしつつあったルートに対抗しようと考えたのである。ウラジオストック―長崎―上海―香港を結ぶケーブルは、英国系のケーブルに比べれば短距離であったが、多大な収益をあげることが期待できた。清国にとっても、アヘン戦争、アロー号事件で戦った英国や、国境策定で譲歩を強いられていたロシアと比べ、遠く離れた小国であるデンマークのほうが望ましい相手であったことは想像に難くない。

日本の国際通信の取り扱いがグレートノーザン電信会社によりはじまったのは、同社が欧州からウラジオストックのルートの権利を得たことが大きな理由である。デンマーク王女アレクサンドラとダウマーの姉妹は、それぞれ英国王室（エドワード七世妃）とロシア王室（アレクサンドル三世妃）に嫁いでいるなど、デンマークは英露両国との関係も良好であり、グレートノーザン電信会社も両国と親密な関係にあった。

しかも、グレートノーザン電信会社の日本進出にあたっては、オランダ、ドイツをはじめ他の欧州諸国も支援している。デンマークの国をあげての外交努力の成果である。他国からの妨害を受けることなく自国の設備・要員だけで本国と各植民地、自治領を結ぶオール・レッド・ルートを構築した英国も、「排他的特権の排除と英国既得権益擁護」を条件にグレートノーザン電信会社の敷設を認めたのである。[15] つまり英国は、機会があれば自国の通信会社が日本に陸揚げすることができる余地を残しつつも、デンマークに譲歩したのである。このように根回ししたうえ、同社は、日本との交渉に臨んだ。英国のオール・レッド・ルートとは、世界各地の英国領が地図上で赤く塗られていたことからつけられた名称である。

一八七〇（明治三）年六月、デンマーク国王の専使との位置づけでグレートノーザン電信会社の理事、ジュリアス・シッキが来日し、寺島外務大輔と交渉に入った。シッキは、長崎、大阪、兵庫、横浜、函館の全ての開港地への陸揚げ、および開港地間を結ぶケーブル建設に加え、沿岸の測量権を要求した。しかもグレートノーザン電信会社は、開港地間を結ぶケーブルを瀬戸内海に通したいとしていた。日本政府は、国際電信を自国のために必要と考えていた一方、過度に外国企業に利権を与え、将来に禍根を残すことを懸念していた。

寺島宗則

寺島は、国内電信網建設は自国で行うことに決定しているとシッキに伝え、陸揚げ地を長崎と横浜に限り、長崎と横浜間のケーブルは瀬戸内海ではなく、九州、四国の南方を回るルートとすることで決着を図った。さらに、陸揚げを他の通信会社に許可する場合があるとし、グレートノーザン電信会社に独占権を与えなかった。

寺島の交渉の成果として、陸揚げ地を長崎、横浜に限定したこと、瀬戸内海へのケーブル敷設を阻止したこと、将来、ケーブル買収の可能性に触れたことなどがあげられる。このとき、国内通信の利権を与えていれば、確かに後に大きな弊害となっていただろう。日本政府は同社への対抗上、国内伝送路の完成を急ぎ、一八七三年四月、東京—長崎間で電報サービスが開始された。しかし、この頃頻発した一揆により電信線はしばしば破壊され、東京—長崎間の通信が安定したのは、一八七四年に入ってからであった。

　ところで、このとき日本政府がグレートノーザン電信会社に陸揚げを認めてしまったことから、通信に関して植民地化してしまったとする意見があるが、果たしてそうなのだろうか。通信主権とは、簡単に言えば、自国の制度により、通信設備を建設し、サービスを提供する権利である。[16]通信設備に関しては、少なくとも国内伝送路部分を自国管理下におかなければ通信主権は維持できない。国際伝送路の部分は、基本的に相手国側は相手任せであるから、機密保持にしても電文は相手国で見られてしまう可能性が高い。この時代、欧米諸国は、特にアジア、アフリカ相手の通信では、自国の設備を相手側にも設置しているケースが大半であった。したがって、日本にデンマークの会社のケーブルが陸揚げされても、それだけで多大な支障がでるわけではなかった。いずれにしろ電文は、上海以遠かウラジオストック以遠で見られてしまうものである。もちろん国際通信を外国の通信会社だけに任せるということは、自国発の国際電報料金の設定もできないなどの問題はあったが、技術力、経済力がついた時点で自ら海外への海底ケーブル敷設ができる余地を残しておけば、困難を伴うにしても将来的に解決可能な問題であった。

　これに対し、国内通信を外国の会社に任せることは、重大な問題となる。政府関係や日本企業の情報が他国に筒抜けになってしまうばかりでなく、伝送路の保護という名目で、様々な干渉を受ける危険性がでてくる。日本政府は、国内の電信設備の構築にこそお雇い外人など外国の力を借りたが、運用や電報受付、配達などは、官営として自ら行った。

寺島はグレートノーザン電信会社に独占権を与えず、国内伝送路の構築も許さなかった。当時の日本の技術力、経済力としては、何とか最低限の条件を確保したといえるだろう。しかし、この状況は日本自身が海底ケーブルを欲したとき、大きく変貌してしまうのである。

グレートノーザン電信会社、長崎千本の海底線陸揚庫

### 技術と資金の引き換えに失った国際通信主権

日本政府が海外とのケーブルの必要性を強く認識したのは、一八八二（明治一五）年七月末、朝鮮の漢城（現ソウル）で日本公使館が襲撃された壬午事変の時であった。事変そのものは清国の介入もあり、約一カ月後に収束したが、事変発生時、日本政府は朝鮮半島との連絡が十分とれず苦労した。日本政府は、長崎—釜山間のケーブル敷設を検討しはじめたが、当時の日本には、ケーブルを敷設する技術も資金もなかった。

通信の主管部門であった工部省は、長崎—釜山ケーブル敷設費用を約四〇万円と見積もった。しかし西南戦争後のインフレ進行を抑えるため、松方正義大蔵卿は緊縮財政を強化していた。いわゆる松方デフレの時代である。工部省の要求は却下され、資金面においても日本独自のケーブル敷設は暗礁に乗り上げた。

一方、グレートノーザン電信会社は、工部省からの日本―朝鮮半島間のケーブル敷設の申し出に対し、敷設の見返りとして、日本―アジア間の国際通信独占権を求めた。工部省は、少なくとも経費の半分を負担して条件を良くできないかなど、様々な検討を加えた。しかし最終的に一八八二年一二月、日本政府は、グレートノーザン電信会社による長崎―釜山ケーブルの敷設と引き換えに同社に独占権を付与することを閣議決定した。期間は二〇年。ロシア、清国などのケーブル陸揚げに関連する政府が認めた場合は三〇年に延伸されるという内容である。閣議決定時にも長崎陸揚げに限り独占権を与えるなどの考えも出されたが、結局はグレートノーザン電信会社に押し切られた形となった。ちなみに、この時、通信主権を重視していた寺島宗則は駐米公使、伊藤博文は憲法研究のため欧州に滞在中であり、日本にはいなかった。この時から日本政府は、自国とアジア間の海底ケーブル敷設ができなくなったのである。交渉にあたった佐佐木高行工部卿、石井忠亮電信局長は、通信主権喪失に至る判断をしたと後年長い間非難され続けた。

長崎―釜山ケーブルは、一八八四年二月一五日に開通した。釜山側の電信局の運用は日本政府で行い、和文電報（カナ電報）の利用が可能であった。また、同時期、上海―長崎、長崎―ウラジオストック間にそれぞれ一条のケーブルが増設された。以後、一九〇六年に太平洋ケーブルが開通するまで、日本の国際通信は、長崎―上海（二条）、長崎―ウラジオストック（二条）、長崎―釜山ケーブルの、合計五条のケーブルに委ねられることとなった。

## 高い通信料金と少ない通信量

明治初頭、無理やり国際通信ネットワークに組み込まれてしまった感のある日本であるが、当然のことながら、当時の電報料金は高く、取扱量は少なかった。

一八七三（明治六）年四月に東京、横浜、大阪、神戸、下関の各電信局で国際電報の仮受付が開始された。二〇語までが基礎料金で、七月一日の料金改定後の時点ではロンドンあて三〇円（一五〇フラン）であった。長崎以外から打つ場合は、国内料金（首尾料）一・六円が加算された。[17] 一八六五年に設立され、世界最初の国際機関と位置付けられている万国電信連合（現在の国際電気通信連合：ＩＴＵの前身）がフランス主導で設立されたこともあり、料金換算はフランにより行われていた。

一八七六年に国際部分の料金が一語制に改定され、欧州あては一語二円（一〇フラン）となった。この頃の外国郵便料金は、欧米あては四匁（一五グラム強）ごとに〇・二四円ないし〇・四六円であった。欧州あて書状は到着までに二カ月ほどかかったが、電報と比べると大幅に料金が安かった。一八七二年当時、長崎電信局で勤務した電信士の初任給は七円、巡査の初任給が四円だったから、現在の感覚では欧州あて電報料金の約三〇円は、数十万円といったところだろう。個人はもとより企業でも頻繁には使えない水準であった。

国際電報の取扱量の記録が残っているのは一八七三年以降だが、一八七三年の発信数はわずか五五九通に留まっている。一八九二年の時点でも発信は、四万四〇〇〇通強と一日あたり一〇〇通を超える程度に留まっていた。この年の国内電報の発信数は五〇〇万通を超えているので、国際電報はその一〇〇分の一に満たなかったのである。しかも、そのほとんどは横浜や神戸の外国企業のものであった。

一八九二（明治二五）年の国別の国際電報の発着数が表1—1である。[18] 国別の発信量では、一位清国（香港一万二二六四通を含む）から五位インドまでで八割以上を占めている。さらに八位スイスまでで全体の九五％である。韓国あては九割以上が釜山あての和文電報であった。

日本発信に釜山発信を含めた用途別の集計をみると、発信合計五万一四九八通のうち、外交電報などの官報と業務用の事務報で全体の一割、残りの九割が一般の私報であり、貿易、金融など企業の利用が大半である。当時、港別輸出入総額の約九八％を横浜、神戸、大阪、長崎の四港で占めていた。また輸出入総額中、内商（日本企業）比率は一六％に留まっていた。同年度における日本からの有料発信電報総数四万二六一四通の九五％以上が、一位横浜（四二・七％）、二位神戸（二〇・四％）、三位大阪（一四・八％）、四位長崎（一二・二％）、五位東京（六・二％）までの五都市に集中している。欧文電報（三万五四〇九通）では、横浜（五一・四％）、神戸（二三・八％）の二市で、七五％にのぼっている。

逆に当時、釜山あてだけであった和文電報七二〇五通のうち六割弱を大阪が占め、長崎（一九・二％）、赤間関（現下関）（一〇・〇％）など西日本からの発信が九五％以上を占めている。これに対し、横浜では和文電報はわずか

（単位：通）

| | 発着信合計 | 発信 | 着信 | 発着シェア |
|---|---|---|---|---|
| 清　国 | 29,648 | 14,569 | 15,079 | 35.8% |
| 韓　国 | 13,624 | 7,829 | 5,795 | 16.4% |
| 英　国 | 12,828 | 6,454 | 6,374 | 15.5% |
| 米　国 | 8,843 | 4,335 | 4,508 | 10.7% |
| インド | 4,706 | 2,311 | 2,395 | 5.7% |
| フランス | 4,286 | 2,452 | 1,834 | 5.2% |
| ドイツ | 3,290 | 1,715 | 1,575 | 4.0% |
| スイス | 1,453 | 824 | 629 | 1.8% |
| その他 | 4,155 | 2,125 | 2,030 | 5.0% |
| 合計 | **82,833** | **42,614** | **40,219** | |

逓信大臣官房文書課編『逓信省第7年報』（逓信省、1894年）をもとに作成

（表1－1）1892年度の国別国際電報発着状況

五通であり、神戸でも二六一通に過ぎない。

国際電報の取扱開始後二〇年以上経過したこの年でも、欧文の国際発信電報は三万五〇〇〇通強と、一日あたり一〇〇通にも満たなかった。国際電報は、釜山との間のものを除いて、外国人による利用が大半であり、ほとんどの日本人にとって無縁のものであった。この時点で、グレートノーザン電信会社に与えた独占権にまつわる弊害はまだ顕在化していなかったと見ていいだろう。

そして、日本から外に目をむけると、一八七二年に四万キロを超えた海底ケーブル総延長は、二〇年後の一八九二年の時点には六倍以上の二四万六八七六キロメートルに達していた。その内、英国は一六万三六一九キロメートル（六六・三％）、米国が三万八九八六キロメートル（一五・八％）、以下フランス、デンマークが続いていた。当時、英国は全世界のケーブルの三分の二を所有していたわけである。オール・レッド・ルートと呼ばれた英国の海底ケーブル網は、海軍やロイター通信社の存在とともに当時の英国の覇権を支えていたのである。

## （三）太平洋ケーブルの開通

### 難航した太平洋ケーブル敷設計画

先にも触れたが、明治初頭の段階で日本と米国を結ぶケーブルは敷設されなかった。日本に一番近い「欧米」である米国西海岸は、長年の間、国際伝送路上は一番遠くに位置していたのである。ペリー提督の来航以来、最も日本と関係が深かった国の一つであった米国との間には、明治初期からさまざまな計画が立てられたが、なかなか実現しなかった。日本政府が承認したものの、その後米国において補助金の獲得ができなかったなどの理由による。日露戦争前、日本と諸外国で交わされる国際電報取扱数のうち米国は、ほぼ毎年、清国、韓国（当時朝鮮）、英国に次ぐ四位であった。なぜ日米ケーブルの敷設が遅れたのだろうか。

日本政府が、グレートノーザン電信会社に免許状を与えた一八七〇年、米国の海底ケーブル電信会社により、太平洋ケーブル敷設の申請がなされ、外務省はグレートノーザン電信会社に与えた免許状とほぼ同じ内容で許可した。[19] しかし、その後この海底ケーブル電信会社からの動きが無く、計画は実現しなかった。

日本へのケーブル陸揚げを計画したのは、米国や英国の企業だけではなかった。一八八一年、ハワイ王国のカラカウア王が来日し、明治天皇との会談中に日本―ハワイ間のケーブル敷設を提案した。[20] 井上馨外務卿は、検討はするが実現は難しそうであると回答した。カラカウア王は、米国からの圧力を緩和するため、日本との関係強化を目指していたのである。その後ハワイは一八九八年に米国に併合されてしまった。

また、一八九二（明治二五）年には、カナダ太平洋鉄道会社からの陸揚げ申請が出され、日本政府が承諾したが、この計画も実現しなかった。英国は、その後、カナダ、オーストラリア、ニュージーランドと四政府共同で、バンクーバー―フィジー―ノーフォーク島からそれぞれオーストラリア、ニュージーランドを結び、さらにオーストラリアと南アフリカを結ぶオール・レッド・ルートを一九〇二年に完成させる。[21] 結果として英国ケーブルの日本陸揚げは見送られた。

一方米国では、一八九〇年代半ば、複数の企業が太平洋ケーブル敷設に向け活動を展開した。中でも英国のイースタン・グループの支援を受けたニュージャージー太平洋ケーブル会社と米国のウェスタン・ユニオン社と協力関係を結んだニューヨーク太平洋電信会社が補助金獲得を目指してロビー活動を行った。[22] これは米英両国を代表する通信会社の代理戦争でもあった。しかし両社ともに補助金獲得はならず、計画は挫折する。この時点に至っても、米国議会は太平洋ケーブル敷設を自国にとって不可欠なものとは捉えていなかった。また、通信会社も補助金なしにケーブルを敷設するというリスクを負う気がなかったのである。

## 長崎―対馬ケーブルの買収

一八九〇（明治二三）年の第一回帝国議会で山縣有朋首相は、国境を意味する主権線に加え、国境の安全に密接に関係する地域を意味する利益線の概念を提出し、日本にとって朝鮮半島の重要性を訴えた。グレートノーザン電信会社への独占権付与に関する問題が顕在化したのもこの頃である。長崎―釜山ケーブルのうち、長崎―対馬間は国内通信であったにもかかわらずグレートノーザン電信会社の設定した国際料金が適用されていたのである。一八八九年、日本政府は同社に同区間の電報料金を日本における市外電報料金と同額に値下げするように要求し、さらに一八九一年、長崎―対馬間のケーブルを銀貨八万五〇〇〇円で同社から買収した。日本政府は、通信と国防の問題を認識し、通信主権を強く意識するようになっていたのである。

実際、一八九四年に勃発した日清戦争では、大本営が設置された広島から朝鮮半島に、一年で七〇〇〇通弱の和文の電報（カナ電報）が打たれた。依然として対馬―釜山間のケーブルはグレートノーザン電信会社が所有していたことから、日本政府は軍事電報の送受を外国通信会社に頼らざるを得ない状況に危機感を抱いた。

日清戦争の勝利により台湾を領有した日本は、一八九七年、鹿児島―沖縄―台湾間のケーブルを完成させた。このケーブル敷設では、臨時台湾電信建築部長として児玉源太郎が指揮をとった。日本が敷設した最初の長距離海底ケーブルである。さらに清国政府と交渉し、一八九八年には台湾―福州間のケーブルを墨銀（メキシコ銀貨、当時貿易市場で用いられた）一〇万円で買収した。しかしグレートノーザン電信会社に与えた独占権の関係で、このケーブルは台湾と外国との通信にしか用いることができず、本土から台湾を経由して外国に通信することはできなかった。この時点で、グレートノーザン電信会社に与えた独占権の弊害はあきらかになっていた。

## 先行した米中間ケーブル

こうした中、太平洋ケーブルの敷設が、日本側でも画策されるようになった。一八九七（明治三〇）年、後に大蔵大臣を務める阪谷芳郎がグレートノーザン電信会社の海底線に依存する状況を危惧して早期敷設を訴えたのである。[23] そして一八九八年、米国によるハワイ併合、米西戦争の勝利によるフィリピン、グアムの獲得によって、太平洋域における状況は大きく変貌した。米国にとって米国―ハワイ―フィリピンを結ぶ伝送路が不可欠となったのである。ウィリアム・マッキンレー大統領は、一八九九年と一九〇〇年に、米国議会に太平洋ケーブルの必要性を訴えた。しかし米国議会は、官営、民営、いずれの形での支出も否決した。[24]

このような状況を打開したのが米国人実業家、ジョン・マッケイである。マッケイはコマーシヤルパシフィックケーブル社（日本名：商業太平洋海底電信会社）を設立、補助金の受給なしでフィリピンまでのケーブル敷設を提案した。マッケイはハワイ、フィリピンには米国の電信法が適用されるとし、ケーブル陸揚げ権を要求せずに敷設を進めた。そして一九〇三年七月、サンフランシスコ―ハワイ―ミッドウェイ―グアム―マニラを結ぶ太平洋ケーブルが開通した。マニラ―香港間には英国のイースタンエクステンション電信会社のケーブルが既に開通していたので、太平洋ケーブル経由で米中間の通信が可能となった。また日本からも長崎―上海―香港―マニラ経由で米国との通信が可能になった。日米間より米中間が先に結ばれ、日本は中国経由で米国と通信する状況となったのである。したがって日露戦争前夜においても、日本の国際通信は、依然上海、ウラジオストック経由のグレートノーザン電信会社ケーブルに頼らざるを得ない状況が続いていたのである。

## 太平洋ケーブル敷設を提言した寺内正毅

日清戦争後の三国干渉、義和団事件により、仮想敵国としてロシアがクローズアップされると、軍部はロシアとも関係があるグレートノーザン電信会社所有のケーブルに全面的に依存している国際伝送路の現状に危機感を抱くようになった。一九〇一（明治三四）年一二月、後の首相で当時は参謀本部次長を務めていた寺内正毅は、陸軍省あてに海底ケーブル計画に関する次の意見をまとめた。

一、対馬―釜山ケーブルの買収

二、日朝間（下関―釜山）ケーブル用資材の購入

三、米国が計画している米国―ハワイ―グアム―フィリピン間ケーブルを活用した日米間ケーブルの敷設

寺内は、米国は比較的公正であるとし、グレートノーザン電信会社に頼らない、米国経由での各国との通信が必要と考えていた[25]。一九〇二年一〇月、小村寿太郎外相は米国が計画しているケーブルと日本の接続にはどのような方法が取れるか、米国政府およびコマーシャルパシフィックケーブル社に意向を確認するよう高平小五郎駐米公使に訓令した[26]。日露開戦となれば、当然長崎―ウラジオストックケーブルは不通となり、日本と諸外国との通信は、グレートノーザン電信会社の長崎―上海ケーブルだけに頼らざるを得ない状況となる。しかも同社は、ロシアとの関係も密接であった。国際伝送路確保のため、日米ケーブルの交渉に期待が寄せられた。

そして、日露戦争勃発直前の一九〇四（明治三七）年一月二九日、小村外相と大浦兼武逓信相は連名で、東京―グアム間にケーブルを敷設して、グアムでコマーシャルパシフィックケーブル社のケーブルに接続、ハワイ経由でサンフランシスコと結ぶ案を閣議に提出した。この案は日露戦争開戦後の二月一九日、閣議決定されたが、グレートノーザン電信会社に対する独占権付与の二の舞は避けたいとし、東京―グアム間のケーブルを日本政府により敷設することとしていた[27]。しかし、米国政府はグアムへの日本によるケーブルの陸揚げに難色を示した。日本政府はグアム陸揚げを断念し、東京―小笠原間のケーブルを敷設し、小笠原でコマーシャルパシフィックケーブル社が敷設する小笠原―グアム間のケーブルと接続する計画を進めた[28]。

## 無線とケーブルを活用した日露戦争

ところで日露戦争は、日本海海戦で日本海軍が利用した無線電信がよく知られている。二〇世紀初頭、英国をはじめとする各国の海軍は自国艦船に無線機を搭載するようになっていたが、日露両国も主力艦に実用化されたばかりの無線電信機を搭載して干戈を交えた。日本海軍は一九〇一年に三四式無線機、一九〇三年に三六式無線機を開発。日露戦争開戦時には三等巡洋艦以上の主力艦に搭載済みであった。

日露戦争時に用いられた無線電信は、送信側でインダクション・コイルにより火花を起し、火花で生じた電波を金属粉の詰まった管（コヒーラ）を用いた受信機で検知するという単純なものである。通信速度に限界があるとともに、送信と受信も交互に行う必要があり、複数の電波が飛び交うと混信し、受信できない状況に陥ってしまう。戦時中、連合艦隊内で再三出された不急な内容の電文送信の禁止令や混信の防止策はいずれも当時の技術水準が反映している。

このように、送信できるメッセージ量に限界があり、通信品質も安定しなかったことから、海軍は、簡単な略号を定めるとともに、敵艦隊来航が予想される海域を桝目で区切り三桁の地点番号を付して海戦に臨んだ。朝鮮半島南端で待機していた連合艦隊の主力は、哨戒していた仮装巡洋艦信濃丸からの無線電報を受信後、出撃し、沖ノ島沖でバルチック艦隊を迎え撃ったのである。

日露戦争中に用いられた暗号については第三章で詳しく触れるが、忘れてならないのは、戦況に大きく影響を与えた海底ケーブルの存在である。日本軍は、開戦前から日朝間を中心に海底ケーブルの敷設を開始していた。一九〇四年一月、逓信省のケーブル船沖縄丸は、佐世保と朝鮮半

海底ケーブル敷設を行う沖縄丸（『海底線百年の歩み』より）

島南西部、木浦沖の八口浦の海軍前進根拠地との間に海底ケーブルを敷設した。以後、戦況の進展により、その都度、海底ケーブルを延伸したのである。黄海における制海権の獲得、旅順港封鎖には、これらの海底ケーブルが大きな役割を果たすことになった。

また、日本軍が戦中に敷設した佐世保―大連間、日本―朝鮮半島間の軍事用ケーブルは、戦後公衆用に開放された。日本政府は日本―アジア間の国際通信の独占権を持つグレートノーザン電信会社から再三に亘り抗議を受けたが、日本の主権内の通信であると反論した。日本が海外に勢力圏を拡張したため、グレートノーザン電信会社に与えた独占権の弊害が一層拡大したのである。

## 太平洋ケーブルの開通

日本海海戦直後の一九〇五年五月三一日、小村寿太郎外相は高平小五郎駐米公使に、バルチック艦隊も全滅し海上の危険も無くなったので、至急、コマーシャルパシフィックケーブル社とケーブル敷設に関して交渉し、結果を知らせるよう電報を打った。日本政府とコマーシャルパシフィックケーブル社は、ポーツマス条約の調印後、九月一二日に契約を締結した。こうして、東京―グアム―ハワイ―サンフランシスコを結ぶケーブルは一九〇六年八月一日に開通したのである。

日本政府は、太平洋ケーブルの開通を、長い間グレートノーザン電信会社の制約を受けていた状況から脱し、通信の独立安固を確保する画期的な一歩と考えていた。しかしコマーシャルパシフィックケーブル社の資本は、その二五%をグレートノーザン電信会社、五〇%を英国のイースタン・グループが所有していたため、日本の国際通信は依然、グレートノーザン電信会社の影響下にあった。だが、日本政府は長年この状況に気づかなかった。外国の通信会社は、日本政府よりしたたかであった。そして、日露戦争後、皮肉にも日米ケーブル竣工に合わせたかのように、それまで良好であった日米関係が悪化していくことになる。

## 拡大する軍部の要求

一九一二(大正元)年、グレートノーザン電信会社の独占期間満了を迎え、日本政府は同社との交渉を再開した。これにあたり、陸軍省は逓信省におおよそ次の四項目にわたる軍事上の要求案を提出した。日本は日露戦争の勝利によって南樺太を領有したほか、中国の遼東半島を租借し、旅順—長春間の南満州鉄道の利権を得た。さらに韓国を保護国化し、一九一〇年に併合した。このような背景もあって、一九〇一年の寺内の要求と比べ多岐にわたっている。[29]

一、台湾—香港間には将来政府により海底線を敷設する如く計画すること。
二、(政府所有による)長崎—上海ケーブルを新設すること。
三、ロシア政府、中国政府、グレートノーザン電信会社と交渉し、日露間、日中間通信を行うこと。

四、本州─カナダ間の海底線敷設。
また、当時の参謀総長長谷川好道は上原勇作陸相に、要求内容について次のような説明をした。

対露作戦においては、ウラジオストック線はその用をなさず、長崎上海線は機密漏洩の危険が比較的大きいので、欧州との通信には、英国のイースタンエクステンション電信会社に香港で連絡するため、台湾香港線を増設する必要がある。対米作戦においては欧州との通信を上海線に頼らざるを得ない。増設するためには中国に了解を取る必要があるので、既存ケーブルを買収し、かつ副線として、満州、朝鮮方面において日露両国の電信連絡が必要である。中国の将来の動勢は依然として不測の禍機を伏蔵するので、上海線を買収するか、日本人の通信員を使用し日本文も取り扱う必要がある。さらに中国国内、沿岸にある日本電信局系と連絡する必要がある。

軍部は、和文電報の利用が可能な日中間ケーブルとグレートノーザン電信会社線に頼らず欧米との通信が可能となる通信ルートを求めていたのである。しかし、台湾─香港ケーブル、本州─カナダケーブルは実現しなかった。台湾─香港ケーブルは、日英同盟締結後、英国からも提案があったが、日本の資金不足などの理由により断念された。

## 割高な国際電報料金

（単位：円）

| | ニューヨーク | 欧州 | 釜山 | 上海 | 香港 | シドニー |
|---|---|---|---|---|---|---|
| 1891年 9月 | 2.51 | 2.21 | 0.4 | 0.68 | 1.16 | 2.708 |
| 1893年 2月 | 2.9 | 2.55 | | 0.76 | 1.32 | 3.392 |
| 1897年 7月★ | 3.043 | 2.618 | 0.3 | 0.555 | 1.184 | 2.738 |
| 1897年10月 | 3.58 | 3.08 | | 0.6 | 1.28 | 2.96 |
| 1902年 | | | | | | 2.808 |
| 1903年 7月★ | 3.06 | 2.42 | | | | |
| 1904年 7月★ | | | | | 0.94 | 2.07 |
| 1905年 7月★ | 2.66 | | | | | |
| 1906年 8月★ | | | | 0.48 | | |

★印の項がフラン建料金改定を示し、無印の項は為替変動による円建（収納）料金の改定を示す。
（逓信省編『逓信事業史』第3巻（逓信省、1940年）などをもとに作成）

（表１－２）明治期の国際電報料金（１語あたり）の変遷

ここで、グレートノーザン電信会社の独占下にあった明治期の日本発の国際電報料金の水準を見ておこう。当時の一語あたり（韓国あて和文電報は七字で一語）の料金が表1―2である。

一九一二（明治四五／大正元）年、独占権満了を控えたグレートノーザン電信会社との交渉が始まると、各新聞社はこぞって国際電報料金が高すぎると論じた。同年八月一八日の『東京朝日新聞』や九月二一～二三日の『中外商業新報』（現日本経済新聞）は、グレートノーザン電信会社とロシアの密接な関係と、イースタンエクステンション電信会社との談合が、この体制を支え、暴利を貪っていると非難し、次のように例をあげた。

「ほぼ同じ距離の英国―デンマーク間の一語あたりの料金が一二銭なのに対し、上海―日本間は、四倍の四八銭である」

「一万二〇〇〇マイルのメルボルン―欧州間は一語あたり一円四七銭なのに対し、八〇〇

○マイルの日本―欧州は二円四二銭と一円近くも高い」

同社による独占の弊害は、料金面でも確実に生じていたと見て間違いないだろう。

### グレートノーザン電信会社との交渉結果

日本政府は、独占権満了後の取扱いを決めるためにグレートノーザン電信会社と交渉を開始したが、交渉は難航した。同社はイースタンエクステンション電信会社とともに一九三〇年まで、中国における国際通信独占権を所有していた。したがって、日中間に海底ケーブルを敷設するためには両社とも交渉する必要があった。また競合する伝送路もなく、各国政府や企業が談合して料金を決定していたため、料金値下げ交渉でも苦労した。さらに、グレートノーザン電信会社は、独占権は満了しても、長崎への陸揚権は永久のものであると主張し続けた。交渉の結果、①日本政府による長崎―上海ケーブルの敷設、②日露直通線の開設、③料金値下げ、などが実現した。

この日本政府が敷設する長崎―上海ケーブルについて、中国政府は日本政府に対して上海に限り陸揚げを認める一方、グレートノーザン電信会社は、合併料金制度の導入および同ケーブル利用を日清間の官報と和文電報に限ることを条件にした。合併料金制度の内容は、日中間に発着する電報からあがる収益をグレートノーザン電信会社六四・六%、日本政府三五・四%で分配するというものであった。この制度により同社は一定の収益を確保できることとなった。日本政府による長崎―上海ケーブルは一九一五（大正四）年一月に開通した。さらに料金は一九一三年九月に値下げされ、欧州あては一語二・四二円から一・九六円になった[30]。しかし、当時の新聞各紙が指摘していたように、当時オーストラリア—欧州間の一語の料金は一・四七円だったので、依然割高であることに変わりはなかった。[31]

グレートノーザン電信会社の独占権が終了しても、欧米主要国企業の持つケーブル利権や中国におけるナショナリズムの興隆、さらにケーブル敷設経費の不足などが重なり、日本政府の通信網整備は思うように進まなかった。日本政府は欧米との伝送路拡充を果たせず、この結果、グレートノーザン電信会社の影響下から脱することがなかなかできなかったのである。

当時の日本の国際電報は、朝鮮半島、中国との間の日本のケーブルを経由する安い和文電報とグレートノーザン電信会社のケーブル経由の割高な欧文電報に二分されていたのである。

時代は、明治から大正に変わり、国際社会も通信技術も大きく変わろうとしていた。次章では、第一次世界大戦の勃発にともなう国際伝送路の変貌と、一九世紀末に実用化された無線電信の興隆について詳しくみていこう。

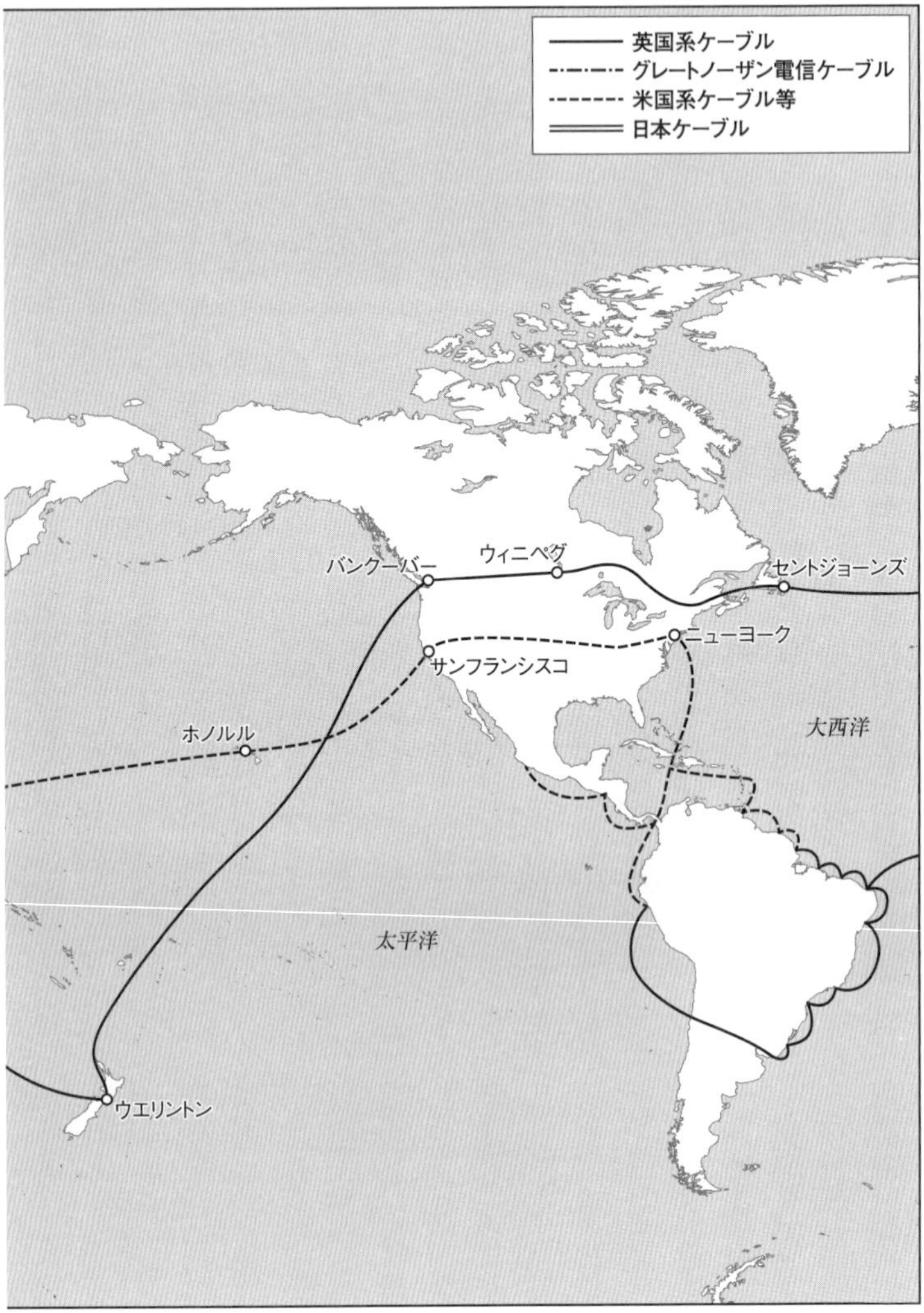

英国系ケーブル
グレートノーザン電信ケーブル
米国系ケーブル等
日本ケーブル
バンクーバー
ウィニペグ
セントジョーンズ
ニューヨーク
サンフランシスコ
ホノルル
大西洋
太平洋
ウエリントン

## 世界の主要ケーブル通信網（1905年）

“Via Eastern : the Eastern and Associated Telegraph Companies’ Cable System”,Cable & Wireless Archive, London（1991）

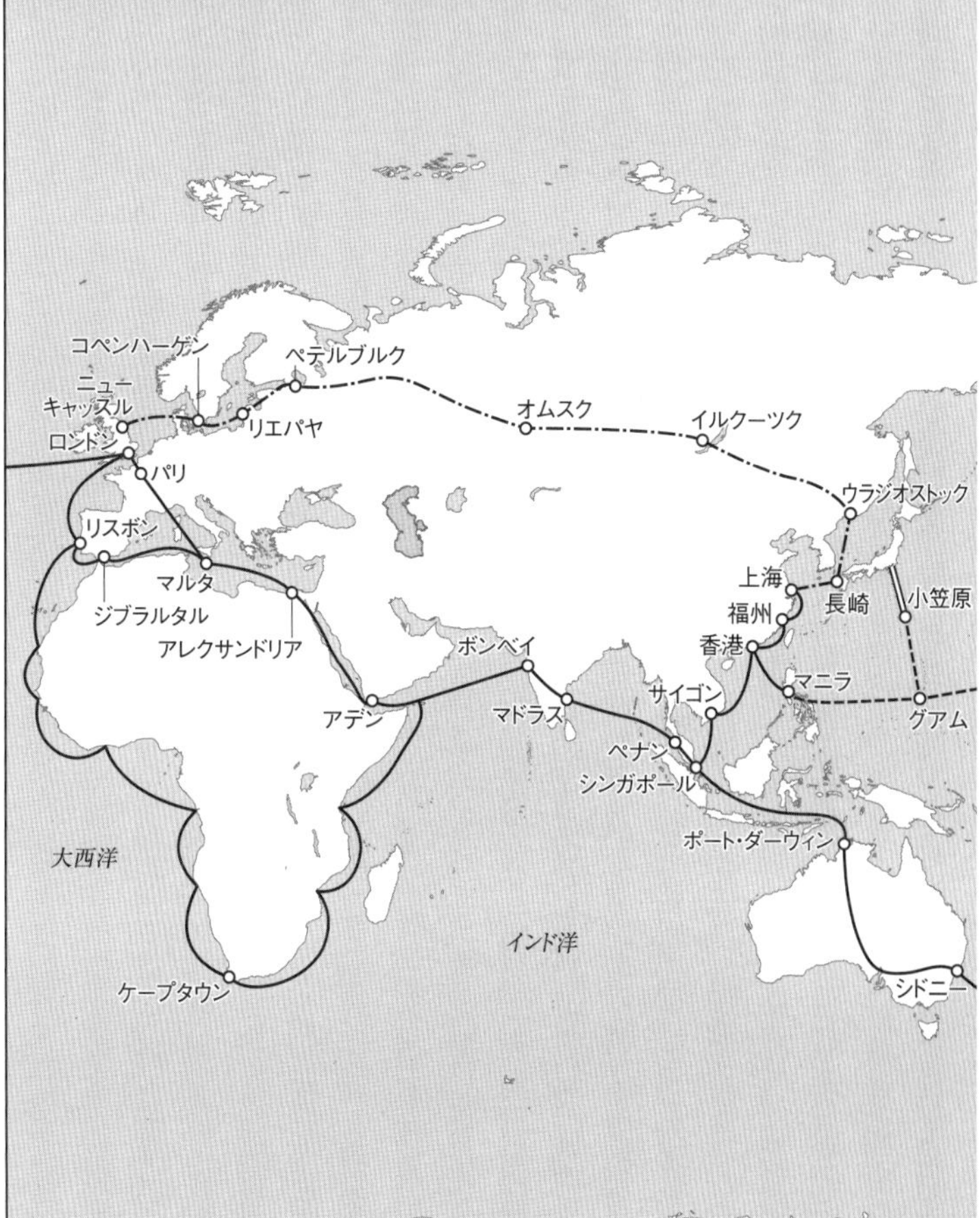

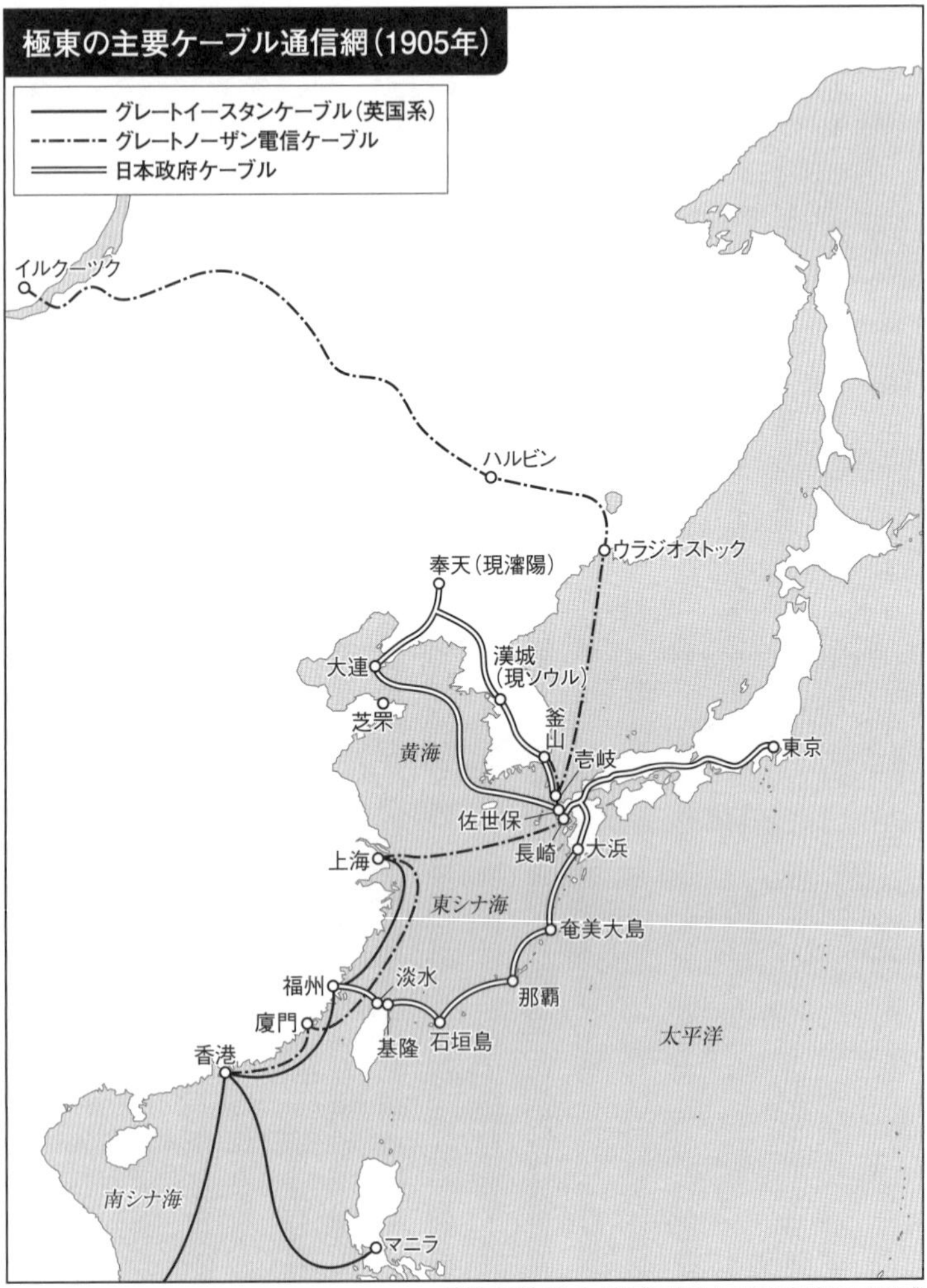

極東の主要ケーブル通信網（1905年）

稲葉千晴『バルチック艦隊ヲ捕捉セヨ』（成文社）をもとに作成

# 第二章　無線電信の興隆

## （一）第一次世界大戦と無線通信

### 無線通信の普及と第一次世界大戦

オール・レッド・ルートを構築し、通信の覇権を握っていた英国は、第一次世界大戦前の時点でも世界の海底ケーブルの半分以上を所有していた。ドイツはこのような状況に対抗するため、当時租借していた中国の青島《チンタオ》と上海をケーブルで結び、さらにオランダと協力して、ドイツ領であったヤップ島（現ミクロネシア連邦ヤップ州）から、上海、オランダ領東インド（現インドネシア）のメナド、グアム島にそれぞれケーブルを敷設した。これにより英国のケーブルに頼ることなく、青島からグアムを経て米国の太平洋ケーブルに接続可能となり、米国本土を通り、さらに大西洋ケーブル経由で、ドイツ本国との通信を行うことが可能となっていた。

またこの時期、無線電信も急速に普及しつつあった。一八八八年、ドイツのハインリッヒ・ヘルツにより電波の存在が証明されると、無線通信に関する研究が次々と行われはじめた。最初に無線電信を事業化したのはイタリア人グリエルモ・マルコーニである。マルコーニは、一八九七年に無線電信会社を設立、一九〇七年には大西洋横断の公衆電報の取り扱いを開始した[32]。初期の無線通信の主流は長波であった。周波数が高い短波は直線に進むため、見通しのできる距離の通信しかできず、遠距離通信には、地表に沿って遠方に到達できる長波が適していると考えられていた[33]。ただ、長波は利用できる周波数が限られており、各国は早いもの勝ちとばかりに、大電力の無線局の建設に励んだ。

無線電信は海底ケーブルに比べ建設費が安い上に、他の国への陸揚げもないため、経路の制約もなく、相手国の無線局と直接通信ができるなどのメリットもある。もちろん、空中に電波を送出するために傍受されてしまうが、ケーブルと異なり切断されないという強みもある。また、無線電信は一度に多数の箇所へ送信できるという特徴がある。さらに船舶同士、船舶と陸上との通信を可能にした。ドイツは、英国の海底ケーブル覇権に対抗するため、一九〇六年に国際無線電信会議をベルリンで主催した。オール・レッド・ルートを誇る英国の通信覇権はおびやかされはじめていたのである。

一九一四（大正三）年、第一次世界大戦が勃発した。英国は八月四日にドイツに宣戦布告し、その直後、ケーブル敷設船アラート号に命じ、フランス、スペイン、アゾレス諸島などと繋がっていた五本のドイツケーブルを切断した[34]。南洋群島ヤップ島の通信設備も英国巡洋艦の攻撃を受け、八月一二日に破壊された[35]。

日本もまた八月二三日にドイツに宣戦布告し、英国と協力して山東半島の青島を攻略、ドイツのケーブルを切断し、再利用して佐世保—青島間に軍事用ケーブルを敷設した。さらに日本は赤道以北のドイツ領南洋群島を占拠し、ヤップ—上海ケーブルを沖縄沖で切断、那覇に陸揚げしたのだが[36]、これが第一次世界大戦後の知られざる外交戦争へと繋がっていくのである。

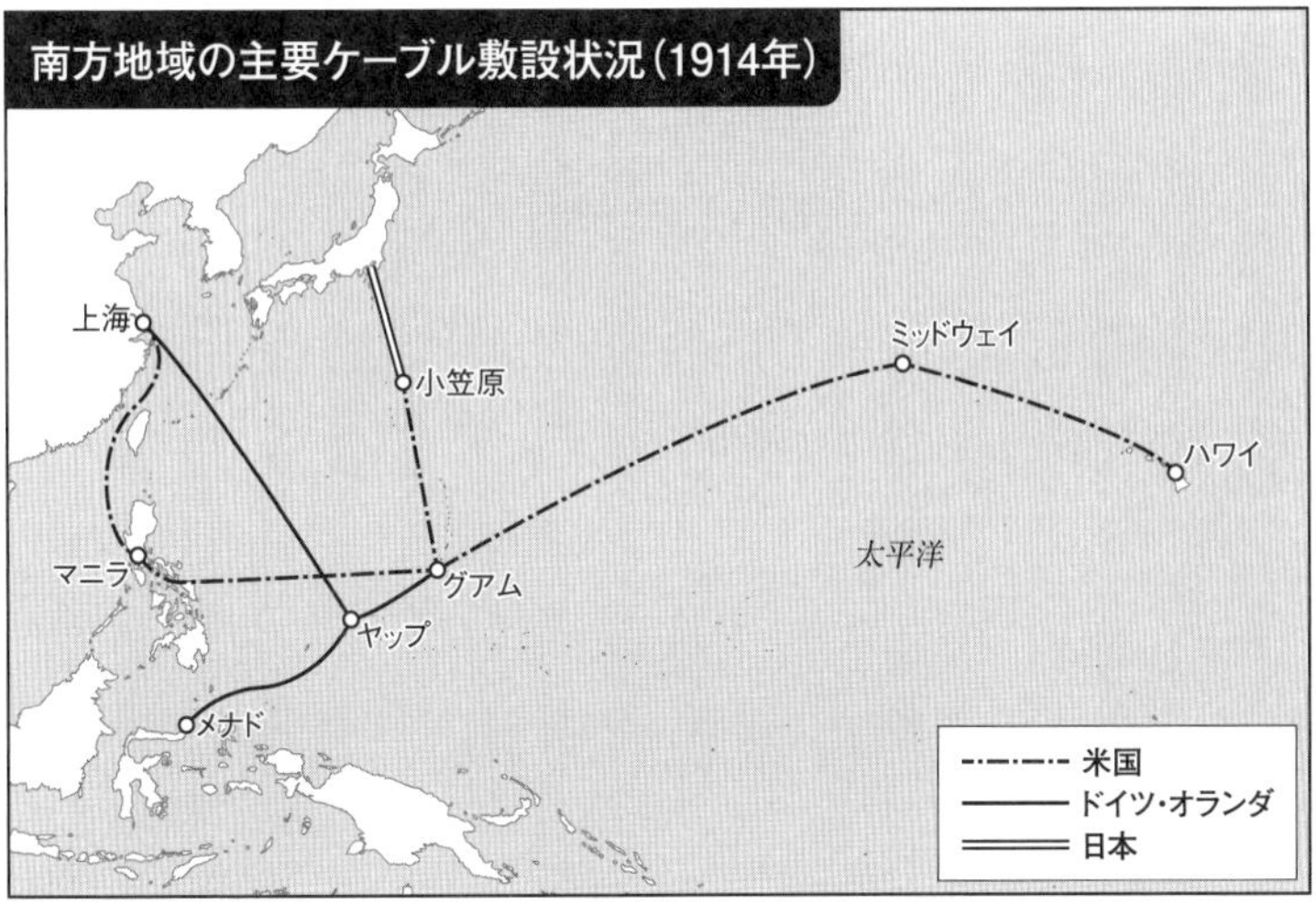


南方地域の主要ケーブル敷設状況（1914年）

## ドイツケーブルを巡る列強諸国の思惑

一九一八（大正七）年一一月一一日、連合国とドイツの間で休戦協定が調印され、第一次世界大戦は終わった。戦後処理を巡り一九一九年一月一八日、パリ講和会議がはじまった。日本は、英米仏伊と共に五大国の一員として参加した。日本の全権は、西園寺公望元首相、牧野伸顕元外相、珍田捨己駐英大使、松井慶四郎駐仏大使であった。このときの随員には後に太平洋戦争前の日米交渉に携わった近衛文麿、松岡洋右、野村吉三郎らのほか、戦後首相となる吉田茂がいた。

日本の関心事としては、大戦中に得た中国の山東半島と赤道以北の南洋群島の権益確保、人種差別撤廃が主に知られるが、実は通信もまた重要な課題であった。すなわちドイツから接収したケーブルの帰属問題である。先に触れたとおり、日本は、旧ドイツケーブルを撤収・再利用して山東半島の青島と佐世保の間にケーブルを敷設した。さらに、ドイツがヤップ島に陸揚げしていた三本のケーブルのうち、ヤップ―上海ケーブルを途中で切断し、それを沖縄に陸揚げして、ヤップ―沖縄ケーブルとして再利用していた。

パリ講和会議では、ドイツが所有していた海底ケーブルの取扱いについて、戦利品として武器同様押収できるとする日英仏と、国際共同所有とするべきという米国、イタリアが対立した。ドイツケーブルを接収して利用する日英仏を「戦利品」がない米国が非難するという構図である。米国は、日英仏がドイツのケーブルを接収したことを非難し、戦前と比べ利用できるケーブルが減ったと訴え、さらに公海に敷設されているケーブルを捕獲するのは国際法上問題があるとして、ドイツに返還するべきだと主張した。[37] 米国は自国政府と企業が英国系のケーブルを利用せざるを得ない状態を危惧していたのである。これについて、米国の情報史家のダニエル・ヘッドリクは、英仏日が臆面もなく自国の通信設備の拡張を図り、米国は国家の利害関心を高潔な美辞麗句の中にうまく覆い隠していた、と指摘している。[38]

一九一九年五月一日の首相外相会議で、米国のウィルソン大統領は、戦争中、多数の国民が人命と財力を犠牲として獲得した国際通信の設備を日英仏の三カ国の手に帰せしめるのは正当だろうか、と公式に疑問を呈した。さらに、ヤップ島のような海底ケーブルの集合地点を一国の手に属させるのは疑問であり、これらの海底ケーブルを国際管理下に置く方法が望ましく、連合国全体に帰属させた上、国際条約をもってこの運用を規定するべきだと主張した。[39] 日本がヤップ島を委任統治することに通信網の観点から異議を唱えたのである。米国は、フィリピン、グアムに近い南洋群島が日本の委任統治下に入ることに不満を抱いていた。

このウィルソンの主張に対し、英国のロイド・ジョージ首相は海底ケーブルの捕獲は、船舶の場合と同様であり、国際管理については戦後の問題における協議の中でとりあげることとしたいと応じた。牧野伸顕全権は、日本がドイツ海底ケーブルを獲得するのは正当であると言いつつも、将来の運用に関しては主義としてウィルソン案に賛成であると玉虫色の見解を述べた。翌二日の首相会議で、ウィルソン大統領は次の提案をした。

一、ドイツは、海底電線（ケーブル）に関し自国、自国民の有する一切の権利、特権を放棄する。

二、五大国共同で、前項に関わる海底電線の一切の権利を保有し、経営および管理に関し、最良の方法を協定する。

三、五大国は速やかに国際会議を招集し、電信、海底電線（ケーブル）、無線電信による通信の国際関係について公正なる基礎により通信の便益を全世界に与える目的をもって研究報告する。

このような新たな国際通信秩序構築を目指していたウィルソン案に対し、英国のアーサー・バルフォア外相は、旧ドイツケーブルに関し、国際共同管理とせずに、現在使用中のものは使用を継続し、将来五国会議で各海底ケーブルの地位を決定する、という修正案を提出した。ウィルソンも大綱で同意し、各国から承認された。[40] 日本が利用していた芝罘《シーフー》（現煙台）―青島―上海線についても、山東問題の中で既に解決ずみなので、これを除外したいという珍田捨己全権の主張も承認された。旧ドイツ海底ケーブルについて、現在日英仏の利用しているものは取りあえず継続利用となり、経営・運用の問題は、次回の国際会議に委ねられることとなった。

日本は赤道以北の南洋群島全体を委任統治する考えであったが、ウィルソン大統領のヤップ島発言から、ヤップ島だけが除外され、国際管理とされることを危惧していた。ところが、五月七日の英米仏の三カ国首相会議で急遽英国のロイド・ジョージ首相が、各ドイツ植民地の委任統治国決定を提議し、日本が出席しないまま、英国の独領東アフリカなどとともに日本の赤道以北独領諸島の委任統治が決定してしまった。日本政府が首相会議書記に糺したところ、特段米国からの異議もなく決定され、日本の委任統治はもちろんヤップ島も含まれると思うとの回答であったため、日本は自国抜きでの決定に異議を唱えず、ヤップ島問題の再燃を避けた。[41] この時点では、ヤップ島問題はあっけなく解決したかに見えた。

## 幣原喜重郎 vs. 国務次官

ところが、このヤップ島問題に関し、ウィルソン大統領は一九一九年八月一九日の上院外交委員会で、ヤップ島の日本の委託統治について留保するべきであると、パリ講和会議で主張したと発言したのである。[42] もちろん日本はパリ講和条約時にヤップ島の委託統治が各国から認められたとし、この問題で譲歩するつもりはなかった。

このような中、パリ講和会議で先延ばしにされた通信関係の問題解決のため、国際電気通信会議予備会議が、一九二〇（大正九）年一〇月から一二月にかけて、ワシントンDCにおいて開催された。日本からは、幣原喜重郎駐米大使をはじめ、四名の委員が出席した。戦間期に国際通信関係の交渉で活躍したのが後に首相となる幣原喜重郎である。この時期、幣原は外務次官、駐米大使、外相などの要職を歴任していたばかりでなく、ワシントン会議全権委員なども務めた。日露戦争時は、釜山の領事館でロシアの電報を止めるなどの措置をほどこし、外務本省では電信課長も務めた。幣原は外交のみならず、通信にも精通していた。

一九二〇年一〇月八日、予備会議開催前に米国のノーマン・デイヴィス国務次官が、ヤップ島問題に関し、幣原大使に会談を申し入れた[43]。デイヴィスは、「戦前はヤップ―上海間で通信ができたのに、戦後になってできなくなっているのは正義の念に反しないか」と訴えた。幣原は、「ヤップ―沖縄線を延長して上海に繋ぐつもりだ」と応じた。デイヴィスは、「打ち明けて言えば米国は外国のコントロール無しにグアムと上海の通信を行いたいのだ」と続けた。もちろんこれに対し幣原は次のように真向から反論した。「ドイツのコントロール下で使っていたのは問題なかったが、日本のコントロール下では不可とはいかがな意味か、それなら米国で直通線を新設すればいいのではないか」。すると形勢不利をみてとったか、デイヴィスは、「米国は勝利に大貢献したので、ドイツの海底ケーブルにも権利を持つ」と話題を変えた。幣原は、「米国の貢献は誰もが認めるが、パリ講和会議では何の要求もせず今になって新たに要求を提出するのか」と質問。するとデイヴィスは、「米国は輿論を無視できない」と返答した。幣原は、「日本は一旦権利を手にしたのだからなおさら輿論を無視できない」と応じた。会談は平行線をたどった。

幣原喜重郎

一〇月二〇日、幣原は再度デイヴィスと会談した[44]。するとデイヴィスは、「日本は小笠原―グアム間を所有して通信が可能なのだから、ヤップ島のケーブルに拘らなくてもいいのではないか」と、また新たな話題に切り替えた。手を変え品を変え、しゃにむに日本に譲歩を迫ったようにみてとれる。幣原は小笠原―グアムケーブルは米国のコマーシャルパシフィックケーブル社のものであることを指摘した。さらに、デイヴィスは、「五月七日に委任統治が決定したのは、All German Islands ではなく、単に The German Islands であり、ヤップは含まれていない」と告げた。もはや卓袱台返しである。幣原は The German Islands になぜヤップが入らないのか理解できないと応じ、日本が出席していない会議でヤップの留保を決定したというのであれば、不信義の措置であり、到底了承できないと反論した。通信政策について、幣原は明らかにデイヴィスより精通していた。逆にこの一連のデイヴィスの交渉ぶりはかなりお粗末である。

一二月三日、日本は次の譲歩案を閣議決定した[45]。①ヤップ―グアム間は米国所有とし、ヤップ側は日本の運用とするが、米国が納得しない場合、自動中継機を設置することとする。②ヤップ―メナド、ヤップ―上海間は日本所有とし、オランダと交渉する。③ヤップ―那覇間は必要に応じ上海と連絡する。

これを読み取ると、①項は、米国が納得しない場合、ヤップ島での運用を自動中継の方法で行い、日本人要員はかかわらないということである。だがそれでも米国は妥協を許さず、一二月一二日、ヤップ―グアムは米国所有で両端を米国が運用し、ヤップ―メナドはオランダ所有、ヤップ―上海は日本所有とし、日本は那覇―上海間を連結することを提案した[46]。この提案に対し日本は、ヤップ島側の運用を外国に任せることは国内法で許されないと回答して突っぱねた。一二月一四日、予備会議は休会し、ドイツ海底ケーブル問題は、翌年に持ち越されることになった。そして、この直後の一二月一七日、国際連盟理事会で赤道以北の南洋群島が日本に委託統治されることに決まったのである。国際連盟はウィルソン大統領主導のもと設立されたにもかかわらず、上院の反対により、米国は加入していなかった。

しかし、米国はヤップ島問題をこのまま終わらせるつもりはなかった。一九二一（大正一〇）年三月四日、共和党のウォレン・ハーディングが大統領に就任し、新たに国務長官となったのはチャールズ・ヒューズであったが、新政権のもとでもヤップ島問題に関する米国のスタンスは変わらなかった。米国は、原則論でも国益の面でもヤップ島にこだわったのである。

三月二四日、駐米大使の幣原は内田康哉外相に次の意見を打電した。「日本にとって重要なのは、ヤップ―沖縄ケーブルの両端の運用と、ヤップ島の委任統治であり、ヤップ―メナドおよびヤップ―グアムの運用は重要なものではないので、米国の要求で妥結するべきである」[47]。そして六月三日、幣原はヒューズ国務長官に、「米国がヤップ島を通信上枢要の地位にあると考えて留保しているのであれば、日本が米国に海底電線の陸揚げ権、運用権を承認することにより、ヤップの国際的地位に関する問題全体が解決すると認めるか」と質問した。これに対しヒューズは、無線設備を含め一切の通信設備について米国は均等の権利を求めると応じた[48]。

九月八日、幣原は譲歩し、本問題解決により、日本の委任統治に何ら異議はないかと念を押し、ヒューズも異議なしと回答した。ヤップ島問題は、ワシントン会議終了後の一九二二年二月一一日、日米両国により「ヤップ島及他の赤道以北の太平洋委任統治諸島に関する日米条約」が調印され、解決を見た。日本は、陸揚権などを米国に与えるという譲歩により、ヤップ島を委任統治領とすることができたが、南洋群島に陸海軍の根拠地を設置しないという国際連盟加盟国に対する義務を、非加盟国の米国に対しても負うこととなったのである。[49]

そもそも、ヤップ島を通信上の理由から日本の委任統治からはずそうという米国の政策には無理があっただろう。米国の掲げる公平・平等との方針も、通信政策の面で各国を納得させる内容を持たなかった。ヤップを国際管理下に置けという米国の主張に対しても、それなら海底ケーブルの集中しているグアムも国際管理下に置いてはどうかとの幣原の指摘に米国は明確に反論することができなかった。米国は、一九〇六年に開通した太平洋ケーブル敷設の際、日本のケーブルのグアム陸揚げを拒否していた。この時点では、各国とも通信に関し、将来的には公平・平等とすべきことは理解しながら、その実現を本気で目指す段階には達していなかったと言えるだろう。米国の各国対等の国際通信秩序を構築するという考えは実現しなかった。このような状況の中、通信政策を熟知したうえでの幣原の冷静な対応ぶりが目立った。

しかし、米国のこの新たな国際通信秩序の構築という理念は、戦後、国際連合の専門機関となった国際電気通信連合（ＩＴＵ）のもと、各国の通信主権を尊重する制度として日の目を見ることになるのである。

## （二）中国における無線電信問題

### 三井無線計画と高橋是清

列強によるケーブルの争奪戦が行われているさなか、無線電信にかかわる問題も起こっていた。[50] 舞台は当時、列強がその支配を巡り争っていた中国である。中国国内では、通信利権もまた争われていたのである。一九二一（大正一〇）年一月、日本、英国、米国を中心に中国内の無線電信に関する問題が顕在化した。

ことの発端は第一次世界大戦中に遡る。一九一七年一一月、当時中国交通部顧問を務めていたデンマーク人の技師S・ラーセンが中国海軍部との間で大規模無線電信所建設の契約を締結したと報道された。[51] 日本と中国は一九一三年、第三国と通信施策を進めるときには、日中両国で互いに事前に照会するという内容の覚書を結んでいたため、日本は中国に抗議した。英国も、ラーセンにドイツと通じているという風説があることや、英国のマルコーニ社が中国との間で進めていた商談にも悪影響を与えることから、中国に抗議した。各国から抗議を受け、中国政府は、ラーセンとの契約を破棄せざるを得なかった。

だが、ラーセンも素直に引き下がったわけではなかった。ラーセンが自分の所有していた権利を米国企業に売り渡すとの情報が流れてきたのである。これを受け早速、芳澤謙吉駐華代理公使は、ラーセンにかわり三井物産と至急契約させるべきであると外務省に提案し、日本政府は芳澤の提案を了承した。外務、陸軍、海軍、逓信の四省の協議により契約内容の検討が行われた。ラーセン契約をもとに、他に無線電信所の建設を許可しないなどの修正を加え、一九一八年二月二一日、三井は中国海軍部と契約を交わし、中国における国際無線通信の独占権を得た。[52] 三井は一企業とはいえ、日本政府から全面的に支援されており、まさに国策事業であった。

しかし、契約直後、早速英国から横槍が入った。日本政府は三井の独自施策と弁明したが、英国はマルコーニ社の交渉が中断してしまったことから、三井の交渉も中止するよう要望したのである。またグレートノーザン電信会社も、無線による国際電信は同社が持つ中国の国際通信独占権を侵害すると主張していた。三月二五日、英国外務省は、三井の進めている建設にマルコーニ社も参加したいと歩み寄りを見せたが、日本政府はこの英国の提議を拒絶した。実はこの時点で三井の得た独占権について日中両国は公表していなかった。

三井無線計画は、各国から疑念の目で見られていたうえ、経費面でも当初計画を上回る状況となっていたために、一九二〇（大正九）年七月、高橋是清蔵相は、無線電信所建設計画から政府は手を引き、同事業については、日英合弁会社を作って経営させるべきであると提議した。[53] 無線電信所建設費五二三万円は、第一次世界大戦下臨時軍事費から支出されていた。この金額はラーセンの算出した見積額をそのまま借用したものであり、一九二〇年の時点で既に三五〇万円不足していた。高橋の考えは次のようなものであった。

「第一次世界大戦が終了した現在、追加経費を軍事費から支出することは会計法上できない。契約では中国政府はいつでも無線電信所を買収できるという条項があり、マルコーニ社が中国政府に融資し、買収させる危険性がある。いずれにしろマルコーニ社を敵にしては、成功はおぼつかないので、解決策として日英合弁の会社を作り、事業を新会社に任せ、政府として関係を断つのが上策である」（密大日記大正九年）

いわば現実を見据えたうえでの折衷案であったが、この提案は各大臣から承諾されなかった。

この背景には、日本が長年、グレートノーザン電信会社の持つ独占権と慢性的な経費不足に悩まされていたこともあったであろう。芳澤代理公使から提案を受けた時点では、第一次世界大戦中であり、臨時軍事費からの支出が可能であった。また、独占権を持つグレートノーザン電信会社との折衝に苦労していた日本政府にとっては、「独占権の獲得」という言葉に抵抗するのが難しかったことは想像に難くない。だが当時、無線電信所を建設する充分な技術力も持たなかった日本には、結局のところ中国と全世界との間の無線電信を独占的に扱うことは非常に困難であった。日本政府が引き際を誤ったことは否定できない。高橋是清は現状を鋭く見抜いていたのである。

## 米国通信会社の中国進出

こうした中、中国ではさらに新たな問題が生じていた。米国のフェデラル無線電信会社（以下フェデラル社）が一九二一（大正一〇）年一月、中国交通部との間で無線電信所建設の契約を締結したのである。[54] これはフェデラル社が上海に中央無線局を建設し、さらにハルビン、北京、広東に附属無線局を設置して、中国と海外諸国および内地間の無線通信を行うというものである。局の運用管理は米国人と中国人で行い、米中間通信は二〇年間独占で取扱い、設備は完成後一〇年後に中国政府に引き渡すとしていた。三井物産は中国海軍部と契約したのに対し、フェデラル社が契約したのが中国交通部であったこともこの問題が長期化する要因の一つとなった。

日本政府は中国政府に対し、三井の持つ独占権に抵触すると抗議するとともに、駐華米国公使にも事情説明を求めた。すると米国は次のように回答した。

中国政府は条約上、米国人を除外するような優先権を何ら設定できないし、三井の独占権は、条約や門戸開放主義に反するので、容認できない。フェデラル社により太平洋における通信を補充するのは、日本政府も同意であろう。

これに対し日本政府は次のように反論した。

無線電信事業は営利事業であり、独占権は収入を確保するための方策であって、鉄道借款における競争線阻止の場合と同じである。グレートノーザン電信会社が特権を有しているように三井の独占権も門戸開放に反していない。同社に抗議せず三井に抗議するのは矛盾している。フェデラル社と中国交通部の契約は違反である。

米国という強力なライバルの出現により、日本政府は従来の方針の変更を余儀なくされ、五月一六日、英国政府に事業を共同で進めたい旨提案したのである。

米国政府は中国交通部に対し、フェデラル社に独占権を与えない場合は、ワシントン会議で中国を支援しないと圧力をかけていた。[55] さらに米国政府は、資金力に乏しいフェデラル社を支援するため、自国の大手通信会社であるＲＣＡ（ラジオ・コーポレーション・オブ・アメリカ社）を参加させた。ＲＣＡは一九一九年、軍事用通信まで英国資本のアメリカン・マルコーニ社が取り扱っていた現状を危ぶんだ米国海軍省の主導により、ゼネラル・エレクトリック社（ＧＥ）にアメリカン・マルコーニ社を買収させて設立に至った米国のフラッグキャリアである。米国は国をあげてフェデラル社の中国進出を推進していたのである。

## もう一つのワシントン会議

この日米英の絡んだ中国の無線通信問題は、米国のウォレン・ハーディング大統領の提唱により、一九二一年一一月に開幕するワシントン会議で議論されることになった。会議には日本から加藤友三郎海相、徳川家達貴族院議長、幣原喜重郎駐米大使が全権として出席した。もちろん日本政府は、各国に三井の独占権を承認させる方針であった。[56]

一二月に行われたワシントン会議極東問題総委員会において、フランスの全権ルネ・ヴィヴィアニ元首相は、中国内には現在、マルコーニ、フェデラル、三井の三通信所があり、外交上、経済上、将来紛糾を招く危険性があるので、各国が協調共助する体制を構築する必要があると指摘し、国際協調を主旨とする決議案を提出した。[57] ヴィヴィアニは、中国の通信主権を尊重し、各国通信会社が無秩序な競争をやめ、協力するべきであると訴えたのである。しかし、この提案に各国が合意することはできなかった。中国国内の無線局の運用について日英仏は各国の合同事業で合意したが、米国はあくまでもフェデラル社の単独経営を支援する姿勢を変えなかった。米国は、旧ドイツケーブルやヤップ島を国際共同管理にするべきと主張していたのと裏腹に、中国の無線問題では国際共同管理を拒否したのである。

いずれにしろ米国は、グアム―ヤップ―上海のケーブルルートを失ったこともあり、フェデラル無線問題で譲歩する考えはなかった。[58] さらに軍事上の見地からも既存のグアム、フィリピンに加え、西太平洋域における無線通信所設置を強く求めていたうえ、政治的にも日本の中国進出を牽制する意図を有していた。ワシントン会議でこの無線問題を解決することはできなかった。

## 難航する三井無線局工事

ところで、三井は中国国内の国際無線電信の独占権を得たはずであったが、肝心な北京郊外の双橋の無線通信所の竣工が大幅に遅れていた。当初予定では、一九二〇年四月に起工し、一九二一年四月には竣工であった[59]。しかし一九二三年六月の時点でも完成の目途はたっておらず、中国政府から再三督促されたものの、当時の日本には十分な技術力がなかった。既成事実により独占権を維持するどころか、独占権を与えた中国海軍部の責任問題になりかねず、契約の実効性を疑わせることになった。ようやく公式試験が開始されたのは一九二五年二月であった。その後、一応無線通信所は完成したが、運用形態等を巡る各国の思惑もあり、正式に無線電報サービスを開始することができなかった。最終的に三井無線もフェデラル無線も実現しなかった。しかも、この間に、技術の主流は長波から短波に変わり、設備自体が時代遅れのものとなっていた。

しかし、米国は違った。米国は最後まで無線局設置の意思を押し通したのである。一九二八年、RCAは、中国政府と新たな契約を調印し、上海郊外のフェデラル社が計画した場所に短波の無線局建設を進め、一九三〇年、中国米国間で短波無線による通信が開始された。これに対し日中間が無線電信で結ばれたのは、その四年後、一九三四年であった。米国の政治力、技術力、資金力の前に日本政府の思惑は大きくはずれてしまったのである。そして多額の経費を費やし、多くの外交的軋轢を起こしたうえ、三井の無線局は放置されることになった。中国における無線問題は、多くの国を巻き込んだうえ、徒労に終わってしまった。まさに「バベルの塔」を思わせる結果に終わったのである。

## （三）民営化の推進

### 急増する通信量

大戦中の一九一五年、船橋海軍無線電信所が完成した。これを受け、逓信省は一九一六年一一月一六日、船橋海軍無線電信所を借用して、ハワイ経由での日本―サンフランシスコ間の公衆無線通信の取扱いをはじめた[60]。料金は海底ケーブル経由の三分の二の水準に設定された。サンフランシスコあての料金は、ケーブル経由が一語二・四二円のところ、無線だと一語一・六〇円である[61]。開通の日、大正天皇とウッドロウ・ウィルソン大統領の間で祝電が交わされた。

この頃、日米間の通信量は急増していた。日本と米国との有料電報の発着合計通数は、一九一三年に六万一四〇三通だったのが、一九一八年には二〇万四九五九通、さらに一九一九年には二八万〇三六三通と、わずか六年のうちに五倍近くに達した[62]。このため処理能力を超えてしまい、一九一八年には、日米間の通信に約一週間かかる状況となっていた[63]。第一次世界大戦後に開かれた一九一九年のパリ講和会議や一九二一年のワシントン会議の時には、日本の全権代表団と本国政府との電報交信は片道四日程度かかる状況であり、意思疎通が容易ではなかった。

このような状況にあっても、日米間通信における無線利用比率は、料金は割安であったものの、品質面の問題に加え、取扱時間、取扱地域の制約もあり、一九一九年の時点で一二％に過ぎなかった。さらに逓信省専用の磐城無線電信局〈原町送信所〈現南相馬市〉、富岡受信所〈福島県双葉郡富岡町〉〉が開設された一九二一年に至っても三五％に留まっていた。[64]

## 日米電信株式会社設立計画

このように急増する通信量に対応するため、一九一九（大正八）年八月、逓信次官を退任した内田嘉吉は、財界の重鎮、澁澤栄一、中島久万吉（古河コンツェルン）らとともに日米電信株式会社の設立許可申請書を政府に提出した。計画では、東京―小笠原―ロンゲリク（マーシャル群島、当時日本の委任統治下）―ハワイ―サンフランシスコを結ぶ全長七五一〇海里（約一万四〇〇〇キロ）、総工費約四二三八万円のケーブルを敷設する予定であった。

ほぼ同時に、もう一つ民営通信会社設立の動きがあった。やはり逓信次官経験者で貴族院議員の小松謙次郎が、同年九月、加藤友三郎海相あてに日本国際電信株式会社設立の許可を求める書状を提出した。[65]小松の計画の特徴は、日米間に限らず、国際通信全般を民営化するべきであるとしている点にあった。小松の考えは次のようなものであった。

かつて清国政府やグレートノーザン電信会社と交渉した経験から、交渉に際し国有通信を掲げて行ったのでは、相手に猜疑の念を起させ、到底完全なる了解に至らないとしばしば感じた。このような場合、両国間に特殊電信会社があればとその都度考えていた。租借地返還後は、青島芝罘線、青島上海線とも中国国内になるので、（日本）国有電信の名義で存続することは主権還付の声明に照らし多少不穏当となる。還付と同時にケーブルを返還せよという議論を惹起させないとも限らない。特殊電信会社の創立によりこれら利権を保留し、日中両国間にある国有のケーブル全てを新会社に一任するのが得策である。二〇〇〇万円の電信借款も追々新会社に関係させるようにすれば、グレートノーザン電信会社に代わって、長く中国において電信利権を掌握することができる。無線電信についても同様である。

民営化について海軍もまた賛成であった。一九二〇年五月に海軍省が作成した「民間会社へ無線電信通信営業許可に関する覚書」では、次のように政府の管理下の民間会社による国際通信の取扱いを積極的に認めている。[66]

国際通信の民営化は政府管掌に比べ一層円滑に進捗することは、欧米列強の例からも明らかであり、予算の制約を受けず時勢の要求に即応できる。また国有の設備を外国に設置するのは主権の侵害と捉えられるので、民間会社のほうが都合がよい。各国とも民間会社を認めており、将来、民間会社同士でなければ接続契約をしないケースなども考えられる。逆に民間会社を認めないことのほうが大問題である。世界の趨勢を達観し、思い切って大勢に順応する政策確立が緊要である。

さらに、外務省も民間会社にすることは外交上も有利な点があるとし、「海外の民間通信事業者との合弁にも便利多かるべし」と民営の利点を認めていた。[67] 大陸に持つ権益が拡大した日露戦争以降、外務省、逓信省は、日本のケーブル陸揚げに難色を示す中国政府や中国における通信独占権を持つグレートノーザン電信会社、イースタンエクステンション電信会社との交渉に疲弊していた。特に両社との折衝が難航すると、デンマーク政府や英国政府から抗議され、逆に両政府に抗議すると企業活動の一環であるとして退けられるケースが目立った。

二人の元逓信次官、外務省、陸軍、海軍ともサービスの提供は政府が行うことを条件に、通信設備の建設、保有を民間会社が行うことについては異議がなかった。つまり、こぞって逓信省所管の国際通信に限界を感じ、積極的に民営化するべきと考えていたのである。とはいえ主管する逓信省だけは民営化に消極的であった。逓信省は「通信事業は政府専掌」とする電信法に拘っていた。このため民営化の動きは円滑に進まなかった。

## 幻に終わった日本電信電話株式会社構想

財界や軍部、外務省が国際通信業務の民営化に前向きだった背景には、通信設備拡張に関わる経費が慢性的に不足していたという要因もあった。明治初頭以降、電信電話収益は一般国庫に収納されていた。そのため収益を設備増設に回すことができなかったのである。このため一九〇七（明治四〇）年、逓信省は、通信事業の特別会計制度を導入し、通信事業であげた収益を通信設備の投資にまわせるように働きかけたが、これは実現しなかった。逓信省は、独自の省益を確保することはおろか、積極的に設備投資できる状況ではなかった。

昭和に入り、民政党政権時代、小泉又次郎逓相は通信設備を民営化する日本電信電話株式会社法案を検討したが、これも実現せず、一九三一（昭和六）年に至り、ようやく特別会計制度が導入された。日本における通信事業は、長年にわたり資金難の状況が続いていたわけである。通信事業の民営化の問題は、明治初頭の電信創業期、明治中葉の電話開始時、昭和初頭の小泉逓相時、戦後の主権回復時と、繰り返し論じられたのである。

肝心な日米間海底ケーブル敷設計画に関しては、計画推進のため一九二〇年に内田嘉吉元次官が、一九二一年に澁澤栄一がそれぞれ渡米し、交渉にあたった。しかし、日米両国政府とも外国法人のケーブルの陸揚げに難色を示し、さらに資金の問題などもあり、計画は挫折した[68]。以後、内田らは、無線による日米間通信を推進することになる。一方、小泉又次郎が掲げた民営化のテーマは戦後、孫の小泉純一郎に郵政民営化として引き継がれた。

## 日本無線電信株式会社の設立

新ケーブル敷設計画が難航する中、無線技術に期待する声は一層高まっていた。先に触れたように、最初に実用化された無線通信は長波によるものであったが、長波通信の問題点は、長距離通信に利用できる周波数が一三四波しかないこと、大電力を消費する大規模の送信所を必要とすることであった。一九二〇年にワシントンDCで開催された国際通信予備会議において、参加国による割当は合意に至らず、早い者勝ちという事態となり、実績により周波数を確保するため、各国は無線局建設を急いだ。しかし、日本政府は通信局設備建設に関して、十分な資金を準備することができなかった。

こうしたことから、一九二三(大正一二)年七月、加藤友三郎内閣は、無線電信による新伝送路建設のための特殊会社を設立し、同社が建設保守する無線電信設備を利用して逓信省が電信サービスを提供する方針を固めた[69]。

政府の方針決定を受け、日米海底電信株式会社設立事務所は日本無線電信株式会社設立事務所と改称され、民間から資本を募ると同時に、政府は磐城無線電信所の設備などを現物出資した。一九二五年一〇月、日本無線電信株式会社が発足した[70]。以後、日本の対外無線伝送路は同社に委ねられることになった[71]。さらに一九二七年には、東京で送受信を一元的にコントロールするために磐城無線電信局が廃止され、東京無線電信局に業務が移管された。同年、サンフランシスコとの間で直通無線回線が開通した。

一九二八年、名古屋無線電信局〈依佐美《よさみ》送信所〈現刈谷市〉、四日市受信所〈現四日市市：旧海蔵出張所〉〉により欧州との送受信が開始された。この時点で対米は東京、対欧州は名古屋で取り扱うという体制になったのである。しかし長波での成績が思わしくなく、短波の装置が併設されてのスタートとなった。

## 主流となった短波無線

当初、短波は通信には利用できないと考えられていたが、電離層に反射させることで遠方への通信も十分利用できると分かり、また、設備も長波に比べて小規模で済むことから、一九二〇年代中盤には長波に代わり主流となった。しかし、欧米各国に比べ、無線局建設が遅れていた日本は、ようやく長波の無線局が完成した時期であったこともあり、短波への移行になかなか踏み切れなかった。逓信省が新設する無線局を長波から短波に転換する決定を下したのは、一九二九〈昭和四〉年であった。この決定を受け日本無線電信株式会社は栃木県小山に対米、対南洋極東用の短波送信所の建設に着手した。

福岡受信所、長波と短波の受信装置を備えていた（1930年ごろ）

小山送信所（1930年ごろ）

このように昭和戦前期、短波無線は海底ケーブルを脅かす存在に成長していたが、一方で磁気嵐の影響を受けやすいなどの欠点があった。特に大阪―ロンドン、東京―ニューヨーク間などでは顕著だった。このため日英間の通信は、インドのボンベイ（現ムンバイ）中継ルートが用いられ、東京―ニューヨーク直通線は実現しなかった。太平洋戦争前、日米間の短波無線は、サンフランシスコ経由で行われていたのである。

一方、オール・レッド・ルートにより、世界の通信網を牛耳っていた英国は、無線通信が急速に普及する状況を受け、一九二九年、ケーブル会社であるイースタン・グループの各社と無線会社であるマルコーニ社を合併させ、インペリアル・アンド・インターナショナル・コミュニケーションズ社（IIC）を発足させた。有線と無線を統合して運営し、通信覇権の維持に努めたのである。以後日本は長年にわたり英連邦諸国との短波回線開設に苦労することになる。同社は、一九三四年、ケーブル・アンド・ワイヤレス社（C&W）と改称した。

一九三一（昭和六）年、日本無線電信株式会社の小山

送信所（現栃木県小山市）と福岡受信所（現埼玉県ふじみ野市）が、サンフランシスコにあるRCAの通信所との間が短波回線で結ばれた。一九三一年度の日米間の発着電報総数は三一万二〇七四通で、そのうち無線利用が約二〇万七〇〇〇通と三分の二を占める状況であった。一九三四年に、日本政府は米国のマッケイ無線電信会社（MRT）と契約を締結し、日米間の無線回線を増設した。この会社は太平洋ケーブルを敷設したジョン・マッケイの流れをくむ会社である。さらに、一九三八年には米国のプレスワイアレス社（PW）と新聞電報送受の契約を締結した。一九四一年の日米間の発着電報数、二六万六五七五通（発信一〇万八四五七通、着信一五万八一一八通）の九割以上が無線利用であった。[72]

## 高橋財政と高騰する通信料金

グレートノーザン電信会社の独占権の満了や無線の普及により値下げ傾向にあった国際電報料金だったが、昭和恐慌からの脱却を図った高橋財政の結果、急激に円安が進んだため、再び値上げに向かった。一九三三年一月一日から、従来一フラン四〇銭であった換算レートが六〇銭となり、円建料金は一挙に五〇%値上げされた。ニューヨークあての一語料金も一円六八銭から二円五二銭に値上げされた。当時、実際の為替レートは一フラン八〇銭に達していたが、料金を二倍に値上げすることもできず、とりあえず一フラン六〇銭を適用したという処置であった。この値上げには、国際電報の収益構造が影響している。

中国、朝鮮半島との間以外では海底ケーブルをほとんど所有していなかった日本は、日本で利用者から受け取った国際電報料金の大部分を外国に支払う必要があった。たとえば一フラン四〇銭換算で欧州あてで海底ケーブルを利用した場合、一語料金三・四五フラン（二円三八銭）のうち日本政府の取り分は首尾料（日本国内の利用料金分）の〇・三五フラン（二四銭）のみで、残りの三・一フラン（二円二四銭）をグレートノーザン電信会社などの外国通信会社や相手国政府に支払う必要があった。これが一フラン八〇銭となると、外国支払料は二倍の二円四八銭となり、料金を一円三八銭のまま据え置けば、一語あたり一円一〇銭の赤字となってしまう。このような状況から料金を値上げせざるを得ない状況となったのである。しかし五〇％と大幅に値上げしても、料金は二円七銭であり、四一銭の赤字であった。

こうしたことから、一九三三年八月一日には円表示の料金を諦め、料金をフランで表示し、三カ月毎に換算レートを定めるという制度になった。一方、無線通信の場合は、基本的に料金収入は折半の形となるので、著しく発信超過とならない限り、外国支払い額は大きな問題とはならなかった。このように海底ケーブル利用の場合、莫大な海外支払費が生じるため、日本政府は利用者に無線電信利用を勧奨する政策をとるとともに、無線回線設定に努めることとなった。いわゆる「無線国策」が進められたのである。急激に無線利用比率があがったのは、このような背景もあった。

米国あての料金はマッケイ無線電信会社の参入もあり、一九三五（昭和一〇）年九月一日、四・二フランから三・七フランに値下げされた。この時点で一フラン七四銭、一語あたり二円七三銭（一銭未満切りすて）であった。日米開戦直前の一九四一年一〇月から一二月までの換算レートは六五銭、一語二円四〇銭、外交電報などの官報料金は半額の水準であった。

## (四) 太平洋戦争前の通信施策

### 日本独自、無装荷ケーブルの登場

一九三一(昭和六)年に満州事変が勃発し、その翌年に「満州国」が設立された。通信においても一九三三年、電気通信と放送、両方を取り扱う満州電信電話株式会社が発足した。満州(中国東北部)での電気通信事業についても、官営とするか民営とするかの議論がされた。結局、事業の効率化と資金調達、さらには軍事的要求が貫徹しやすいなどの理由で民営となった[73]。そして、通信事業であげる収益を放送事業に使えるように通信と放送事業の両方を扱う会社としたのである。その後、日本—満州間の通信は急増し、新たにケーブルが敷設されたが、ここで用いられたのが日本独自の新技術「無装荷ケーブル」である。無装荷ケーブルを用いた日本—「満州国」間の電話は、「市内電話並みの品質」とも言われた。ここでは無装荷ケーブルの仕組みと敷設状況をまず確認しておこう。

無装荷ケーブル(『海底線百年の歩み』より)

当時のケーブルの主流は、電気信号の減衰を防ぐためにコイルを挿入した装荷ケーブルであったが、距離が長くなると信号の歪みが生じるという欠陥があった。これに対して無装荷ケーブルはコイルを使わず、減衰した電流を中継装置によって増幅するという仕組みであり、逓信省技師の松前重義、篠原登などが開発した日本独自の技術である。開発者の松前は東海大学の創設者として知られ、後に逓信院総裁を務め、衆議院議員としても活躍した。

この無装荷ケーブルにより、一九三九年九月三〇日、東京—福岡—釜山—奉天（現瀋陽）が結ばれた。このうち福岡—釜山間二三〇キロが無装荷海底ケーブルであった。無装荷ケーブルは海底ケーブルでの電話利用は困難とされていたこの時代にあって、先端を行く技術であった。

## 和文電報が使える日満電信と日華電信

日本と「満州国」との間の電報は、日満電報規則により国内電報に準じた取扱いであった。一九三三年の時点で日満間の電報発着総数は二〇二万通。同年の国際電報全体の取扱数は、約二一五万通であったので、ほぼ同数である。一九三七年に日華事変が勃発、一九三九年には、日華電報規則が導入され、中国内の日本の勢力圏の地域と日本との間も国内電報に準ずる扱いとなった。
太平洋戦争勃発の前年にあたる一九四〇年、日満電報規則での取扱数は約八五五万通、日華電報規則での取扱数は約二六二万通、日本と朝鮮、台湾、樺太、南洋群島との間の取扱いは一一〇六万通（朝鮮約六三五万通、台湾約二三六万通）にのぼっていた。[74] この年、国際電報は約一五〇万通（内日米間は約三五万通）であったが、これらのデータは、そのまま日本の勢力拡大を示していると言っていいだろう。ただ、取扱量急増の要因としてはもう一つ、日満電報、日華電報の制度が国内電報の規則に準じていたため、国際電報に比べ料金水準も低く、和文（カナ）電報の利用が可能であったこともあげられる。日満電報は、和文一語（五文字）八銭、欧文一語一〇銭。日華電報は、和文一語（五文字）一〇銭、欧文一語二五銭であった。[75]
太平洋戦争開始時まで、国際電報の発着数そのものは、一九三七年の約二四七万通が一八七一年以降の最大である。この年の日中間の取扱数は約五〇万通で、二位の日米間の約三五万通を上回る一位であった。それが一九四〇年になると日中間の取扱数は僅か一一通と激減。国際電報取扱数も全体で約一五〇万通と減少した。中国における日本の勢力圏の拡大により、従来国際電報で取り扱われていた日中間の電報が、日華電報により取り扱われるようになった結果である。この一一通は外交電報など、ごく例外的な扱いで取り扱われたものと思われる。いずれにしても日本の大陸進出の状況を示すように、国内電報扱いの日満電報、日華電報が凄じい勢いで急増したのである。

## グレートノーザン電信会社からの陸揚げ権回収

東アジアとの間で無装荷ケーブルを結び、他の地域の国とは無線回線設定に努めていた日本政府は一九三八年、グレートノーザン電信会社からの陸揚げ権回収の検討を開始した。円安によりグレートノーザン電信会社への支払い額が急増したこともあり、もはや外国企業の海底ケーブルは必要なしと考えたわけである。

日本政府がグレートノーザン電信会社に与えた免許状では、同社が直接利用者に営業活動することを禁止していた。また違法行為を繰り返した場合、日本政府は免許状を撤回できるとしていた。無線回線の増加により、同社収益が減少傾向にあったことから、同社は、利用者に対し営業活動を行い、料金減額の措置などをとるようになっていたのである。

調査の結果、グレートノーザン電信会社の違法行為が明らかになり、会社への警告後も同様な行為がくりかえされたことから、日本政府は一九四〇年三月一八日、グレートノーザン電信会社に陸揚げ権回収の通告書を渡した。同社は四月一〇日に受諾したが、デンマークはこの直前、すなわち四月九日にドイツからの侵攻を受け、同日降伏していたのである。同社の陸揚げと運用は一九四三年四月三〇日をもって終了することとなった。日本政府は、国際通信を短波無線と朝鮮半島、中国大陸との間の無装荷ケーブルに託すこととしたのである。

## 国際電話と海外ラジオ放送の開始

英米間の無線電話は一九二七年に開始され、欧米各国は無線電話回線の拡張に努めていた。日本の国際電話の取扱いは、一九三二(昭和七)年に設立された国際電話株式会社により一九三四年にフィリピン、フランス領インドシナ、米国との間で開始された。送信は名崎送信所(現茨城県古河市)、受信は小室受信所(現埼玉県伊奈町)で行われた。当時の技術において、長距離で音声を送受することは海底ケーブルでは、困難であり、国際電話は短波無線により取り扱われていた。

国際電話を開始するにあたり、政府には資金がなく、日本無線電信株式会社の意向も明確でなかったため、逓信省出身者や財界人の支援により設立された国際電話株式会社の手に委ねられることとなった。しかしながら、国際無線通信の会社を電信と電話に分け二社体制としたのは不自然である。国際電話株式会社の設立は、利権を巡る様々な政治工作が行われたうえでの決定であった。同社においては、国際電話よりラジオ放送が主な収入源であったが、当初から同社の将来性については疑問視されていた。そして同社は設立のわずか六年後の一九三八年、日本無線電信株式会社と合併し、国際電気通信株式会社が発足した。国際電話株式会社の収益だけでは、将来の設備増設が困難であったことが合併の大きな理由である。翌一九三九年、国際電気通信株式会社は国際無線に加え、海底ケーブルも取り扱うこととなった。

とはいえ、いずれにせよ国際電話の利用はごく少数に留まっていた。一九四一年度の発着総数は、五九六二通(発信三四五六通、着信二五〇六通)、日米間は一五〇二通(発信一一〇〇通、着信四〇二通)に過ぎなかった。[76] 太平洋戦争開戦前夜の日米交渉時に、松岡洋右外相と野村吉三郎大使、山本熊一アメリカ局長と来栖三郎大使の間などで国際電話が使われているが、その利用はあくまでも電報の補助に留まっていた。この頃の取扱時間は午前七時から午後四時まで、一日九時間、料金は日本―ニューヨーク間で三分六三円(日曜五一円)であった。

これに対し同じ無線を用いたラジオの利用はますます盛んになっていた。日本放送協会の海外(ラジオ)放送を使ったメッセージである。海外放送は、日本の放送局(送信所)から直接外国に放送するのだが、当時の区分では、海外放送とは別に、国際(中継)放送というサービスがあった。両国の放送局が協力して行う中継放送である。オリンピックやコンサートの中継は国際放送である。国際電報、国際電話と同様、これも両国の協力がないと行えない。一方、海外放送は、直接相手国の受信者に送るので、たとえ国交が途絶えても送信できる。冷戦下、日本でも聴かれた北京放送、モスクワ放送は海外放送である。また、ノルマンディー上陸作戦開始時に、英国BBCの海外放送が、フランスのレジスタンスに対し、ポール・ヴェルレーヌの詩「落葉」により作戦開始を伝えたことも有名である。

日本放送協会による海外放送は、名崎送信所の二〇キロワットの送信機を利用して一九三五(昭和一〇)年六月一日に開始された。[77] ハワイ、北米西部向けに毎日一時間の放送であった。一九三七年一月に五〇キロワットの送信機が完成すると、欧州、北米東部南米向け、海峡植民地（現シンガポール、マレーシア）、ジャワ（現インドネシア）およびオーストラリア向けの放送を開始した。[78] 一九四〇年一月の時点で九方面に向け、一二カ国語、一日のべ一二時間の海外放送を実施していた。また同年一一月には、海外放送専用の八俣送信所（現茨城県古河市）が完成し、翌一九四一年一月から五〇キロワットの送信機による放送がはじまった。[79] 関西地区では一九四〇年河内送信所（現大阪府堺市）が竣工し、台湾あての電話やアフガニスタンあて電信などが取り扱われるようになった。

太平洋戦争開戦の前年となる一九四〇年、日本の国際電報発着総数約一五〇万通のうち三五万通が日米間で交わされたものであった。平均すれば一日あたり一〇〇〇通弱である。また国際電報は、日本では逓信省の独占であったが、米国ではRCAとマッケイが競争していた。在米日本大使館や日本の商社は、国際電報の大口ユーザーであり、両社にとってお得意様であった。一九四一年の時点で、日本と米国を結ぶ直通電信回線は、海底ケーブル一回線、短波無線回線五回線（RCA三回線、うち一回線は写真電信用、マッケイ一回線、プレスワイアレス一回線）であった。[80] 北米との間の通信のうち五五％がRCA利用であった。

一九一六年に大正天皇とウィルソン大統領の平和と友好を祈る祝電の交換で始まった日米間の無線通信は、一九四一年の日米交渉打ち切りを告げる日本の外交電報、すなわち〝開戦通告〟を運ぶことになる。そして運命の一二月八日、奇しくもそのちょうど七年前の一九三四年一二月八日、日米間の国際電話取扱開始を祝う記念通話が東京とワシントンDCを結んで行われ、広田弘毅外相とコーデル・ハル国務長官が電話を通じて挨拶を交わしていた。[81] 真珠湾攻撃をルーズベルト大統領から電話で知らされたハル国務長官の脳裏には、七年前に聞いた広田外相の声がよみがえったに違いない。

# 第三章　近代日本暗号小史

## (一) 近代暗号の誕生

### 暗号とは何か

ここまで明治から昭和戦前期までの国際通信の発展について見てきたが、電報というメディアと切っても切れない関係にあるのが暗号である。特に国際間では相手国に自国の機密事項が漏れるのを防ぐため暗号が多用された。事実、明治初期から太平洋戦争前の日米交渉時まで、実に数多くの暗号電報が日本と諸外国との間で交わされた。

暗号史研究家の長田順行の定義によれば、暗号とは、「内容を秘匿するためのことばの在り方」であり、[82]『広辞苑』では、これより狭義に、「秘密を保つために、当事者間にのみ了解されるようにとり決めた特殊な記号・ことば。あいことば。」となっている。

暗号の歴史は紀元前に遡る。太棒にリボン状の革または紙を巻き付け、平文を書き込み、ほどいたうえで持ち運び、宛先でまた同じ太さの棒に巻き付け解読するというスキュタレー暗号は、紀元前五世紀のスパルタで用いられた。また古代ローマ時代、歴史家ポリュビウスが作成したポリュビウスの暗号も有名である。この暗号は、アルファベット二六文字の内、中世までは分化していなかった。iとjが同じマスにあり、五×五のマスに収まっている。さらにジュリアス・シーザーの用いたaをd、dをgとアルファベットを三字ずつずらすシーザー（カエサル）式暗号も知られている。

ポリュビウスの暗号、シーザー暗号は、ある文字を別の文字に換えるので、「換字式暗号」という。この二つの暗号表は、その後現代に至るまで様々なバリエーションで利用されている。

一方、スキュタレー暗号は、文字そのものは変わらず、ほどいた紙をみても意味が分からないという方法なので、「転置式暗号」と呼ばれる。文字の配置を変え、読めなくしてしまうというものである。アナグラムも転置式である。換字式と転置式が暗号の主流である。

一五世紀から一六世紀の欧州において外交使節の常駐が盛んになったことにより、外交暗号が多用されることとなった。暗号解読を巡る攻防戦の始まりである。暗号が一層、複雑化、高度化した。

| 七ふ | 六て | 五す | 四ほ | 三も | 二ろ | 一こ | ↓ |
|---|---|---|---|---|---|---|---|
| ゑ | あ | や | ら | よ | ち | い | 一あ |
| ひ | さ | ま | む | た | り | ろ | 二ま |
| も | き | け | う | れ | ぬ | は | 三の |
| せ | ゆ | ふ | ゐ | そ | る | に | 四か |
| す | め | こ | の | つ | を | ほ | 五く |
| ん | み | え | お | ね | わ | へ | 六や |
|  | し | て | く | な | か | と | 七ま |

（表３－１）上杉謙信の字変四八

日本においても、『日本書紀』の中に倒語と呼ばれる、逆の意味の言葉を用いて味方同士の意思疎通を図った例などが見られる。さらに戦国時代には、上杉謙信の暗号とも呼ばれる「字変四八」という七×七の座標に、イロハ四七文字をあてはめた暗号表が作成された（表3—1）。この暗号表をみると簡単に解読できそうにみえるが、一から七の縦横の番号を入れ替えたり、番号の代わりに短歌の下の句、七七を入れたりすることによって、解読が困難になる。例えば、「春過ぎて夏来にけらし白妙の衣ほすてふ天の香久山」の下の句を使って横のマスに「ころもほすてふ」、縦のマスに「あまのかくやま」を入れると「日本（ニホン）」は、「こか　こく　ふや」となる。様々な短歌を使うことにより、暗号表を使い分けることができる。機密保持に風流さや教養を求めた暗号である。アルファベット二六文字が五×五のマスに収まったように、イロハ四七文字にンを加えた四八文字が七×七のマスに収まったのである。それぞれの文字数に合わせ東西で同じ発想の暗号が出来上がったということになるだろう。

## 暗号利用を提議した岩倉使節団

さて、紀元前から戦国時代までの事例で暗号の基本的な仕組みをみてきたところで、近代にまで時代を進めよう。電信の実用化は、暗号利用を促進した。一つめの理由は、本来の暗号の目的、すなわち、電文が電報局員の目に触れたり、他国に読まれる危険性があったりするためであるが、二つめの理由は、電報料金が高かったため、電文を出来るだけ短くすることにある。

日本の暗号電報の歴史も国際電報の歴史と同様、岩倉使節団にはじまる。岩倉使節団は、一八七二（明治五）年に米国到着後、大歓迎されたことから、当初予定していた予備交渉という方針を転換し、米国政府と不平等条約改正のための本交渉を行うこととした。交渉にあたり、米国のハミルトン・フィッシュ国務長官から全権委任状を求められた。使節団は全権委任状発行のため、大久保利通と伊藤博文を一時帰国させたが、本国政府（留守政府）は全権委任状の発行に難色を示した。大久保と伊藤は二カ月ほど日本に滞在し、留守政府と交渉を続ける中、ワシントンＤＣ

| | | 五 | 四 | 三 | 二 | 一 | ↴ |
|---|---|---|---|---|---|---|---|
| 。 | ゛ | キ | ヤ | ツ | ヌ | イ | 一 |
| 零 | 零々 | ユ | マ | ネ | ル | ロ | 二 |
| | | メ | ケ | ナ | ヲ | ハ | 三 |
| | | ミ | フ | ラ | ワ | ニ | 四 |
| | | シ | コ | ム | カ | ホ | 五 |
| | | ヒ | エ | ウ | ヨ | ヘ | 六 |
| | | モ | テ | ン | タ | ト | 七 |
| | | セ | ア | ノ | レ | チ | 八 |
| | | ス | サ | ク | ソ | リ | 九 |

（表３－２）台湾出兵時に準備された暗号表

に残り交渉を続けていた岩倉は、フィッシュ国務長官から再三に亘り全権委任状がいつ発行されるのか質問を受けていた。

岩倉は、全権委任状の発行を電報でも要請したが、留守政府の返電は、委任状の発行について確約を与える内容ではなかった。この電報のやりとりをした直後に岩倉は、フィッシュ長官から、本国からの電報にはどのようなことが書かれているのかと質問された。岩倉は苦し紛れに「日本政府にて我らに条約取結を赦すべし」と回答した。

窮地に陥った岩倉使節団は、書記官に口上書を持たせ、帰国させることを検討したが、この口上書の中で留守政府に暗号利用を提議している。岩倉は、フィッシュに電報を読まれているのではないかと感じたのであろう。結局書記官の一時帰国は見送られたが、暗号利用を提議した口上書は、使節団の方針に反発して帰国した渡辺洪基書記官（後の初代帝国大学総長）により留守政府に届けられた。留守政府はこの口上書を受け取った直後、在日英国公使館のアーネスト・サトウに

| 九 | 八 | 七 | 六 | 五 | 四 | 三 | 二 | 一 | ↓ |
|---|---|---|---|---|---|---|---|---|---|
| 無 | パ | バ | ガ | キ | ヤ | ツ | ヌ | イ | 一 |
| ベシ | ピ | ビ | ギ | ユ | マ | ネ | ル | ロ | 二 |
| ナリ | プ | ブ | グ | メ | ケ | ナ | ヲ | ハ | 三 |
| コト | ペ | ベ | ゲ | ミ | フ | ラ | ワ | ニ | 四 |
| トモ | ポ | ボ | ゴ | シ | コ | ム | カ | ホ | 五 |
| タメ | 我 | ダ | ザ | ヒ | エ | ウ | ヨ | ヘ | 六 |
| ヨリ | 君 | ヂ | ズ | モ | テ | ン | タ | ト | 七 |
| ニテ | 彼 | デ | ゼ | セ | ア | ノ | レ | チ | 八 |
| マデ | 有 | ド | ゾ | ス | サ | ク | ソ | リ | 九 |

（表３－３）柳原前光が改定した暗号表

「イギリスでは通信部門を監督する機関はどんな風に組織されているか」と尋ねている。[83] フィッシュ国務長官との交渉の中で、岩倉使節団は諜報《インテリジェンス》の問題に気づいたのである。

## 台湾出兵時の暗号電報

岩倉使節団が帰国した翌年の一八七四年には台湾出兵、さらには樺太千島交換交渉のためロシアに赴いた榎本武揚駐露公使と寺島宗則外務卿との間で、さっそく暗号が利用された。

台湾出兵は、日本政府が琉球と日本の漁民が台湾で原住民に殺害されたことに対し、清国に抗議したところ、清国から台湾は化外（主権が及んでいない）であり、責任を負えないと回答されたために、討伐を名目に日本軍が出兵した日清間の紛争である。

台湾出兵に際し、当初用意された暗号表が表3―2である。この暗号表は、イロハ四七文字からヰ、ヱ、オを除き、ンを加えた四五文字を五×九のマス目に入れ込んだ内容である。濁点の場合、○○を付け、半濁

| f ト | e ヘ | d ホ | c ハ | b ロ | a イ | ↓ |
|---|---|---|---|---|---|---|
| 承諾セリ | 高砂丸 | 支那 | 事務局 | 本朝平穏 | 東京 | 一 |
| 御承知ト存候 | 社寮丸 | 英国 | 長官 | 我政府 | 長崎 | 二 |
| 至急御返事可被下候 | 日進 | 米国 | 都督 | 支那政府 | 横浜 | 三 |
| 御差越可被下候 | 孟春 | 生蕃 | 兵隊 | 公使 | 神戸 | 四 |
| 差出申候 | 明光丸 | 熟蕃 | 出帆 | 領事 | 廈門 | 五 |
| 致希望候 | 有功丸 | 琉球 | 到着 | 官員 | 香港 | 六 |
| 御取計可被下候 | 三邦丸 | 石炭 | 電信 | 人 | 上海 | 七 |
| 其余ハ万事御懸念 | 李仙得 | 戦 | 新聞紙 | 酋長 | 台湾 | 八 |
| 相済申候 | 柳原公使 | 勝利 | 大至急 | 土民 | 各国 | 九 |

（表３－４）増補された暗号表

点の場合は、○を付ける。[84] カは二五であり、ガの場合二五○○、パは一三○となる。濁点、半濁点では桁数が異なってしまうわけである。決まった文字をほかの文字や数字に置き換えるので換字式の暗号である。

清国との交渉のため特命全権公使に任命された柳原前光は、この暗号表に表3―3のように改訂を加えた。柳原は、改訂の理由として、濁音、半濁音を全て網羅し、二字を一字に縮めたものもあるので、多少煩わしさが減り、料金も削減できる点をあげた。台湾出兵では柳原が改訂した暗号表が採択され、その後、外務省でも利用されることになった。同年四月二五日にこの暗号表を用いて東京から長崎に打たれた電報の記録が残っている。この電報は遠征費用を請求した長崎支局に対し、東京の蕃地事務局がすげなく拒絶した内容であり、記録に残る最初期の暗号電報利用である。[85]

柳原が改訂した暗号表は五月一四日に早くも増補、新たに六×九格の五四の名詞、語句が追加され、六月一日から利用された[86]（表3―4）。国名、地名、官職名、慣用句が中心である。列中にイロハとａｂｃが併記されているが、これは国内電報の場合はイロハを、国際電報の場合はａｂｃを利用するためである。
当初、五×九格だった暗号表は、柳沢のコメントにより九×九格となり、さらに座標を増やしてコード（語句ごとに別の文字や数字に置き換える：code）を加え、サイファー（文字ごとに別の文字や数字に置き換える：cipher）とコードを交えた暗号集式のものへと進んだ。[87] 固有名詞、地名を中心に暗号を使うという実態と経費削減を目的に早期改訂となった。この暗号表は、長崎に設けられた蕃地事務局の支局と東京との間で数多く利用された。サイファーよりコードが多用された。
実際の電文で確認してみよう。六月七日、台湾出兵時に設置された蕃地事務局の長崎支局が大隈重信事務局長官に打った電報の冒頭部分である。[88] 台湾から長崎に帰港した船舶に関する報告である。

| |
|---|
| ヘ一　ヘ六　ヘ七　イ八　サンブツツミキタラズ　ヘ五　ヘ二　イマダ　イ二　ハ六　九 |
| 一 |

これを平文化すると次の文章になる。

（高砂丸）（有功丸）（三邦丸）（台湾）産物積み来たらず（明光丸）（社寮丸）未だ（長崎）（到着）（無し）

暗号化は船舶名などのコード利用にとどまり、他は平文のままである。これは機密保護という

| | | | | | | | |
|---|---|---|---|---|---|---|---|
| 実字 | イ | ロ | ハ | ニ | ホ | ヘ | ト |
| 暗字 | ス | セ | モ | ヒ | シ | ミ | メ |
| 実字 | チ | リ | ヌ | ル | ヲ | ワ | カ |
| 暗字 | ユ | キ | サ | ア | テ | エ | コ |
| 実字 | ヨ | タ | レ | ソ | ツ | ネ | ナ |
| 暗字 | フ | ケ | マ | ヤ | ク | ノ | ウ |
| 実字 | ラ | ム | ウ | ノ | ク | ヤ | マ |
| 暗字 | ム | ラ | ナ | ネ | ツ | ソ | レ |
| 実字 | ケ | フ | コ | エ | テ | ア | サ |
| 暗字 | タ | ヨ | カ | ワ | ヲ | ル | ヌ |
| 実字 | キ | ユ | メ | ミ | シ | ヒ | モ |
| 暗字 | リ | チ | ト | ヘ | ホ | ニ | ハ |
| 実字 | セ | ス | | | | | |
| 暗字 | ロ | イ | | | | | |

（表3－5）一八七七年の陸軍省暗号

より、コード利用の利便性、簡易性が評価されたという面が強い。船名などは、カタカナで処理するよりコードを利用したほうが負担も間違いも少なかったであろう。文字数削減は経費面でも歓迎された。

　また、同年三月、榎本武揚駐露公使が樺太問題解決のため、日本を発ちロシアのペテルブルクに向かった。当時の樺太（サハリン）は日露混住とされていたが、ロシアの勢力が増大し、現状維持が困難となっていたのである。榎本は、柳原により改正される前の五×九格（表3―2）の暗号表を持参し、ペテルブルクに到着した同年六月から寺島宗則外相との間の外交電報で利用した[89]。この暗号表も柳原同様、榎本自身が作成にかかわっていたという。明治初期の暗号には、現場を知る外交当事者が直接かかわっていたのである。

　同じく一八七四年二月、陸軍省も暗号を制定した。この時陸軍省が制定した暗号は、先に触れた上杉謙信の暗号とされる「字変四八」とほぼ同じである。陸軍省は最初の暗号制定に際し、戦国時代の暗号を流用したようにもみえるが、いずれにせよイロハ四七文字を収めるため七×七格とするのは自然である。

さらに陸軍省は一八七七年、二二種類の暗号表を作成した。複数の暗号表を作成し、暗号表が敵の手に落ちた場合、他の暗号表を使うことにより解読されるリスクを避けるための措置であった。イロハ四七文字のヰ、オ、ヱの三文字を除いた四四文字に、暗字をイロハの逆順にあて、二行ずつずらし、二二種類の暗号表を作成したのである。表3—5の暗号表では、実字「イ」の暗字は「ス」であるが、二文字ずらすと実字の「イ」の暗字は「モ」になる。この暗号は、シーザー式暗号のバリエーションであるが、機密保持の面では他の官庁より進んでいたといっていいだろう。

一方、海軍省も一八七五年には暗号表を作成。その後、内務省、大蔵省など各省庁も暗号利用を開始し、一八七七年の西南戦争時には、各官庁で暗号表が整備されるようになった。

## 西南戦争と暗号電報

一八七七年に勃発した西南戦争だが、暗号を巡り、興味深いエピソードがある。反乱士族は同年一月の末、陸海軍の火薬庫を襲い、二月初めに帰省の名目で薩摩に滞在中であった警視庁の中原尚雄少警部を捕え、厳しく尋問した。このとき中原が「西郷を刺殺しに来た（傍点筆者）」と自白したことを薩摩士族は開戦の名分としたのである。

折から、明治天皇は関西に行幸中であったことから、東京、京都、大阪、神戸、九州と、それ

| ↴ | 壱 | 弐 | 三 | 四 | 五 | 六 | 七 | 八 | 九 |
|---|---|---|---|---|---|---|---|---|---|
| 一 | 東京 | 横浜 | 浦賀 | 下田 | 神戸 | 兵庫 | 大坂府 | 京都府 | 長崎 |
| 二 | 鹿児島 | 熊本 | 大分 | 久留米 | 柳川 | 下ノ関 | 高知 | 東艦 | 竜驤艦 |
| 三 | 日新艦 | 春日艦 | 小倉 | 山口 | 八代 | 佐賀 | 島津 | 西郷 | 林内務少輔 |
| 四 | 開拓使 | 巨魁 | 脱走 | 潜伏 | 日向 | 大隅 | 洛中 | 洛外 | 和歌山県 |
| 五 | 愛媛 | 福岡 | 大津 | 聖上 | 皇太后 | 皇后 | 太政大臣 | 右大臣 | 大久保参議 |
| 六 | 伊藤参議 | 木戸孝允 | 宮内 | 陸軍 | 海軍 | 外務 | 大蔵 | 司法 | 内務 |
| 七 | 知事 | 品川 | 大臣 | 参議 | 卿 | 大輔 | 少輔 | 駅逓局 | 県令 |
| 八 | 県官 | 侍従 | 侍医 | 書記官 | 警察官 | 近衛兵 | 騎兵 | 儀仗 | 鎮台 |
| 九 | 士官 | 兵隊 | 大隊 | 小隊 | 竜駕 | 臨御 | 還幸 | 御発輦 | 御駐輦 |
| イ | 御着輦 | 発艦 | 徒党 | 着艦 | 御道中 | 御船中 | 御休 | 御泊 | 御上陸 |
| ロ | 報知 | 訛伝 | 内密 | 巡査 | 出兵 | 御先発 | 御帰途 | 天機 | 天覧 |
| ハ | 叡感 | 勅諭 | 御達 | 御布告 | 御賑恤 | 暴動 | 電信 | 警衛 | 軍艦 |
| ホ | 飛脚船 | 高雄丸 | 清輝艦 | 華族 | 士族 | 注意 | 至急 | 郵船 | 人民 |
| ヘ | 月 | 日 | 時 | 昼 | 夜 | 午前 | 午後 | 一昨日 | 昨日 |
| ト | 今日 | 明日 | 明後日 | 先日 | 近日 | 今月 | 来月 | 順風 | 逆風 |
| チ | 海路 | 陸路 | 山路 | 宿駅 | 鉄道 | 電報 | 郵便 | 新聞 | 銃器 |
| リ | 弾薬 | 要地 | 人数 | 人気 | 静穏 | 不穏 | 暴発 | 鎮定 | 放火 |
| ヌ | 焼亡 | 手配リ | 説諭 | 探索 | 捕縛 | 数多 | 僅少 | 急飛 | 風説 |
| ル | 実説 | 恙無 | 病気 | 彼 | 我 | 奉命 | 評議 | 直訴 | 情実 |
| ヲ | 実際 | 意外 | 差遣 | 出発 | 到着 | 取調 | 行違ヒ | 差支 | 乍併 |
| ワ | 差出 | 承知 | 落手 | 尤モ | 甚タ | 直チニ | 俄ニ | 決シテ | 不得已 |

（単行書　電報録其四　四月二日〈国立公文書館〉より）

| カ | ヨ | タ | レ | ソ | ツ | ネ | ナ | ラ | ム | ウ | ノ |
|---|---|---|---|---|---|---|---|---|---|---|---|
| 等 | 御懸念被★ | 一 | 十 | カ | ソ | 子 | ム | リ | ダ | ゴ | ベ |
| 変リナシ | 至急御返事 | 二 | 百 | キ | タ | ノ | メ | ル | ヂ | ザ | ボ |
| 便宜 | 御指令 | 三 | 千 | ク | チ | ハ | モ | レ | ヅ | ジ | パ |
| 都合 | 御伺候 | 四 | 萬 | ケ | ツ | ヒ | ヤ | ロ | デ | ズ | ピ |
| 金子入用 | 差越 | 五 | ア | コ | テ | フ | イ | ワ | ド | ゼ | プ |
| 幸便 | 聞取 | 六 | イ | サ | ト | ヘ | ユ | 井 | ガ | ゾ | ペ |
| 此段 | 電信ノ★★ | 七 | ウ | シ | ナ | ホ | エ | ウ | ギ | バ | ポ |
| 相済申候 | 御座候間 | 八 | エ | ス | ニ | マ | ヨ | ヱ | グ | ビ | ン |
| 御取計 | 可被下候 | 九 | オ | セ | ヌ | ミ | ラ | ヲ | ゲ | ブ | |

★ （御懸念被）下間敷候
★★（電信ノ）文字不分明今一度御申越

（表3－6）太政官暗号

ぞれの間で数多くの暗号電報が飛び交っていた。当時使われた暗号の中で、もっともよく知られているのは、暗号史家の長田順行たちにより紹介された太政官（内閣の前身）の暗号である。[90]

この太政官暗号を使って、薩摩の反乱軍が鹿児島を出発した翌日二月一六日に、当時右大臣であった岩倉具視が神戸滞在中の川村純義海軍大輔に打った電報に次の記載がある。[91] 電文中にみられる「ニ」、「ヤ」、「ト」、「ソロ（候）」は暗号化されず原語のままである。

ル五（我）ソ一（カ）ノ八（ン）ム六（ガ）ネ五（フ）ラ二（ル）ニ ソ七（シ）

ソ六（サ）ッ四（ツ）ソ六（サ）ソ七（シ）ソ五（コ）ラ四（ロ）ッ八（ス）ネ
二（ノ）ウ三（ジ）ッ六（ト）ウ一（ゴ）ウ三（ジ）ノ八（ン）ソロヤト
ウ六（ゾ）ノ八（ン）ウ三（ジ）ソロ

これを読み解くと原文は、「我考がふるにシサツ（刺し殺すの字）と誤認《ゴジン》候やと存じ候」となる。「視察」を「刺殺」と取り違えたのではないかという指摘である。拷問による自白の中で語られた言葉であるだけに、当時から様々な憶測がなされたようであるが、漢字が使えない電報が普及しつつある時代らしいエピソードである。

ところで、西南戦争当時の暗号表といえば、近年脚光を浴びたものとして岩倉具視右大臣が所持していたものがある。二〇一四年、京都市内、漢学塾跡の土蔵に暗号表が残されていたことが松田清京都大学名誉教授（当時、京都外国語大学教授）により明らかにされた[92]。この暗号表は円盤の形で、外側にイロハ四七文字からヰ、ヱ、オを除き、ンを加えた四五文字、内側にその四五文字を逆順にならべたものを配置している。内側の円盤を回転させ、一から五までの窓に合わせたところで、外側の文字と内側の文字をみて、暗字と実字を確認する方式である。仕組みとしては先ほどの四四文字で構成される陸軍省暗号に「ン」を加えたものと考えていい。岩倉は当時太政官暗号も利用しており、各官庁など相手によって異なった暗号表を使い分けていたのである。

また西南戦争時、陸奥宗光は政府転覆を図る大江卓などの土佐派と連絡を取っていたことが発覚し、西南戦争後の一八七八年に逮捕、投獄されたが、陸奥が土佐派との連絡に使った元老院暗号は、イロハ順に二文字を組み合わせ、互いに実字と暗字の関係になる対合と呼ばれるものであった。イとロ、ハとニ、ホとヘ、トとチという順に組み合わせたものである。たとえば、ハイチという地名なら、「ニロト」となるわけである。暗号強度は低いが、暗号表を持たなくても使えるという長所があった。

さらに陸奥については、西南戦争中の一八七七年三月一日に打った次の暗号電報が残されている。[93]

ノイ〻ヨク。ワ〻エミヤコ。メサヨヲニ。ラウクヨユワ。ノカミノ。〻アウミウチ。メム〻モウチ〻ア。ヒムミエス

これを表3―7の暗号表で解読すると、「クロダノ。カゴシマエ。ユキタルハ。ナムノタメカ。クワシク。デムシムト。ユウビムトデ。モウシコセ」となる。「黒田の鹿児島え行きたるは何のためか。詳しく電信と郵便とで申し越せ」である。この暗号では、「ン」を「ム」で代用していることが分かる。不自然な濁点がついているので、この点からも暗号解読の手がかりになってしまうのも弱点である。電文中の「クロダ」は後に首相を務めた黒田清隆である。黒田はこのとき、勅使として鹿児島に派遣された柳原前光の護衛を命じられていた。西南戦争中、陸奥は熱心に情報収集に努めていたようである。

西南戦争後、各省庁とも守秘性の向上に努め、当初の規則性のある配列から不規則配列の暗号表に移行した。昭和戦前期においても、各官庁や各地の警察でこのような比較的単純な暗号表が使われていたことが各種の史料から確認できる。各省庁とも国際電報を数多く利用する外務省や、

| | | | | | | | | | | |
|---|---|---|---|---|---|---|---|---|---|---|
| イロ | ハニ | ホヘ | トチ | リヌ | ルヲ | ワカ | ヨタ | レソ | ツネ | ナラ |
| ムウ | ノク | ヤマ | ケフ | コエ | テア | サキ | ユメ | ミシ | ヒモ | セス |

（表３－７）元老院暗号

海外で展開する陸海軍を除き、それほど強度を求めていなかったようである。これらの暗号表のバリエーションは、その後太平洋戦中に至るまで各省庁、警察などで利用された。

ところで、暗号、略号を利用していたのは政府関係だけではなかった。料金節約を目的として、貿易商社なども暗号を多用しており、市販の暗号表も多く販売されていた。ただ、三井物産など一部の商社は機密保持のためもあり、独自の暗号表を作成し、活用していた。[94] 一九三六（昭和一一）年の推定値では、外地も含む日本からの発信国際電報は一二一万二六〇八通、そのうち七七万九四一五通（隠語官報一万七四二〇通、至急隠語電報一万四七八六通、隠語電報七四万七二〇九通）が隠語電報であった。[95] 全体の三分の二近くが暗号（略号）を使った電報だったわけである。

## （二）日露戦争、第一次世界大戦中の暗号利用

### 外務省暗号の改訂

明治中期から日露戦争時頃まで、外務省は、なぜか在外公館との間の主な連絡に英語を用いていた。欧米列強に対する憧憬、対抗心もあったのだろう

が、容易に相手国に内容を知られる危険性があるうえ、非効率的であったため、日露戦争後に日本語利用に改められたようである。わざわざ日本人同士が英語により情報交換するのは、明治初頭以来繰り返して試みられているが、現在に至るまで定着していない。

さて、こうした慣例はともかく、外務省は一八八五（明治一八）年、数字五桁で構成される英語のコードブックを導入した。日露戦争勃発の直前の一九〇四年二月三日には小村寿太郎外相によって、在外公館に新たな仮名符号（暗号表）が送付されている。[96]暗号表そのものは残っていないが、使用心得に、「本符号は二数字をもって一仮名（および数個の頻用字句）をなすものとせり」とあることから、座標式のサイファーとコードを記した暗号集式のものであることが分かる。一八七四年に制定された外務省の暗号表を不規則にし、コード部分を増加したものとみられる。

数字五桁の英文のコードブックに関しては、従来からの数字五桁で構成される英語暗号に一五を加えて利用することとなっていた。例えば、「米国政府」を表すコードが「一一一一一」であれば、一五を加えて「一一一二六」とするという措置である。さらに、イ号、ロ号の二種類の暗号表を作成し、奇数月にイ号を、偶数月にロ号を利用することに決めた。日露戦争開戦前夜、小手先の改訂を行ったのである。

一方、日本政府による他国暗号の傍受解読も一八八二年の壬午事変の際には既に行われており、在日清国公使館と清国政府の間の外交電報を傍受することで、清国海軍の動向を把握していた。その後一八九五年の下関講和会議時も清国の外交電報を解読し、交渉を有利に進めたことが知られている。[97]

## バルチック艦隊を撃破した暗号

前章で触れたように、日露戦争において日本海軍は海底ケーブル敷設、無線利用など情報戦を積極的に展開した。緊急用の通信符号や三字コードなどが利用されたが、中でも日本海海戦で用いられた「タタタタ　モ二〇三」という無線電報は有名である。これは、一九〇五年五月二七日の未明、哨戒にあたっていた仮装巡洋艦信濃丸が打った「敵の第二艦隊見ゆ、地点二〇三」を示す暗号（符号）である。

当時、揺籃期にあった無線通信技術では、「トン」と「ツー」という長短の符号でも八〇海里（一五〇キロ弱）届かせるのが精一杯であった。したがって長いメッセージを正確に送受するのはさらに困難であり、符号を用いることにより単純化を図った。実際の作戦で使われるような文章にあらかじめ略符号を付けていたのである。

たとえば、バルチック艦隊が対馬の北側（西水道）を通過するか南側（東水道）を通過するかは、連合艦隊が迎撃を成功させるために重要な情報であった。このため「敵は対州東水道を通過せんとするものの如し」に「ヒ」、「敵は対州西水道を通過せんとするものの如し」には「ニ」という略符号を準備した。また、「バルチック艦隊（第二太平洋艦隊）発見」、つまり「敵の第二艦隊見ゆ」には「タ」を付与した。このように様々な想定される文章にカタカナ一字の略符号をつけたのである。受信を確実にするため、打電する際は連打し、「タタタタ」あるいは「ヒヒヒヒ」とする決まりであった。

さらに、場所を示すためには緯度と経度を示す必要があるが、連合艦隊は、朝鮮半島沖から日本海にかけて、緯度と経度を一〇分毎に区切り、数字三桁の符号を付けた。海域を一〇分毎のマス目にし、碁盤のようにして番号を付けたのである。実際に信濃丸がバルチック艦隊を発見したのは、北緯三三度二〇分、東経一二八度一〇分であるが、この場所には「二〇三」という三桁の地点番号が付けられていた。緯度一〇分で一〇海里(一海里は約一・八五キロ)、北緯三五度付近では経度一〇分で八海里強の距離となる。つまり、海域に縦約一八・五キロ、横約一五キロのマス目を作り、地点番号を付けたのである。地点番号であることを識別するため、地点番号の前に「モ」を付ける決まりであった。

したがって、五月二七日の未明、信濃丸の打った「タタタタ　モ二〇三」は、略符号が無ければ「敵の第二艦隊見ゆ。北緯三三度二〇分東経一二八度一〇分」と打つ必要があった。このような長文では、連絡先に正確に伝わらない危険性が高く、受信者が再送要求をすれば、ますます混乱する状況となることから、極力簡単で分かりやすい略符号を使ったのである。このように略符号を使って、信濃丸は対馬に停泊していた巡洋艦厳島を中継して、朝鮮半島南部の鎮海湾で待機していた戦艦三笠に「敵艦見ゆ」を伝えることができたのである。単純明快なメッセージが勝利に結びついた。

一方、信濃丸からの連絡を受けた三笠座乗の東郷平八郎連合艦隊司令長官が東京の大本営あてに打った電報は、陸上線と海底ケーブルを経由して伝送された。「敵艦隊見ゆとの警報に接し」は、「(アテヨイカヌ)ミユトノケイホウニセツシ……」と暗号、平文混じりで打たれた。「アテヨ」は「敵」、「イカヌ」は、「艦隊」である。それぞれ三字コードの二字目「テ」が平文の「敵」、「カ」が「艦隊」と頭文字が対応している。これは平文を暗号化する時と暗号を平文化する時に、同じコードブックを利用していることを示している。原語と暗語の頭文字が一致していない場合、暗号化するときと平文化するときに別々のコードブックを用意しないと処理に時間がかかってしまう。暗号の強度を高めるためには、原語を規則的に配列したものと暗語を規則的に配列したものと二冊の異なったコードブックを準備する必要がある。日露戦争中はまだ一冊制のコードブックを利用していたのである。

もちろん、艦船間、艦船と前進根拠地、望楼などとの間では、和文（カナ文字）による通信も行われていた。その際、戦隊名、艦船名、地名、日時、方位、速力については、信号符号（コード）が用いられた。

第二駆逐隊は午後二時第七一〇地点に達し夫より針路を北東に執り第六集合地点付近にて第一戦隊に合すべし速力一二節

これはコードを用いると次の文になる。[98]

（F二）ハ（P二ス）七一〇チテンニタツシソレヨリシンロ（メV）ニトリ（L）チテンフキンニテ（E一）ニガツスヘシ（LAQ）一二

電文中の「節」は速度の単位「ノット」を示している。一ノットは時速約一・八五キロである。

このコード利用は情報秘匿を兼ねたものであった。

一方、ロシア軍も、旅順で連合艦隊の巡洋艦千歳の符号を用いて三笠を呼び出すなどイロハ符号そのものは把握していた。しかしながら、バルチック艦隊が極東に到着する前に旅順が陥落したため、戦闘を通じて得た様々なノウハウを引き継げなかったのである。

## 日英共同作戦はトーゴーとネルソン

一九一四（大正三）年に勃発した第一次世界大戦では、ドイツの租借地であった中国の青島攻略にあたり、日本海軍の第二艦隊と英国戦艦トライアンフが日英共同作戦をとった。両国海軍の通信のため、BHV（＝上海）などアルファベット三文字で構成されたコードが日英同盟暗号書として準備された[99]。この三文字コードは二冊制であり、日露戦争時に使われた三文字コードより強度が高いものになっていた。

このほか、味方識別暗号も言語、発光・発音、燈火、旗旒で定められた。言語による問号「ソラカ」に対する答号は「ウミダ」。日本海軍と英国海軍の間では、問号は「トーゴー」、答号は「ネルソン」であった。また先に示したとおり、日露戦争開戦時には無線電信搭載は三等巡洋艦以上に留まっていたため、夜間時には駆逐艦や砲艦に対する連絡に「メガホーン」も利用していた[100]。二〇世紀初頭には、音声による伝達が実際に行われていたのである。これは暗号というより時代劇で忍者が使う「山」、「川」というような合言葉である。

第一次世界大戦中、日本海軍は、太平洋、インド洋、地中海など、第二次世界大戦時以上に広範な海域で活動を展開し、これらの海域に派遣された艦船でも暗号表が使われていた。一九一四年一〇月一日に、アメリカ大陸沖に派遣されていた一等巡洋艦出雲が、英国海軍の巡洋艦ニューカッスルにあてて打った暗号電報により、アルファベットの暗号表を復元できる[101]。同年一一月一七日からは、九種類の暗号表を設定して利用した。また当時ドイツ領であった南洋群島に派遣された第一南遣枝隊は、各島に設置した無線電信所との交信のため、同年一〇月、数字を含めた和文の暗号表を整備した[102]。

この和文の暗号電報に関して、一等巡洋艦浅間の通信担当将校から意見が提出されている（浅間無線電信成績図一九一五年二月一日調[103]）。この意見では、暗号は電文内容の秘匿とともに送信者の国籍を知られてはならないとし、和文電報の利用をやめ、欧文または数字の暗号にするべきである、としている。さらに、日本語は「O」が多いなどの特徴があり、暗号表を多数備えていても読解される危険性が高いと注意喚起した。日本語の単純な暗号表では、頻度分析や慣用句から、容易に暗号を解読されるという指摘は重要である。指摘のとおり当時の日本の暗号は脆弱であった。日露戦争時と比較しても、コードブックの二冊制の導入と複数の暗号表の利用といった程度の改善に留まっていたのである。

## 暗号解読技術の進歩

これまで見てきたような一つの通信文を一種類の暗号表で暗号化した場合、浅間の乗員が注意喚起したように、文字の頻度分析や慣用句が手掛かりになり、容易に解読されてしまう。英語の場合、もっとも使われるのは、「E」であり、全体の一二％強にあたるという統計がある[104]。次に多いのは、「T」で九％強である。アルファベットは二六文字であり、均等に使われれば四％弱だから、「E」は三倍、「T」は二倍の頻度ということになる。また、文字の繋がりを統計的に分析して推測していく方法もある。文字の連接特徴を手掛かりとする方法である。たとえば、「Q」

の後は「U」であるなどという特徴を使って推測していくわけである。さらに、慣用句や予想される人名や地名が手掛かりとなる。したがって、ある程度暗号文のサンプルが集まれば、「E」が特定できる。「E」が分かれば、英文で多用される定冠詞「THE」に注目し、「T」、「H」の特定も難しくなくなる。確定した文字が増えてくれば、以下、連接特徴を駆使すると同時に、よく使われる単語などを推測し、解読できる。

コナン・ドイルの『シャーロック・ホームズの帰還』に収録されている短編「踊る人形」は、暗号解読がテーマである。その中でホームズは、まず暗号文の中から「E」を特定し、次に「NEVER」にあたる単語を推測した。さらに関係者にエルシー（ELSIE）という女性がいることから、エルシーをあてはめ、次々に文字を明らかにした。一方、日本語をローマ字表記すると「O」が約一五％と一番多い。これを浅間の担当者は正しく分析していたわけである。

このように、一種類の暗号表では容易に暗号解読されてしまうことから、暗号の利用者は多数の暗号表を準備して使い分けたり、頻度が平均値の三倍ほどの「E」には、三つの別々の暗字を割当て平準化したりして、対策を講じた。第一次世界大戦中、日本海軍と英国海軍との間で九種類の暗号表が使われたのも、暗号解読を困難にするためであった。しかし、これらの対策も万全なものではなかった。

暗号強化を図るため次に登場したのが多表式の暗号表である。一つの通信文に複数の暗号表を利用する方法である。最初の多表式の暗号表は一六世紀の欧州で誕生した。文字ごとに利用する暗号表を変え、頻度分析を避けるのである。発信者が受信者にどの暗号字表を使うかを伝えるために、「鍵語」などが用いられる。

ここで「鍵語」の実際の使い方を見てみよう。まず複数の暗号表を作成し、それぞれの暗号表に記号をつける。たとえば二六の暗号表が用意されているときには、各表にAからZまでのアルファベットを割り振ってA表、B表…Z表とする。送信者が「DOG」と伝えると、受信者はD表、O表、G表を順番につかって暗号文を解読していく。G表を使ったあとは、またD表に戻るわけである。鍵語が「LTES」の場合は、L表から順番に使って解読する。鍵語が長いほど強度が高くなる。やがて鍵語の代わりに乱数を用いて、どの換字表を使うかを示す方式や数字の暗号に乱数を順番に加算する方式が使われるようになった。通信文の長さと同じ乱数を使い、使った乱数を破棄し二度と使わなければ理論的に解読不能となる。これは、ワンタイムパッドと呼ばれる使い方である。

ちなみに、先に触れた岩倉具視が西南戦争時に所持していた円盤形の暗号表は、五種類の暗号表を使い分けるものであったが、これを用いれば、一つの文章の中で、順番に異なった暗号表を使うことも可能である。たとえば、鍵語として「五三四一」などと受信者に伝えることにより、最初の文字から順番に五表、三表、四表、一表と照らし合わせて解読すれば良いわけである。この円盤形の暗号表は、後に触れる機械暗号の原型とも言えるだろう。

いずれにしても暗号強度向上のため、暗号作成は加速度的に複雑になっていった。だが、生身の人間の処理能力には限界がある。しかも外交や軍事といった過酷な状況下においては過ちも許されない。結果として、秘匿性の強化と作業の効率化を両立させるべく暗号解読を自動的に処理するために、機械式暗号が求められるようになるのである。だが日本は、第一次世界大戦時やシベリア出兵時に、暗号強化の必要性を認識しつつも、懸念されていたとおり、ワシントン会議において厳しい洗礼に遭うことになる。

## (三) 暗号解読を巡る日米の攻防

### 米国に解読された日本の外交電報

米国政府は、第二章で見たように国際会議の場で理想の通信網の構築を高らかに唱える一方で、その裏ではワシントン会議において日本の外交暗号電報を徹底的に解読していたのである。

実際に解読にあたった米国の暗号解読機関MI8(通称ブラック・チェンバー)のハーバート・O・ヤードレーによれば、日本の外交暗号の解読に成功したのは、一九二〇(大正九)年二月のことであった。この時点での日本の外務省暗号は、アルファベット二文字で構成される座標式の暗号表であった。ヤードレーは、日本の外交電報の慣用語句に注目し解読にあたった。[105] 特に文頭と文末の定型的な表現が解読の鍵となったようである。

ヤードレーは、もっとも頻繁に出てくるカナとして、n、o、wa、i、ni、ru、no、shi、to、頻出する語句として、ダイジン、アリタシ、デンポーなどをあげた。またゴゴ、タタ、ダイダイなど音を重ねた語が多いと分析した。さらに「ノ」の前には「モ」、「ト」などが多く、「ノ」の後には「カン」、「ゴ」などが多いとしている。基本的には頻度分析、連接特徴を用いており、ヤードレーの苦労は解読より、むしろ日本語の習得にあったようである。

当時、国際電報料金の一ワードは、普通語であれば一五文字以内、意味をなさない暗号(隠語：Code language）であれば一〇文字以内であった。さらに暗号は発音できるものという条件が付けられていた。この発音できることという条件は、意味のないアルファベットを続けて打つのは電報局の担当者にとって負担であり、ミスも多くなりがちで時間がかかってしまうことから設けられたものであった。発音できる文字構成とするためには、暗号文に適度に母音を混ぜる必要がある。ヤードレーは、外務省の電文が一〇文字ごとに区切られ、二文字単位で母音と子音の組み合わせとなっていたことから、暗号がどのような構成になっているか見当をつけた。AJ、XOなどの組み合わせにしておけば、適度に母音が入り、発音できるからである。

一方、日本側も暗号表の改訂や原文を分割して倒置することで、文頭と文末を分からなくするなど、機密保持について配慮はしていた。また、ワシントン会議時に米国の通信会社が米国政府に電文を渡していないかなどの調査も行っていたが、ヤードレーが一枚上手であった。

ヤードレーの一番の功績としては、ワシントン会議において日本政府が戦艦保有割当に関し、「対英米六割で止む無し」と日本の代表団に伝えた一九二一年一一月二八日付の暗号電報[106]を解読したことがあげられる。日本政府は、英国、米国がそれぞれ保有する戦艦の七割を保有することを主張したが、交渉の結果、対英米六割に留まった。米国政府は、暗号解読により日本がどこまで譲歩するかあらかじめ把握していたのである。[107]

ヤードレーの解読した電報は日米間で交わされたものだけではなかった。内田康哉外相と林権助駐英大使、石井菊次郎駐仏大使との間で交わされた暗号電報も解読している。[108]ヤードレーが日英間、日仏間の暗号電報の解読ができたのは、内田外相や両大使が情報共有のため、幣原駐米大使に転電していたからである。また日英間の外交電報は、大西洋ケーブルと太平洋ケーブルを使って米国経由で送受されたものが多く、在米大使館に転電されていない電報でも、米国内で傍受されていた可能性が高い。

つまり米国は、日英間、日仏間の事前打ち合わせ、内約の有無なども探知していたのである。林大使は、日米英三者が互いに他の二国の間で密約を交わしていないか疑心暗鬼になっている、と八月六日に内田外相に打電しているが[109]、米国は、暗号解読により日英間の交渉の状況も察知していた。日英同盟破棄を目指していた米国にとって日英間の電報からの情報は貴重であり、ヤードレーはワシントン会議開幕の四カ月前の七月から内田外相と林大使の交信を詳細に報告していたのである。

このように機密保持のためには、転電や電報送付のルートにも気を配る必要がある。日露戦争の際、日本はグレートノーザン電信会社線を避け、日本本土—台湾を経由し、中国の福州で英国の通信会社に接続するルートも用意していたが、一方で、日本の外交電報が第三国のフランスで傍受解読され、ロシアに情報が漏れていた事実も明らかになっている[110]。

いずれにしろ、二カ国間の通信で相手国に電文が渡るのは避けがたいが、直通ルートではなく、第三国を中継するルートの場合には、第三国への情報漏洩を留意する必要がある。日英間、日仏間の電報は、米国経由を避け、英国系電信会社やグレートノーザン電信会社のケーブル経由で送付したほうが、米国に解読される危険が少なかったであろう。またヤードレーは外務省暗号改定後、解読できるまで四〇日かかったとしていることから、外務省が暗号改定の時期をワシントン会議の直前とすれば解読は避けられた可能性があるだろう。

日本の暗号解読に関する取り組みは、ワシントン会議が開催された一九二一年、外務省、陸軍省、海軍省、逓信省の四省による「四省連合研究会」により本格化した[111]。一九二三年、陸軍はポーランドから情報将校を招聘するなど暗号解読技術向上に努めた。ソ連、ドイツという強国に隣接したポーランドは諜報活動に力を注いでおり、暗号解読技術も進んでいた。後にドイツが誇るエニグマ暗号の解読にもポーランド人解読者が大きく貢献することになる。この時期、外務省にも電信課に別班が設けられ、暗号解読にあたった。

もちろん、海軍も暗号技術向上に努めていた。一九三〇（昭和五）年七月九日、海軍省は外務省にロンドン海軍軍縮会議用暗号に関する意見を送付した[112]。これは海軍省電信課伊藤利三郎課長作成の文書であり、概要は次のように外務省暗号を危惧し、機械式暗号の導入を求めるものであった。

一九二二年に発行されたソ連の文書に、第一次世界大戦の敵国であるドイツ以外に米英日仏伊の外交電報の訳文が掲載されている。暗号解読がいかに発達しているかを示す内容である。日本の暗号についても駐ロ公使発外相あての電報が解読されている。ソ連は特に暗号解読に長けているわけではなく、旧ロシア時代の活動を暴露したものであり、他国もソ連以上に他国の暗号を解読しているだろう。

特に危険なのは、原文の中の同一綴字が常に同一の暗号形式をなすものである。このような単純な暗号の場合、一〇〇字以上あれば数時間で解読されてしまう。解読を防ぐ方法は、一字ごとに暗号表をかえる方式であるが、非常に煩雑になる欠点がある。これを解決するにはタイプライターに特殊装置を施し、簡便に文字の無限変化を行う方法を採用するべきである。

海軍でも今回の（ロンドン）軍縮会議で製作、供用して多大の利便を得た。ただ（暗号機が）九台しかなかったため、関連する米仏伊の日本大使館の利用分を準備できなかった。そのため従来の暗号を用いて転電するしか方法がなかった。過去、同一電報に難易二種類の暗号を使用した結果、解読されやすい暗号が破られたことが、難しい方の暗号解読につながった例がある。これは最も危険なことである。同一事件に関しては適当なる一種の暗号を指定し、かつそのキイの変更を定めることが肝要である。ゆえに次回軍縮会議や重要な国際会議時は、あらかじめ暗号機械を必要数確保し、事前に関係国公館に配給し、会議関係の電報は一切この暗号機械を用いることに統一することが絶対必要である。操作にも熟練しておく必要があるので、専門員の養成も必要である。（「暗号に関する海軍省意見」）

海軍省は、外務省の暗号機械導入の遅れに危機感を持ち、取扱者の負担が多大になることなく、一字ごとに暗号表を変える多表式のシステムが利用できる機械式暗号の早期導入と専門員の養成を強く求めていた。

## ヤードレーの暴露

ところで、ヤードレーは華々しい功績をあげたものの、その活躍は長くは続かなかった。一九二九（昭和四）年、後に陸軍長官を務めたヘンリー・スティムソン国務長官は、「紳士は他人の手紙を盗みみしない」と、ヤードレーが築いた暗号解読組織ＭＩ８を廃止したのである。[113] ＭＩ８の業務は、ウィリアム・F・フリードマン率いる陸軍通信情報部に引き継がれた。

一九三〇年、ワシントンDCの在米日本大使館は、元米国諜報部のヤードレーと思われる人物から国務省暗号の資料を七〇〇〇ドルで購入した。[114] MI8の閉鎖により失職したヤードレーは収入を求めていたようである。そして翌一九三一年、ヤードレーは米国の諜報活動を暴いた『ブラック・チェンバー』を出版し、同年七月、日本の新聞紙上でもワシントン会議時の外交電報漏洩が報道された。この時の外相が、ワシントン会議に駐米大使として加わっていた幣原喜重郎であったことから、大阪毎日新聞および系列の東京日日新聞（現・毎日新聞）を中心に外務省を非難する記事が数多く掲載された。本来はワシントン会議当時の外務省の本省幹部が非難されるべきであったと思われるが、政局に絡んで幣原個人を非難する記事が目立つ。「責任を免かれぬ当時の大使、幣原外相」（『大阪毎日新聞』一九三一年七月二二日）という見出しも躍った。八月には、『ブラック・チェンバー』の日本語版が大阪毎日新聞から定価一円で発行されたが、現代でいうところのスノーデン事件を扱った『暴露―スノーデンが私に託したファイル』が出版されたようなものである。同じ系列の両新聞の非難記事は、同書の販売促進策としても意識されていただろう。同書が最も売れたのは日本であり、三万三一一九冊売れたという。米国では一万七九三一冊、英国では五四八〇冊以上が売れた。

『ブラック・チェンバー』出版直後、陸軍は、「軍用通信の見地よりする通信窃取に対する方策」を作成した。その中で、他国の通信機関を経由する通信は、電文が敵に渡り、暗号といえどもいつか破られるとし、特に英国については、「自国を経由する全ての電文の写しを入手し、暗号を解読している如し」と危機感を強めた。また、作戦方面別に異なった暗号を利用し、頻繁に変更するよう促し、長文、慣用句の多用、暗号文に対照する資料の送付などを戒めた[115]。

外務省も『ブラック・チェンバー』を参考書として一三八冊購入した[116]。購入理由として、「(本書は)米国暗号解読所が如何に悪辣なる手段を尽して我国某の他諸外国の暗号を解読したるかを詳述し居り我方暗号機密防護上在外公館職員殊に電信係員をして其の内容を了知せしめ置くこと頗る有益と認めらるる」としていた。しかし、本当にこれが役に立ったのかどうかは、次章で明らかになるだろう。

## 機械式暗号の導入

さて、ここで、海軍が外務省に強く導入を求めていた機械式暗号とは、どのようなものなのだろうか。一番単純で分かりやすいのが、一九一五年に米国のエドワード・H・ヒーバンが開発した最初期の暗号機である[117]。ヒーバンの暗号機は、二台のタイプライターが二六本の任意の配線で結ばれていた。一方のタイプライターでアルファベットの一字を叩くと、もう一方のタイプライターから暗字が打ち出される仕組みである。さらにヒーバンは六年後の一九二一年、回転ローターと呼ばれる円盤状の装置により、円盤が一字ごとに回転することにより、異なった暗字が打ち出される方式を開発した。つまり機械暗号とは、タイプライターで入力することにより自動的に多表式暗号が利用できるように開発された装置である。二六字で一回転してしまう程度では、解読はさほど困難ではないが、ローターをさらに一つ追加し、二六×二六になれば、六七六字、さらに一枚増やして二六×二六×二六にすれば一七五七六字で反復することになり、だんだん解読が困難となる。機械暗号は、ローター(回転盤)や電話交換用スイッチなどを利用して、複雑な暗号を容易に送受信することができた。

機械式暗号の中で最も有名なものは、ドイツの「エニグマ（謎の意）」であろう。ローターを使って様々な組み合わせで暗字を打ち出す方法がとられていた。第二次世界大戦中、ポーランドの研究成果を引き継いだ英国政府暗号学校（GC&CS：所在地から通称ブレッチリーパーク）のアラン・チューリングらにより解読され、連合国の勝利に貢献した。エニグマ解読の物語は、映画『イミテーション・ゲーム』（二〇一四年）にもなっている。

ヤードレーによりワシントン会議時の機密漏洩が発覚した一九三一（昭和六）年、海軍省と外務省は、九一式印字機の利用を開始した。九一式の九一は、この年を示す皇紀二五九一年の下二けたをとっている。外務省では、これを暗号機A型として利用し、米国は「レッド暗号」と呼称した。

この暗号機には、一字ごとに異なる換字表が使われるスライド式多表式という方式が使われていた。[118] 文字を入力するごとに、アルファベットを記した原字版と円盤に記された暗字版との組み合わせがスライドして不規則に変わっていく方式であった。

しかし、九一式印字機には、二つの欠点があった。換字表の変換周期が短いことと、五つの母音AIUEOに準母音Yを加えた六文字は、同じく母音と準母音の六文字に変換され、子音二〇文字は、同じく子音二〇文字に変換されるため、暗号化されても母音と子音の区別がついてしまうことである。

一九二九年一〇月一日に電信制度が改定され、隠語電報（Code language）に甲乙の種類を設け、甲種の隠語は最大限一〇字（一語）とし、一〇字のうち三字を母音とすることとなった。[119] 乙種は五字以内で構成は自由であり、料金は甲種の三分の二であった[120]。甲種が一〇字で一円なら、乙種は五字で〇・六七円ということである。母音を入れると割安となるのは、発音ができるものという条件が変化したものである。九一式印字機が開発されたのは、ちょうどこの時期にあたり、国際電報の料金体系が機械暗号の仕組みに影響をあたえていたと考えられる。機械暗号利用に関しては、料金は割高になるが、構成が自由な乙種の隠語のほうが適していた。そして、一九三四年一月一日付の制度改定で、構成が自由な五字までに統一された[121]。

いずれにしても、変換周期が短いという欠点は、少ないサンプル数で、解読者側に変換パターンを把握されてしまうという結果をもたらす。暗号史家の長田順行は、九一式印字機の周期を一〇〇〇文字程度と推測しており、一ワード五文字とすれば二〇〇ワード程度である。長めの電文であれば一本で変換周期が収まってしまう長さである。

事実、米国は一九三五（昭和一〇）年、ワシントンの海外武官事務所に侵入し、九一式印字機の暗号機構を確認したこともあり、ほぼ九一式印字機を用いた暗号を解読できる状況となっていた。九一式印字機にはこのように暗号強度に問題があり、海軍省も外務省もその性能に不安を持っていた。海軍技術研究所は、さらに高度の暗号機開発に努め、一九三七（皇紀二五九七）年、九七式印字機を完成させた。外務省も同年導入し、九七式欧文印字機または暗号機B型と呼称した。米国側呼称は「パープル暗号」である。

九七式印字機は、主要部分で二五種類の換字表を三段階で処理する方式で、二五×二五×二五＝一万五六二五通りの組み合わせを電話交換用のスイッチを用いて実現するものであった。さらに入力プラグを様々に設定し、出力側でも二五種類の換字表を手動で設定できるため、九一式印字機の周期が短いという欠点は大幅に改善されていた。母音同士、子音同士の変換という暗号解読の手がかりとなる点も改められていた。

実際の暗号文は、数字は三（MS）、六（RK）などとアルファベット二文字で、米国（BKW）、了解（RYW）などの語句が三文字コードで構成されていた。このアルファベットを暗号機に入力することにより、二重に暗号化されたのである。

高度な暗号機械である暗号機B型の導入により、外務省は機密保持に自信を持つようになった。日米開戦直前の一九四一年一〇月、外相に就任した東郷茂徳は、外務省電信課の亀山一二課長を呼び、電信暗号の機密保持について確認した。亀山課長は「今度は大丈夫です」と回答した[122]。亀山課長は、暗号機B型を用いた暗号が解読される危険はないと確信していた。しかし、この自信は何の裏付けもなかったことは次章で見るとおりである。

## 米軍による暗号解読（マジック情報）

日米開戦前、米国陸軍のSIS（Signal Intelligence Service：陸軍通信情報部）と米国海軍のOP―20―G（海軍作戦部第二〇部G課、解読分析班OP―20―GY、翻訳班OP―20―GZ）が協力体制のもと日本の外交電報の暗号を解読していた。

米国では一九三四年に成立した連邦通信法第六〇五条により、盗聴および米国と他国との間の通信傍受は禁止されていた。個人的な伝手を使って電文を入手していたケースは別にして、米国政府が公式に通信会社に電文の提出を求めることはできなかった[123]。海底ケーブル中心の時代なら、暗号部門の仕事もほとんど行えない状況であったが、この時代の国際間の通信の主流は短波無線であり、米国陸海軍は、短波無線で運ばれる電文を傍受し、解読していたのである。

日本の外務省は複数の暗号を利用しており、先に述べた通り最高度の暗号は、暗号機B型を用いた機械暗号であった。フリードマン率いるSISは、OP―20―Gの協力も得て、一九四〇年八月に暗号機B型と同じ機能を持つ模造機の制作に成功した。[124] しかも米国はその前年の一九三九年には、ニューヨークの日本総領事館に侵入し、コードブックを書き写していた。日本の最高度の機械暗号の解読が可能となったことにより、米国側は多くの暗号電報の中から最も重要なものを選び出した上で、迅速に解読できるという二つの利点を一度に手に入れることができた。解読された日本の外交電報は、「マジック情報」と呼称された。マジック情報は、大統領、国務長官、陸軍長官、海軍長官、参謀総長、海軍作戦部長などに配布された。

太平洋戦争開戦時、米国は、栃木県の小山送信所からサンフランシスコの米国通信会社の受信所に送られた日本の外交電報を米国西海岸シアトルにほど近いベインブリッジ島の海軍電信所で傍受し、テレタイプ（電動機械式タイプライター）でワシントンDCの海軍省ビルに転送した。[125] こうした直通電信回線の設定により米軍の解読班は、日本大使館の電信係員より、少なくとも配達に要する一、二時間程度早く日本の外交電報を手に入れていたのである。

さらに米軍の暗号解読機関には、電報到着時刻以外にも日本大使館より有利な面があった。暗号解読担当部門が、日本の一チーム一台の暗号機に対し、米国はSIS、OP―20―Gがそれぞれ二台の暗号機を所有していた。[126] そのうえ、両組織は協力関係にあり、翻訳を含め、柔軟に役割分担を行った。女性タイピストが解読作業でも活躍していた。[127] また、暗号解読に関しては、全文正確である必要もなかった。

もっとも米国が一方的に日本の暗号を解読していたわけではない。日本も米国国務省や英国外務省の外交暗号の解読に成功していた[128]。外務省記録の「特殊情報綴」には数多くの暗号解読した電文が残されている[129]。これによれば陸軍が国務省の高度な暗号まで解読していたことが明らかになっている。日本が情報戦に一方的に敗れていたわけではなかったのである。

岩倉使節団のワシントンDC訪問がきっかけとなって導入された日本の暗号電報は、皮肉なことにワシントン会議において手痛い目にあった。そして日米開戦前、またもやワシントンDCを舞台に熾烈な情報戦が展開されることになるのである。

# 第四章　そして対米最終通告は遅れた

## （一）論じ続けられる最終通告遅延問題

日米開戦時に日本海軍が用いた「ニイタカヤマノボレ一二〇八」の暗号電報は良く知られている。しかし日本の歴史上で、もっとも議論された電報は、同じく日米開戦時、外務本省がワシントンDCの日本大使館に打った「対米最終覚書」であろう。米国への開戦通告が真珠湾攻撃開始後となってしまったのは、大使館員の怠慢のせいであると長年語られてきたが、本当にそうだったのだろうか。本章では、通信と暗号解読という切り口から、この問題を探ることとしたい。

### 遅れた対米最終通告

一九四一年一二月七日日曜日午前七時三〇分（ハワイ時間）、六隻の航空母艦から飛び立った日本海軍の第一次攻撃隊一八三機がオアフ島上空に到達しつつあった。七時四九分、攻撃隊の総司令官淵田美津雄中佐は、乗機九七式艦上攻撃機から「全軍突撃せよ」を意味する無線符号「トトトト」を発信した。有名な「トラトラトラ（我奇襲に成功せり）」が打たれたのはその三分後の七時五二分である。真珠湾上空に米軍機の姿はなかった。そして、七時五五分（ワシントンDCの米国東部標準時間七日午後一時二五分、日本時間八日午前三時二五分）、予定より五分早く、九九艦上爆撃機が米軍航空基地に最初の爆弾を投じた。日米開戦の瞬間である。

この時、ワシントンDCの日本大使館では、野村吉三郎大使と来栖三郎大使が、現地時間の七日午後一時に米国国務省に渡すように外務本省から命じられた「対米最終覚書」の浄書完成を待ちわびていた。既に命じられた時刻から二五分が経過していた。大使館と国務省は車で一〇分ほどの距離であったが、浄書が終わったのは一時五〇分頃で、国務省に両大使が到着したのは、二時五分頃。コーデル・ハル国務長官に覚書を渡したのは、二時二〇分（日本時間八日午前四時二〇分）であった。日米交渉の打ち切りを告げる覚書を渡したのが、攻撃開始の一時間近く後になってしまったのである。既に真珠湾攻撃を知らされていたハル国務長官は、両大使を冷たく出迎え、「覚書」に目を通しながら、「これほど恥知らずな、虚偽と歪曲に満ちた文章を見たことがない」と告げ、身振りで退出するよう示した。

ワシントンDCの日本大使館員は、両大使が国務省に向かった後、米国の通信社電やラジオ放送で真珠湾攻撃を知った。両大使には開戦日はおろか、開戦を決定したことも知らされていなかったのである。

このように交渉打ち切りを伝える「対米最終覚書」が、ハル長官に渡される前に真珠湾攻撃がはじまっていたことから、米国は真珠湾攻撃を「卑劣な裏切り行為」と強く反発し、国民一丸となって対日戦に臨むこととなった。

「対米最終覚書」（第九〇二号電）は長文であったため、一四分割して打電されていた。日本大使館には一三本目まで通告の前日に届いていたが、一四本目だけは当日の朝に着いた。外務本省は大使館に対し、覚書を送る前に、いつでも通告できるよう準備を進めるよう予告電報（米国側呼称：パイロット・メッセージ）で訓令していたにもかかわらず、覚書の浄書がすぐに行なわれなかったことや、戦後、米国が大使館より早く暗号解読していたことが分かったこともあり、最終通告の遅延は、長年の間、大使館員の無規律、怠慢に帰されてきた。しかし、本当にそうだったのだろうか。

## 定まらない「事実関係」

最終通告遅延にかかわる代表的な通説としては、戦後二〇年を前にして、日本国際政治学会がまとめた『太平洋戦争への道』第七巻の言説があげられる。そこには「大使館幹部職員の無規律、怠慢」という見出しのもと次の文が記されている。[130]

「問題は専ら米国側がこれを早々とこなしたにもかかわらず日本大使館側が何故に解読・浄書を怠ったのか、の点に集中しよう。（中略）この長文の覚書各通を接到解読する毎に、即刻次々にこれを浄書するように手配すべきであり、タイピストの使用禁止の訓令に従って幹部職員がみずから不慣れな英文タイプの操作に当る他ない状況のもとでは、それが唯一の方法なのであった。

本省の電信課長もまた各電報は接到毎に解読され浄書に着手しうるはずであるから、全文の解読と浄書の時刻は当然ほぼ同一と予想して何ら怪しまなかった」

この文章に続き、遅延を招いた理由として、大使館員のチームワークの欠如をあげ、信じ難いほどの訓令違反、無規律と怠慢が生じたと推測している。本来であれば本省側からの発信時刻が問題となるはずであるが、その点に関しては、「六日の連絡会議は、外交交渉打切り通告の発信時間を七日午前四時とすることを承認したが、この時刻はその後多少変更されて、通告文は六日午後八時半から七日午後四時にわたって分割のうえ逐次に発信されたのであり……」と検証対象から外されてしまっている。

米国側が早く解読していたことから、本省側に問題があった可能性を最初から排除したため、大使館のチームワークの問題としたのであろう。大使館側の状況を確認せず、一方的に断定しているところにも物足りないものを感じるが、現在でもなお代表的な通説と位置づけられている。

一四分割された「覚書」のうち半分は、在米大使館で東部標準時間の六日午後八時頃には解読され、一三本目までも七日午前一時頃には解読されていたので、たしかに、六日の午後八時以降に順次浄書に取り掛かっていたら、浄書は余裕をもって間に合ったことになる。問題の焦点は、実際に浄書を担当した奥村勝蔵書記官が、その時間に何をやっていたのかという点に絞られた。

異動する大使館員の送別会が当夜行われ、飲んだくれてしまったという説、トランプをしていたとする説、ナイトクラブ豪遊説、あるいは両大使の葬儀出席説など、それぞれの論者の趣味や価値観が反映したような説が数多く出されている。

一方、『トラトラトラ―真珠湾奇襲秘話』などの著者であり、第二次世界大戦中に海軍に入り、戦後は連合国軍最高司令部（ＧＨＱ）の戦史課長を務めた歴史家ゴードン・プランゲは、通告遅延を大使館員の責任とするのは「神話」に過ぎないと概要次のように指摘している。[131]

第一に、東京が作成したスケジュールには、人間が犯す過失や機械の不調に対する準備がなかった。第二に、予告電報で事態が緊急であることを示していなかった。東郷はその最終期限をメッセージにいれるべきであった。それに加え、東京は分割した「覚書」を番号順に打電しなかった。そのうえ、タイピストの使用を厳しく禁じていた。概して言えば、東京はメッセージが遅れて到着することをあえて避けようとしなかったと考えたほうがよいだろう。

しかし、このプランゲの「神話」説は、『真珠湾は眠っていたか』のタイトルで一九八六年に邦訳が出版されているにもかかわらず、具体的な例証がないためか、ほとんど顧みられなかった。ただ、「『覚書』を番号順に打電しなかった」という指摘については、暗号解読の危険性を減らすため、しばしば行われていた方法なので外務本省の措置として特に不自然なわけではない。

## 再燃した議論

一九九一年、太平洋戦争開戦五〇周年を機に、通告遅延問題に関する論稿が次々に出された。作家の保阪正康も詳細な調査、関係者へのヒアリングを行っているが、外務省から記録開示を拒まれた影響もあり、特に新しい見解を提示できなかった。[132] ただし、大使館員を非難するより、戦後の対応も含め、外務省の姿勢を「過失と怠慢」というより「横着」といえるのではないかと指摘し、外務省の体質であると問題提起した。

また、東郷茂徳外相の孫にあたるジャーナリストの東郷茂彦は、通告遅延の背景に、外務省と大使館の間の情報ギャップがあったとしながら、原因として「レッドテープ・メンタリティ」、「ウィークエンド・シンドローム」、「ミス・ジャッジ」の三つをあげている。[133] 完璧に浄書しようとして、一四本目の到着まで浄書を開始せず、時間が押し迫っても機転をきかせなかったレッドテープ・メンタリティ（官僚主義）。食事会をしたり、電信官の出勤時刻を遅らせたりしたウィークエンド・シンドローム。そして最も重要であったのは、電報が届き次第準備をはじめろと命じた予告電報（第九〇一号電）と機密保持を厳命した第九〇四号電の訓令を守らなかったミス・ジャッジとしている。東郷茂彦は、「怠慢と過失」の内容と原因を見きわめることが、このような事態を起こさないための第一のステップであろうとしている。

ウィークエンド・シンドロームに関しては、たしかに大使館側独自の問題であったと思われるが、東郷の説は、背景に本省と大使館の間のコミュニケーション・ギャップがあったとしながら、これら三つの理由を全て大使館側に求めており、通説そのままである。

一方、歴史学者の秦郁彦は、外務省を一枚岩でみるのではなく、外務本省と大使館で分けて論じる必要を説いた。[134] さらに外務省電報における「大至急」や「至急」の指定を、「この指定は対電信会社よりも受領者に対し優先処理を示唆する意味あいが強かったのだが」と外務省電報における「指定」の位置づけを正しくおさえた上で、外務本省の電信課が、最も重要であった「覚書」の一四本目の発電に際し、「至急」の指定を失念したのではないかと指摘した。また外務本省の大使館に対するメッセージにも問題があったのではないかと示唆している。「通信」という視点からみれば現在のところ最もバランスのとれた論稿の一つと考えていいだろう。

その後、一九九四年、東郷茂彦の論稿発表もきっかけとなり、外務省が公開を拒んでいた資料の一部が開示された。当日、大使館でタイプをした奥村勝蔵書記官の陳述書や、大野勝巳総務課長の調書である。ただ、大野調書の結論は、タイプによる浄書の遅れが原因であったとの通説を裏付けるものであった。

しかしながら、二〇〇〇年代に入ると通説とは異なる論稿が続出した。日米関係史家の須藤眞志は、通告遅延の原因を本省と大使館との間のコミュニケーション・ギャップにあるとした[135]。遅延の要因としては、本省が見込んでいたより、電報到着も暗号解読も遅れ気味であったことや、大使館員に緊迫感が希薄であったことなどをあげた。

須藤は、大使館側に見通しの甘さがあったのは否定しがたいが、本省側にも現地の状況を充分理解していない無責任な対応があったとしている。大使館に原因があったとする通説を相対化する内容である。通告遅延を個人の責任とするより、本省―大使館のコミュニケーション・ギャップが原因であるとしたのである。組織の失敗という結論であり、ごく常識的な結論と言えるだろう。だが、須藤のコミュニケーション・ギャップ説は、当時の状況の説明としては説得力があるが、原因の追及としては十分とはいえない面がある。

そして大使館員の怠慢という通説に真っ向から反論し、外務本省と軍部の陰謀であると主張したのが、太平洋戦争開戦時ワシントンの日本大使館で参事官を務めていた井口貞夫の子息で、外交官出身の国際政治学者、井口武夫である。井口が開戦通告遅延を軍部と外務本省の責任としている根拠は、次の五項目である[136]。

**①発出時刻の一五時間遅れ**

一四分割された「覚書」のうち一四本目が、一三本目の発出の一五時間後となり、大使館側での暗号解読、浄書作業を遅らせた。打電と通告の日時は統帥部と外務省と相談のうえ決定したものである。

**②暗号解読・浄書の妨害**

外務本省が、日本大使館にあった暗号機中三台のうち二台の破壊を命じ、対米最終覚書の解読を遅らせた。さらにタイピストの使用を禁止し、浄書の妨害もした。

**③大量の誤字脱字**

一四分割して送付された覚書の一本目から一三本目までに一七五字におよぶ大量の誤字脱字があったため、大使館では直ちに浄書に取り掛かれなかった。そのうえ、修正電報の送付を故意に遅らせた。

**④至急指定の改竄**

「予告電報」の第九〇一号電と「覚書」の第九〇二号電に「至急」の指定をしなかったのは不可解である。特に一五時間遅れた覚書の一四本目に「大至急」、「至急」の指定がないのが不思議である。一四本目には very important と電信用語になかった言葉が使われていた。さらに午後一時に通告するように命じた第九〇七号電は、当初「大至急」の指示がつけられていたが、その後、一段階低い「至急」に改竄された。陸軍の陰謀があったと思われる。

**⑤修正電報発出による浄書の妨害**

暗号機破壊、暗号書破棄を命じた第九一〇号の後に、意味のない修正電報第九一一号を出し、浄書を妨げた。

それぞれについては、この後詳しく見ていくが、井口の論点で目新しいのは、外務省が送付をした覚書に誤字脱字が多数あったため、大使館側で直ちに浄書にかかれなかったという点と、電報の優先位を落としたり、意味のない訂正電報を打ったりするなどの妨害活動があったとしている点である。井口は、通告遅延の原因は大使館側の怠慢であるという通説を退けた。近年では九州大学の三輪宗弘など井口説を支持する論者も増えつつある。[137]

## 新たなアプローチ

つまり、通告遅延の原因として、現在提示されているのは、大使館員の怠慢という通説と、外務本省と軍部による陰謀という説の二つであり、それぞれが並立する状況となっている。従来の論稿の多くは、米国側が大使館よりも早く暗号を解読し報告していたことから、大使館員たちがその時何をしていたのかを明らかにしようと試みている。しかし、このような試みでは関係者の証言や回想に頼らざるを得ない。どの証言をとりあげるかにより結論が変わってくる上に、極東国際軍事裁判（東京裁判）の影響もあり、大使館員の怠慢を原因とする論稿が大半であった。東京裁判で通告遅延が外務本省側に起因するとなれば、A級戦犯で起訴されていた東郷外相らの責任に繋がりかねず、弁護側が極力大使館側に責任があると主張したのは当然の策であった。

また、これまでの通告遅延に関する論稿には、国際電報や暗号について十分な検討をしていないため、誤った結論となっているものも多い。たとえば、対米最終覚書は外務本省から大使館に英文で送られたものであるにもかかわらず、「覚書」を大使館で日本語を英訳するのに時間がかかったなどとする論者も後を絶たない。実際の電文も確かめずに憶測だけで論じているものもみかける。

この問題を検討するために最も基礎的な事項は、関連電報の内容と長さ、および発着信時刻などの客観的なデータである。大使館への着信時刻をタイムラインで明らかにしなければ、そもそも暗号解読やタイプによる浄書にどの程度の時間が必要であったかも分からない。果たして「覚書」全文を熟練したタイピストならどのくらいの時間で打てたのだろうか。英文で書かれた覚書のワード数も検討するうえで不可欠である。

さらに、外務省の「大至急」や「至急」、「緊急」という指定が着信時刻などにどの程度影響を与えたかも明らかにする必要がある。そのために、「対米最終覚書」関連電報以前の状況、日米交渉が始まった一九四一年四月以降の利用状況から電報到着の所要時間や「大至急」や「至急」などの指定がどのようになされていたかをまず確認する。この時期の外交電報の中には外務省記録から失われているものがあるが、失われた記録の一部は、米軍が解読したマジック情報でみることができる。

次いで、関連電報の発着信時刻を東京裁判時の資料や米国公文書館所蔵の資料により可能な限り確定する。電文の内容、長さおよび大使館着信時刻を明らかにしたうえで、実際に暗号解読にあたった電信係員の証言、手記をもとに、各電報の暗号解読時刻を推定するのである。さらに、「覚書」関連の電報がワシントンＤＣに到着した六日昼から七日の大使館員の動向をまとめ、統帥部の策謀の有無を検討しながら、通告遅延の原因を探る。このような検討の結果、意外な理由が明らかになるのである。

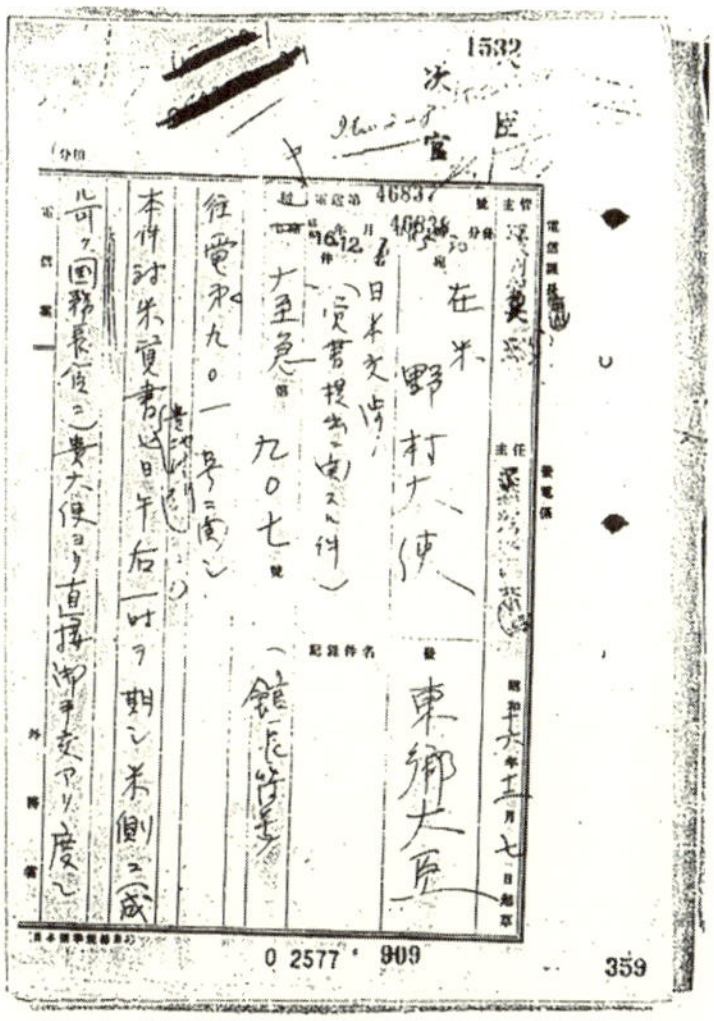
1532
在米 野村大使
東郷大臣
（日本文書提出ニ関スル件）
大至急 第九〇七号
（館長符号）
往電第九〇一号ニ関シ
0 2577 909
359

東郷外相から野村大使に送られた大至急電
（アジア歴史資料センターより）

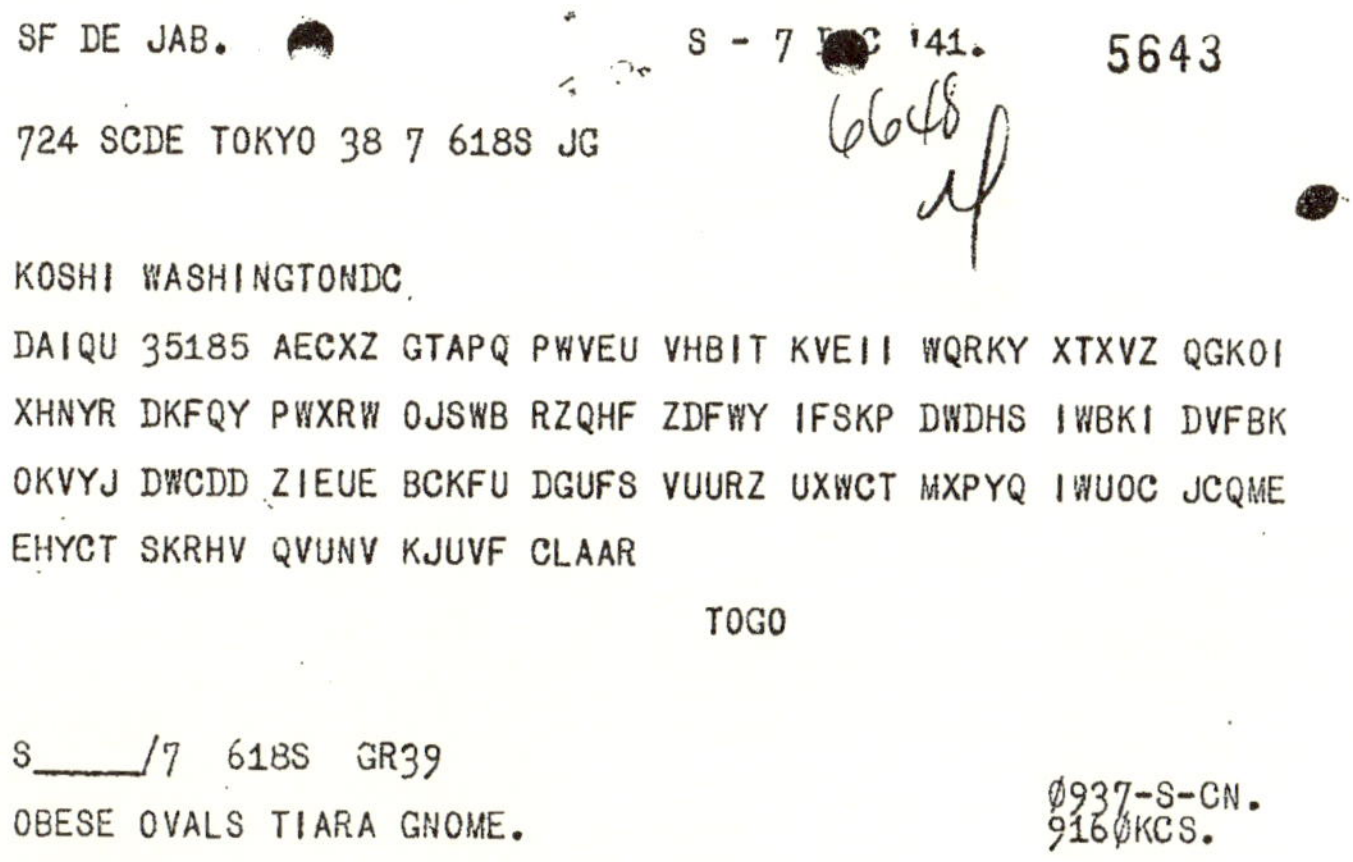
SF DE JAB. S - 7 DEC '41. 5643
724 SCDE TOKYO 38 7 618S JG 6648
KOSHI WASHINGTONDC
DAIQU 35185 AECXZ GTAPQ PWVEU VHBIT KVEII WQRKY XTXVZ QGKOI
XHNYR DKFQY PWXRW OJSWB RZQHF ZDFWY IFSKP DWDHS IWBKI DVFBK
OKVYJ DWCDD ZIEUE BCKFU DGUFS VUURZ UXWCT MXPYQ IWUOC JCQME
EHYCT SKRHV QVUNV KJUVF CLAAR
TOGO

S_____/7 618S GR39
OBESE OVALS TIARA GNOME.
Ø937-S-CN.
916ØKCS.

米軍の傍受記録。冒頭に‘DAIQU’の文字が確認できる。
（『日米開戦時における日本外交暗号の検証』より）

## （二）日米交渉の迷走

### 日米諒解案への期待

開戦通告遅延は、一九四一年四月から一二月までの間行われた日米交渉の最後に起こった出来事である。遅延理由の究明のためには日米交渉のはじまった同年四月以降の経緯を検討する必要がある。まず、日米関係が深刻化した一九三七年、中国、北京（当時の北平）郊外の「盧溝橋事件」からはじめよう。

盧溝橋事件が勃発したのは一九三七年七月七日のことであった。日中両軍が偶発的に銃火を交わしたこの事件が日華事変（日中戦争）の発端となった。翌八月には上海でも日中両軍が交戦状態に入った。そして、一二月に日本海軍機が米国の砲艦パネー号を誤爆、撃沈するパネー号事件が起こり、米国の反日感情が一層悪化する。その後も中国内での戦火は収まらず、米国は、一九三九年七月、日米通商航海条約破棄を通告、翌一九四〇年一月に同条約は失効した。一方、欧州では一九三九年九月、第二次世界大戦が勃発、一九四〇年六月にドイツ軍はパリを占領した。

同年七月、第二次近衛文麿内閣が発足し、外相に松岡洋右、陸相に東条英機が就任した。新任の駐米大使には、元外相で海軍大将だった野村吉三郎が起用された。九月に日本軍は北部仏印（フランス領インドシナ）に進駐。同月には日独伊三国同盟も締結した。こうした動きに米国はさらに態度を硬化させ、日本への屑鉄輸出を禁止した。

このように日米関係が悪化の一途をたどっていたことから、同年一一月、関係改善を図るため、フランク・ウォーカー郵政長官の支援のもと、ジェームス・ウォルシュ司祭とジェームス・ドラウト神父が来日、産業組合中央金庫理事の井川忠雄を介して、近衛首相、松岡外相らに日米首脳会議案を提出した。

さらに、ウォルシュ司祭らは帰国後の翌一九四一年一月、ルーズベルト大統領、ハル国務長官にウォルシュ覚書を提出した。そして二月に井川が渡米し、ウォルシュ、ドラウトらと井川・ドラウト案を作成。四月には陸軍の岩畔豪雄大佐も合流して日米諒解案が作成された。

一方、野村大使は、二月一一日にワシントンDCに到着、四月一六日にハル国務長官と日米諒解案について話し合った。ハル国務長官は、ハル四原則の受け入れを前提に、同案をたたき台として日米交渉を行うことを承諾した。ハル四原則とは、①あらゆる国家の領土保全・主権尊重、②内政不干渉、③機会均等、④平和的手段以外の太平洋の現状変更不可、である。しかし、野村は、日米交渉にあたりハル四原則が前提となっていることを本国政府に伝えなかった。日米交渉に関しては最初からボタンの掛け違いが起こっていたといっていいだろう。

この時期、松岡外相は、三月から欧州を訪問して、四月一三日には、モスクワで日ソ中立条約を締結、二二日に帰国した。松岡は、三国同盟の空文化と引き換えに日米協調を図る日米諒解案に否定的であった。

松岡が帰国した翌日、二三日付の『東京日日新聞』に、日米諒解案を示唆すると思われる「松岡新外交　米官辺期待」という見出しの記事がワシントン特電として掲載された。意に反する報道に、松岡は当日ただちに、野村大使にあてて「邦人社会、とくに邦人通信員には機密を漏らさない様致したし」と打電した。一方、外務本省の動きが遅いのに業を煮やした岩畔大佐は、四月二九日、ニューヨークから千駄ヶ谷の松岡外相邸に国際電話をかけている。ニューヨークまで行ったのは、ワシントンDCから電話すると傍受される可能性が高いと考えたためである。[138]

## 機密情報漏洩の疑惑

このように情報漏洩が問題になっているさ中、大島浩駐独大使から、機密情報が米国に漏洩しているとの報告が外務本省に寄せられた。大島大使は五月三日付で、在米ドイツ大使館からの情報として米国国務省が日本の暗号を解読している旨を東京に打電したのである。[139] 直ちに外務本省は野村大使に照会した。野村大使は、暗号は厳重に管理しているので、心配ない旨を返電した。[140]

一連の動きからも分かるように、松岡は、暗号が米国に解読されている可能性より大使館員からの機密漏洩を懸念していたのであろう。[141] 五月六日に松岡は次の電報を野村大使あてに打った。なお、文中の「館長符号」は、大使親展の意味であり、大使館幹部しか扱えない暗号表（コード・ブック）の利用を意味している。[142]

一九四一年五月六日　松岡外相より在米野村大使宛
貴館における館長符号電報の取扱者名につき照会
（館長符号）
貴館に於ける館長符号取扱者名当方参考迄御回電ありたし

一九四一年五月六日　野村大使より松岡外相宛
在米国大使館における館長符号電報の取扱者名につき回答
（極秘　館長符号）
館長符号は井口参事官をして保管せしめ書記官をして取扱はしめ居るも長文及至急を要するものは場合に依り堀内電信官、堀、梶原両電信係官をして取扱はしめたることあり

松岡外相は野村大使に、館長符号扱いの電報を誰が取り扱っているかを尋ねた。野村大使は、井口貞夫参事官が館長符号（暗号表）を保管し、書記官が取り扱っているが、長文のものや至急のものは、電信官、電信係官が取り扱っている旨回答した。

松岡外相は、野村大使からの返電が遅れがちなことに苛立ちを覚えたのか、国際電話を利用した。五月八日の第二二回連絡懇談会で、松岡は、「昨七日、夜国際電話で話そうとしたが、今朝九時になって漸く話す事が出来た。通話が不明瞭で且時間に制限があるので充分話す事が出来なかったが……」と発言している。[143] 当時の国際電話は、品質が悪いうえ、取扱時間も制限があり、通信手段として十分なものではなかったのである。その日の夕方、大橋忠一外務次官は若杉要公使あてに次の電報を打っている。

一九四一年五月八日午後六時三〇分発　松岡外相より在米野村大使宛
在米国大使館における館長符号電報の取扱い方法について

（至急　館長符号）
大橋次官より若杉公使へ
館長符号は井口をして保管使用せしめられたく長文且至急を要する場合には御来示のごとく電信係をして取扱はしむることなく書記官全部を督励之を分担せしめられたし最近貴館との往復電報内容の重要性にも鑑み右特に為念申進す

大橋次官は大使館に対し、長文、至急のものも電信係ではなく大使館の幹部である書記官に取り扱わせるように訓令したのである。この訓電に対し、若杉公使は五月九日、電報業務が繁忙を極め、書記官だけで対応するのは不可能であり、厳重に管理するので繁忙時には電信係員に担当させると回答した。館長符号を書記官だけで取り扱えという大橋次官の指示は現場では到底受け入れがたいものであった。

松岡は、なおも大使館員からの機密漏洩を懸念していた。欄外注記に「大臣口述せらる」と書かれた次の電文が残されている。

一九四一年五月一一日午後九時一分発　松岡外相より在米野村大使宛
日米交渉に関し秘密厳守方訓令
第二〇九号　（至急　館長符号　絶対極秘）
申す迄もなきこと乍本件の如きは絶対極秘裡に取運はるへきものにして東京にても非常に警戒して取扱ひ居れり貴館員中にても事務上之に関与すること絶対必要のもの以外には断

じて御話あるへからず況《いわん》や紐育《ニューヨーク》に在る財務官等に御内話あることは絶対禁物なり
当方面へは疾既に紐育方面より我財界方面へも伝はり居れり又独逸方面へも「アメリカ」
より或程度の消息既に伝はれ居れり
就ては益々御警戒を望む為念

しかし、現実には暗号は解読されていたのである。五月二〇日、野村大使は松岡外相に、いずれかの暗号の一部が解読されている旨を打電した。[144] ところが外務本省は抜本的な対策を講じようとはしなかった。あくまでも外務本省は、暗号解読されている可能性より在外公館員に疑いの目をむけていたのである。一方、日本の外国電報を傍受、解読していた米国側は、松岡外相と野村大使のやりとりする電文をみて、近々に日本が外交暗号の全面改定をするのではないかと危惧した。

こうした中、六月二二日、ドイツがソ連領に侵攻し、独ソ戦がはじまり、三国同盟にソ連を加えた四カ国で米国に対抗するという松岡外相の思惑は潰えた。すると松岡は南部仏印進駐に反対し、中立条約を締結したばかりのソ連攻撃（北進論）を主張するようになった。日本政府は松岡外相の意見を退け、七月二日に南部仏印進駐を決定し、さらには一六日、松岡外相解任のため、第二次近衛文麿内閣は総辞職した。同月一八日、予備役海軍大将の豊田貞次郎前商工相を外相に据え、第三次近衛内閣が発足した。これらの動きを受けて米国は二五日に在米日本資産を凍結、八月一日に石油を含む対日全面禁輸の措置をとった。日本は米国に日米首脳会談を提案したが、米国は、事前に原則的合意を得たうえでの会談を主張し、首脳会議開催に難色を示した。

こうした動きの中、日本政府は九月六日の御前会議で概要次の三項目からなる「帝国国際遂行要領」を決定した。①対米（英）戦争を辞せざる決意のもとに概ね一〇月下旬を目途として戦争準備を完整する。②並行して米英に対して外交の手段を尽くして要求貫徹に努める。③外交交渉により一〇月上旬頃に至っても要求を貫徹できる目途がたたない場合においては開戦を決意する。
日米首脳会談実現の見込みもたたず、判断期限の切れた一〇月一六日、近衛内閣は総辞職した。

## （三）外務省と大使館

### 東条内閣の発足と甲案の提示

一〇月一八日、東条英機内閣が発足し、外相に東郷茂徳が就任した。一一月五日の御前会議では一一月末まで米国と和平交渉を継続する一方、一二月初頭を目途に、武力発動の準備を進めることが決められた。

御前会議が開催された前日の四日、東郷外相は野村大使に、総合的解決案である「甲案」と暫定的解決案である「乙案」を送付し、大使業務をサポートするため駐独大使を務めた来栖三郎大使の派遣を打電した。そして東郷は野村に、甲案にて折衝を開始するよう命じた。

甲案は、①無差別原則が全世界に適用されれば太平洋全地域、すなわち中国においても本原則が行われることを承諾する。②日独伊三国同盟については、米国とドイツが開戦しても日本は自動的に参戦せず、自主的に判断する。③中国駐兵に関しては、華北内蒙古など一定地域と海南島は日中間で平和成立後所要期間駐屯するが、他の地域については二年以内に撤退する。仏印については、日華事変解決または公正なる極東平和が確立されれば直ちに撤兵する。の三項目であった。しかし、一定地域からの撤兵を二五年後とするなど、交渉妥結の見込みはほとんどなかった。

これに対し、乙案は、南部仏印進駐前の状態に戻し、米国の対日石油供給を再開するという暫定的な解決案であったが、統帥部の要求により「米国政府は日支両国の和平に関する努力に支障を与うるが如き行動に出でざるべし」と中国に関する項目が入っていたため、こちらも交渉の難航が予想された。[145]

## Very urgent と冒頭せらるることと致度し

このように緊迫した時期、外務本省と在米日本大使館との間で今後の電報送受の方法について次のような電報が交わされていた。[146]

一一月八日　在米野村大使より東郷外相あて
重要訓電は時間的余裕をもって発信されるよう要請
ワシントン　一一月八日後発
本省　　　　一一月九日前着
第一〇六〇号（外機密）
日米国交調整の進展に伴い今後緊要電信の頻繁なる往復を見ること想像に難からさる処事務処理上の御参考迄に左の事実を報告す就ては緊迫せる事態を控へ寸刻も競ふ如き取扱を

要する問題も起り得へき此の際本省に於かれても充分御協力を仰度し
往電第一〇三六号の当方請訓電は五日午後九時五十六分発電せられ居り東京時間六日午後には貴地に到着せるものと存す之に対し貴電第七四三号回訓は七日東京時間午後七時三十四分に発信せられ当方時間八時二十分当館に接到したるか予て報告の通り「ハル」長官との会見は午前九時にして其の間四十分を余すのみ係官総掛りにて電信の解読、案文の修正に努めたるか結局会見時間を相当延期することに依りやつと間に合ひたる次第なり就ては此の種回訓は時差、電信課の現実の能率とも考慮の上今少し時間の余裕ある様御発信相成様致度く当方にては此の種の回訓を予期し居る場合には関係各員徹夜にて待機し居る次第に付事情御了承の上然るへく御取計相煩度し
尚 very urgent 電は電信会社に於て入電あり次第夜間も当館に電話を以て特に予告する打合なりしか「緊急」と改りて以来電信会社にては他との見境着かさることとなれるに付便宜上今後此の種電信は従来通り very urgent と冒頭せらるることと致度し

大使館は、七日午前九時からの会見に関する電報を直前の八時二〇分に受け取ったため、会見時間を延期せざるを得なかったと報告、時差や作業能率を勘案し、もう少し余裕をみて早く訓令電報を打つよう外務本省に要請した。さらに、重要な訓電が予期される時は、関係係員は徹夜で待機しているので、配慮して欲しいと訴えた。また、大使館は電信会社が識別できるように、電報の冒頭に従来どおり、英語で very urgent（緊急、大至急の意）と記載してくれと要望した。
Very urgent 電報は、米国の電信会社から大使館に電話で予告が入り、すぐさま配達されるとい

う段取りが取られていた。改正された「緊急」（KINQU）では、米国の通信会社が分からず、急ぎでない電報と区別がつかないことを大使館は憂慮していたのである。

この第一〇六〇号に対し、外務本省は第七五九号電で次のように回答した。亀山電信課長が大使館の堀内正名電信官あてに打ったものである。この電報は外務省記録に残っておらず、米国による日本外交電報の解読記録「マジック情報」に記載されている英文なので拙訳した。[147]

> 一一月一一日　外務本省からワシントン大使館
> 貴電第一〇六〇号に関して
> 第七五九号
> 電信課発堀内電信官宛
> 貴電に関しては、東京回章第二二八一号の内容に従い取り扱われたし。本文冒頭にKINQU「緊急」（恐らく使われるのは稀であるが）またはDAIQU「大至急」と記してある電報については、従来Very urgentと記していた電報と同様の取扱いをされたし。電信会社にこの内容を伝えられたし。当方の第七四三号は、外務本省を七日一五時三〇分に発した。しかしながら大気の状況が悪く発電が遅れ、同日一七時三四分発となったものである（一九時三四分発というのは誤りである）。

外務省電信課は大使館に、very urgentがKINQU DAIQUに変更されたことを米国の電信会社に伝えるよう指示したのである。また、大使館からの余裕をもって電報を送ってくれという要望に対しては、大気の状況により二時間ほど遅延したと釈明している。当時の外務省の内規では、「緊急」、「大至急」、「至急」の順に優先位が高かった。

この第七五九号電の直前、本省電信課は、この電報でも言及していた次の回章電報第二二八一号をワシントン発の第一〇六〇号と入れ違うタイミングで、米国、ドイツ、タイの在外公館およびバタビア（現インドネシア、ジャカルタ）に送付していた。[148] この電報も外務省記録にはなくマジック情報からの拙訳である。なお、回章電報は、外務本省が諸海外公館に情報を周知するためのいわば電報による回覧板である。

> 一一月八日　東京発ワシントン宛
> 東京回章第二〇四〇号に関して
> 東京回章第二二八一号（厳秘）
> 電信課発
> 最近、「緊急（KINQU）」指定の電報が急激に増加している。緊急電の内容を調査したところ、直ちに伝達する重要性がない電報や、深夜に接到した場合、大臣、次官に速やかに伝えたり、あるいは遅い時間に情報の評価を求めて省外にいる担当者に伝えたりする重大さのない電報が多数あることが判明した。
> 「緊急」指定の電報の中には、全く内容を無視して指定されたものがある（米国からの来電は、全く不必要に極めて頻繁に使われている）。その上、宛先の前に英語で、very

urgentと入れるのは全く不要である。「緊急」と記す習慣のある電信係員があまりにも多く、このような実態から生じる重大な失敗を引き起こす危険性が高い（一九三九年の回章電報第八号を参照されたし）。

以上の内容を把握したうえで、今後、緊急、大至急（旧urgent）、至急の選択に配慮されたし。


「緊急」指定の場合、深夜に到着した場合なども、直ちに受信者に連絡をする規定であったようである。このようなことから本省電信課は、緊急便の多用は重大な失敗を犯す危険性があると在外公館に警告を発した。つまり、大使館側は「至急指定」の表記の方法に、本省側は「緊急便」の多用による弊害に、それぞれ懸念を抱いていたのである。そして、不幸にして両者の懸念は的中してしまうことになる。また、東京回章第二二八一号の文面をみると、直前に電信規定の一部に改正があったことが分かる。電信規定改定によるKINQU、DAIQUという電信符号の利用がこの時期混乱を招いていたのである。そして、この本省と大使館のやりとりが後の通告遅延の一つの伏線となるのである。

ところで、大使館が外務本省にもっと早く電報してくれと要望した第七四三号電は、野村大使にあてた「甲案」についての追加の訓令であった[149]。一一月七日午後三時二〇分に「大至急」で外務本省から打たれている。この直前の午後二時五〇分外務省発の「緊急」の電報「第七四二号」で、東郷外相は野村大使に「自衛権の不拡充について一方的に米国に言質を与えないよう」と電訓し、さらに「爾余（その他）の点は追電す」としていた[150]。大使館は追電「第七四三号」を関係各員徹夜で待っていたところ、大幅に到着が遅れたのである。東京からの訓電が遅かったため、「甲案」提示時にも野村大使はハル長官を待たせてしまっていたのである。[151]

## 外交電報の優先位

そもそも、外交電報などの「官報」が全ての電報に優先されるというのは国際電気通信条約（昭和八年一二月二八日条約第一〇号）で定められたことである。「官報及無線官報は伝送上他の電報及無線電報に対し先順位を享有す」（第三〇条）とし、官報は一般利用者が使う「至急電報」より優先位が高くなっている。官報そのものが「緊急便」なのである。官報より優先位が高いのは、「航海中または航空中の人命の安全に関する電報」だけである。開戦時の外務省電信課長、亀山一二が東京裁判時に「本件日米交渉関係電報はすべて官報であつたばかりでなく、米国電信会社に於いても時局柄此種電報の処理は迅速を期したものと想像せられますが」[152]と証言しているのは、このためである。

一方、外務省の電信用語の「緊急」、「大至急」、「至急」は外務省内の取扱いに過ぎない。外務省が発信する国際電報は多数にのぼり、一九四〇年は前半の六カ月だけで一万五一四七通であった。[153]このような状況から外務省内では優先順位を付ける必要が生じていた。この識別により、①外務省からの発信において他の外交電報より優先される、②米国通信会社に予め依頼しておくことにより、着電時に電話での連絡後、直ちにオートバイで配達される、[154]③大使館では、他の電報より先に当該電報を解読する、という三段階において優先的な扱いがなされた。大使館は、本文の冒頭がVery urgentからKINQUに変わったので、米国の通信会社が、「至急扱い」に気がつかず、直ちに配達しなかったのではないかと考えたのである。

後でみるように、亀山電信課長は、外務本省から在米大使館までの電報到着所要時間を四時間とみていたが、この第七四三号電は七時間かかっている。亀山は、大気の状態のため東京中央電信局からの発電が遅れたとしているが、実際のところ大気の影響による遅れは、第七五九号電が示すように二時間程度である。大気の状況に問題がなかったとしても五時間以上かかっており、亀山が見込んでいた四時間より一時間以上余計にかかっている。

このような状況から、大使館は外務本省に対し、時差と処理する余裕を配慮するよう要請していた。特に早朝の着電は、待機するだけで担当者が徹夜をすることになり、解読、浄書の時間的な余裕もなくなると大使館は訴えていたのである。そしてこの大使館の懸念もまた不幸にして的中することとなる。

## 風暗号と隠語電報

野村大使をサポートするために来栖大使がワシントンDCに到着した一一月一五日、外務本省は、各在外公館に暗号機の破壊の順序と方法について打電した（東京回章第二三三〇号）。実松譲によると、暗号機破壊用の器具は同年夏にワシントンの海軍武官室に大使館用のものも含め届いていた。[155] 耐火性のるつぼと金属片を溶解するテルミット粉と導火用の緩火索である。

また一九日には国交断絶、国際通信途絶の場合に、日本語の短波ニュース放送で流す「風暗号（米国側呼称：ウィンド・メッセージ）」の内容が各在外公館に打電された（東京回章第二三五三号）。[156]風暗号の概要は次の通りである。

非常事態（わが外交関係断絶の危険）における国際通信の途絶の場合には、つぎの警報が毎日の日本語の短波ニュース放送のなかに加えられる。

（一）日米関係が危険になった場合…東の風雨
（二）日ソ関係が危険になった場合…北の風曇
（三）日英関係が危険になった場合…西の風晴

この警報は、天気予報として放送の中間と最後に加えられ、二回繰返す。この警報を聞いたならば、すべての暗号書などを処分する。これは、今のところ、完全に秘密にしておかれたし。

以上は至急通信である。

ようするに、「風暗号」は国際電報、電話などの国際通信が途絶したときのための準備である。もちろん米国はこの電報を傍受、解読し、二八日には翻訳を終えていた。以後、米国は日本からのラジオ放送に神経を注ぐようになった。

来栖大使を急派したにもかかわらず、甲案による交渉も進展がなかったので、東郷外相は一一月二〇日、野村大使に乙案提示の訓令を打電した。これを受け、野村、来栖両大使は、同日、ハル国務長官に「乙案」を提示した。そして二二日に東郷外相は、交渉期限を二九日とする旨、両大使あてに打電した。ちなみにこの時、外務本省から第七九八号電から第八〇一号電まで四本の電報が打たれており、このうち第七九九号、第八〇一号の電報決裁案には「大至急（DAIQU）」

ともにVery urgentと書き込まれている。[157] この時期、一二月三日まで本省発の「大至急」便の冒頭にVery urgentと記している電文がある。一貫して付けられていたわけではないが、本省電信課も大使館の要望に応えようとしていたのであろう。

　ところで、二六日の野村、来栖両大使とハル国務長官の会談を前に、外務本省は大使館に、電話で利用するための隠語表を打電している（第八三六号）。例えば「君子さん（大統領）」、「徳川さん（陸軍）」、「前田さん（海軍）」（カッコ内が平文）などが定められた。「徳川さんも前田さんも同意している」と話せば「陸軍も海軍も同意している」という意味になる。また、これより前、一〇月一四日、寺崎太郎アメリカ局長と若杉公使との間で使われた隠語が柳田邦男のノンフィクション『マリコ』で有名になった「マリ子（駐兵問題に関する米側態度）」である。[158]「マリ子」は寺崎局長の弟で、当時在米大使館で一等書記官を務めていた寺崎英成の娘の名である。二六日に送られた隠語表では「マリ子」は使われていないが、より隠語が増え、事態の深刻化を示している。

来栖三郎（左）と野村吉三郎

　そして、二六日の同じ電報で外務本省は、「情勢は逐日急迫しつつある処電報は長時間を要するを以て今後は必要に応じ会議等の模様は簡単なるものに限り随時電話を以て山本亜米利加局長に御通報相成度」と電話での報告を求めた。本省は、一刻も早い報告を求めていたのである。

　しかし、乙案による交渉も進展せず、さらには同二六日ハル長官は、両大使にいわゆる「ハル・ノート」

を提示した。米国は「ハル・ノート」で、日本に対し、中国、仏印からの全面撤兵、三国同盟の無効化、蔣介石政権以外を認めないなどの確約を求めたのである。

両大使は、ハル国務長官との会談前から、「乙案」が米国に受け入れられる可能性がほとんどないと考えていたため、会談前に「閉塞した空気を一新し、時期の猶予を得るため、大統領から天皇に親電を発出するべく働きかけたい」と東郷外相あてに打電している。さらに翌二七日、野村大使は東郷外相あてに、自由行動〈＝武力発動〉に出る場合は、事前通知をしておかないと、逆宣伝に使われ、国際信義上も好ましくない、と事前通知を具申し、東京で駐日米国大使に通告するか声明を出すのが得策と訴えた。

同二七日夕方、両大使はルーズベルト大統領と会見した。会見後、来栖大使と山本局長の間で国際電話が利用された。電話中、山本局長から危機が切迫していると伝えられ、来栖大使の多少驚いた様子がマジック情報に収録されている。会話中、電話用の隠語が利用されたが、「君子はあすワシントンを出発し、水曜日まで田舎に滞在する」と話しては、暗号電報が解読されていなかったとしても、「君子」が「大統領」を指すことは明白であり、機密保持もできなかったろう。[159]

事実、大使館側は、国際電話の利用に積極的ではなかった。本省からの電話利用要請に対し、「早速実行すへきも日米間電話連絡時間（東京時間午前七時乃至一〇時及午前一一時乃至午後三時、午後二時乃至午後四時）に制限あるため緊急電報に依る方早き場合は電話せさることとすへし」と二六日に返電していた。時間の制限に加え、機密保持上の問題を懸念していたのだろう。

同二七日、外務省は各在外公館に隠語による緊急通信法を打電した（東京回章第二四〇九号）。以下、カッコ内が平文である。

「有村（暗号電報を禁ず）」、「土方（日本の軍隊と…の軍隊が衝突した）」、「畠山（国交が緊迫した）」、「小柳（英国）」、「南（米国）」、「久保田（ソ連）」。

最後に英語のSTOPを入れることで識別する簡易暗号であったが、これを用いると、「日ソが衝突した」は、隠語では「土方と久保田の両書記生が貴大使館付を命じられた STOP」となる。米国側はこの隠語電報をストップ・メッセージ、または"Hidden word"と呼称した。隠語電報は、各海外公館が暗号書、暗号機破棄後、国際電報が断絶していない時点で使用するものである。さらに国際通信回線が断絶してしまった後では、外務本省からの連絡は、ラジオ放送による風暗号のみ可能となる。外務本省は、国際通信回線の状況を考慮し、隠語電報、風暗号を準備していたのである。そして、両大使にハル・ノートが渡される前の日本時間二六日午前六時、真珠湾攻撃に向け、海軍機動部隊が択捉島の単冠湾《ひとかっぷ》から出航した。

## 外交を犠牲にせよ

一一月二七日に開催された第七三回大本営政府連絡会議では、「ハル・ノート」を米国の最後通牒と判断し、開戦に向け準備が進められた。

翌二八日、東郷外相は野村大使にあて次の電報を打った。[160]

一九四一年一一月二八日　東郷外相より在米野村大使宛

「ハル・ノート」に対する措置につき訓令

第八四四号

貴電第一一八九号等接受両大使段々の御努力にも拘らす米側か今次の如き理不尽なる対案を提示せるは頗る意外且遺憾とする所にして我方としては到底右を交渉の基礎とする能はす従つて今次交渉は右米案に対する帝国政府見解（両三日中に追電すへし）申入を以て実質的には打切とする他なき情勢なるか先方に対しては交渉決裂の印象を与ふることを避けることとし度きに付……（以下略。傍点筆者）

この電文をみると、二八日の時点で東郷は「ハル・ノート」に対する「政府見解申入れ」を準備するつもりであり、それは二、三日中であるとみていたことが分かる。

米国は、この電報を傍受した後、政府見解が送付されるまでは戦争が始まらないと判断し、次に送られる「見解」に注意を払った。それだからこそ、一二月六日に「覚書」が入電しはじめたときに米国の陸海軍両省は、警戒を強化したのである。[161] もちろん、両大使も交渉打切りの文書が来電することは予期したであろうが、電文中の「実質的には」という文言の解釈に戸惑いがあったはずである。

二九日の第七四回連絡会議で御前会議原案を決定した。この日はじめて、東郷外相は、永野修身軍令部総長から一二月八日の開戦を知らされた。[162] 東郷外相が開戦前に具体的な作戦計画を知ることはなかったのである。

この会議で東郷外相は、海軍からの「戦争に勝てる様に外交をやられ度い」との要求に、「良くわかりました。出先に帝国は決心していると言うてやってはいかぬか。武官（暗に海軍なることを仄めかしつつ）に帝国は決心しているということを言っているではないか」と発言した。[163] これに対し、永野軍令部総長は、「武官には言っていない」と反論した。さらに海軍関係者と思われる次の発言があった。「それはいかん。外交官も犠牲になってもらわなければ困る。最後の時まで米側に反省を促しまた質問をし、我が企図を秘匿するように外交することを希望する」。こうした海軍からの発言を受け、東郷外相は、「形勢は危殆に瀕し、打開の道は無いと思うが、外交上努力して米国が反省するようにまた彼に質問するように措置するよう出先に言わす」と応じた。

そして翌三〇日、東郷外相は野村大使に米国側に反省を申し入れるよう訓電した（第八五七号）。この電報には「なお、本訓令執行に際しては右申入れに依り交渉を直ちに決裂に導くか如きなき様御配慮あり度し」との文言があった。開戦日まで決まっていながら、現地の大使に交渉を続けろと、つまり「交渉が続いているように演技をせよ」と訓令したのである。これが、海軍関係者がいう「外交を犠牲にしろ」という意味であった。また、東部標準時間の三〇日午後一〇時三〇分から三八分（日本時間は一二月一日午後〇時三〇分から三八分）まで、来栖大使と山本局長が国際電話で話しあっている。[164] マジック情報に残る外務本省と大使館間の国際電話の記録は、これが最後である。

来栖　交渉をつづけるのか。
山本　そうです。

来栖　貴方は以前には交渉を大いに催促していたが、今では交渉を引きのばすことを希望している。われわれは貴方の援助が必要である。首相も外相も演説の調子を変える必要があると思う。わかったかね。どうか、みんながもっと慎重になってほしい。

そして、一二月一日御前会議での開戦決定後、東郷外相は、次のような「大至急」(DAIQU)指定の電報を野村大使に打った。[165]この電報には、冒頭にVery urgentも記載されていた。

一二月一日午後八時三〇分発　東郷発野村宛
情報緊迫のおり米国側動静に警戒方訓令
第八六五号　(極秘　館長符号)
Very urgent
往電第八五七号に関し
一、往電八一二号の期日を経過し情勢は益々進展しつつあるも我方は此際不必要に米側の疑惑を増ささる様警戒する見地より新聞其他に対しては彼我の主張は距離大なるものあるも交渉は継続中なりとの趣旨を以て指導し居れり(以上貴使限りの含迄)
二、貴電第一二二四号末段在京米大使への申入は此際差控ふるに付き貴方に於てのみ御申入あり度し
三、(略)

この電文には東郷外相のジレンマが見え隠れしている。「情勢は益々進展しつつあるも」という表現は、両大使に向けて開戦日が近いという含意を持たせたものなのであろう。一方、野村大使からの「東京でも駐日米国大使に申入れされたい」という要望は、すげなく却下している。

## (四) 対米最終覚書の送付

### 暗号機破壊の命令

一二月一日の御前会議で開戦が決定された。同日、外務本省はロンドン、香港、シンガポール、マニラの公館に暗号機の破壊を命じた。[166] 翌二日には、在米大使館に対して暗号機一台の利用停止、破壊および小坂電信官が日本から持参した全ての暗号書の焼却などを命じた（第八六七号）。[167] 暗号機破壊命令は、開戦後、暗号機が相手国に接収されるのを避けるための措置である。在米大使館には暗号機B型が二台あったが、そのうち一台を破壊せよというものである。暗号機の破壊は、暗号機の主要部分をるつぼの中で熔かし、熔けない部分はできるだけ細かく分解、裁断するという手間のかかるものであった。外務本省は、在米大使館については、開戦通告のために一台は残しつつも、一台は破壊せよと命じたわけである。

そして同日午後、真珠湾にむけ航行中の機動部隊に、開戦日八日決定が伝えられた。「ニイタカヤマノボレ一二〇八」が打電されたのである。

三日に外務本省は各海外公館に次の内容を打電した（東京回章第二四六一号）。[168]

「暗号表（隠語控え）（放送と関連のあるものを含む）は、最後の瞬間まで保管されたし。万一これらをすでに処分した公館に対しては再送信されるので、このことをただちに当方に知らされたし」

ここに示されている暗号表とは、「隠語電報（ストップ・メッセージ）」と「風暗号（ウィンド・メッセージ）」をさしている。さらに四日、外務本省は在米大使館に次の内容を打電した（第八八一号）。

「小坂（電信官）が貴方に持参した暗号書を焼却する前に、小坂をして貴大使館の電信官全部に同暗号書の使用方法を教えさせられたし。貴方が当方回章二四〇〇号で述べた鑰数表をまだ焼却していないならば、最後までそれを保管しおかれたし」

小坂はこの時期、機密文書や暗号表を持参し、いわゆるクーリエ（運搬業務）として外務本省から派遣されていた。この時期の電文をみると、本省電信課の指示が混乱している様子が分かる。一方、米国陸軍情報部は、同月三日に、早くも解読情報をもとに調査し、大使館員が裏庭で書類を焼却したのを確認していた[169]。

翌五日、大使館の井口貞夫参事官は、亀山課長あてに次の要請を打電した（第一二六八号）[170]。

「われわれは暗号書の処分を完了したが、日米交渉はまだつづいているので、暗号機械一台の処分は、しばらく延期したい当方の希望を了承されたし」

この井口の打った電報の原文は失われており、マジック情報からの翻訳なのでニュアンスは分からないが、井口の要望は暗号機二台体制の維持であった。

二日の「暗号機一台破壊」の訓電（第八六七号）にもかかわらず大使館は五日の夜の時点でまだ暗号機を一台も破壊していなかった。[171]当時の大使館員の証言によると暗号機を破壊したのは五日の深夜である。井口の要請に対し、亀山は次の内容で返電した（第八九七号）。

「往電八六七号で述べたことは、貴大使館に備えつけてある〝B〟暗号機械二台のうち一台を処分し、他の一台は当分の間使用するという意味である」

亀山は大部の「覚書」を送る同じ日に暗号機一台の破壊を再度指示したのである。日米関係史家の須藤眞志は、井口の要望を亀山が了承したと解釈しているが、[172]この時点で大使館は暗号機を破壊していない。そもそも一台だけ残すためであったならば、井口が電報で要請する理由がない。あるいは、亀山は、井口からの電報をみて、二台目の破壊の留保を要請しているものと誤解した可能性もある。大使館が二台とも破壊してしまえば、暗号が解読できない状況になる。いずれにしろ、井口の二台体制維持の要望は拒否されたが、ここでも外務本省と大使館の間でコミュニケーションがうまくとれていない印象を受ける。開戦直前、本省の様々な指示が在外公館に混乱をもたらしていたことは否定しがたい。

井口参事官が、暗号機二台体制の継続を要望したのは、一一月二八日付の東郷外相からの訓電により、近々「ハル・ノート」に対する「政府見解」を米国政府に伝達することが分かっていたからである。井口ら大使館幹部は、暗号機破壊命令を深刻に捉えていたはずである。それゆえの処分延期の申し入れであった。

一方、国内では、軍部、さらには外務省内部にも無通告開戦を主張する声があったが、外務省は対米事前通告については譲らなかった。だが、政府見解を伝える「対米最終覚書」の内容は、ハーグ条約で定められた開戦通告ではなく、「日米交渉の打ち切り」を告げるものに留まった。

## 一四分割して送られた「対米最終覚書」

一二月四日の大本営政府連絡会議で、東郷外相は、「対米最終覚書」を五日午後に打電すれば、日本大使館に六日に着くのでちょうどいいと提案した。[173] 東郷の手記『時代の一面』には、軍令部から、交渉打切りの通告が必要なら、ワシントンDCではなく東京で米国大使に対して行うべきと要望されたが、東京での通告に不安を感じたので拒絶したとある。会議の結果、「覚書」の打電と米国への通告時間については、統帥部と外相が相談して決定することとなった。六日の大本営政府連絡会議で、「覚書」の発信を日本時間の七日午前四時（米国東部標準時間六日午後二時）、最終通告を日本時間八日午前三時（東部標準時間七日午後一時）に行うことが決定された。この時点で、「覚書」の発信時刻は、当初東郷外相が考えていた五日午後から七日未明と一日以上遅くなったわけである。さらに「覚書」の一四本目は、外務本省で保留され一二時間遅れ、午後四時に打電された。井口武夫が指摘しているように、当初予定どおり「覚書」の一四本目が七日午前四時に打電されていれば、そもそも通告遅延という事態は生じなかったであろう。

外務本省は「覚書」の送付に先立ち、大使館に対して「覚書」が到着次第、通告の準備を開始するよう命じる予告電報（第九〇一号電、米国側呼称：パイロットメッセージ）を日本時間六日午後に打った。次いで送られた「対米最終覚書」（第九〇二号電）は、英文約二四〇〇ワードと長文であったため、一四分割して打電された。つまり「覚書」を記した第九〇二号電は、全部で一四本の電報で構成されていたのである。分割された「覚書」のうち最初の一本は、六日午後八時三〇分に打たれ、一三本目が打電されたのは、七日午前〇時二〇分であった。しかしながら、肝心な「交渉打ち切り」を伝える結論が書かれていた一四本目は、外務本省で保留された。一四本目が打電されたのは、一三本目が打電されてから約一五時間後、七日午後四時であった。

一四分割された「対米最終覚書」の要旨を電報ごとにまとめたものを巻末に掲載するが、ここでは全体の進行状況を示そう（表4―1）。「覚書」の大部分は、日米交渉において米国政府が行った主張や措置について、日本政府の立場から批判した内容であった。一四本目の最後でようやく「交渉打ち切り」が伝えられるのだが、当時の大使館員たちは、この「覚書」を「最終的の緊急且重大なものとは認識せず」と捉えていたと証言をしている。[174] これも無理はないことが要旨からもわかるだろう。

次に、開戦通告覚書関連の第九〇一号から第九一一号までの電文を示す。[175] 第九〇三号と第九〇六号は、現在のところ記録が見当たらない。第九〇九号、第九一〇号は、外務省記録では見当たらないが、米国のマジック情報に記録されている。[176] 第九〇三号は一行脱落のための訂正電報、第

| 大使館 | 米国政府 | 日本軍 |
|---|---|---|
| | | |
| | 第901号傍受 | |
| 第901号到着 | | |
| | | |
| | 第902号（13本目まで）を傍受 | |
| 第902号（13本目まで）到着 | | |
| 第902号の8,9本目までを解読 | | |
| | 第902号13本目までを解読 | |
| 第902号の13本目までを解読 | | |
| | | |
| | 第902号（14本目）傍受 | |
| | | |
| 大使館員休憩に入る | | |
| | 第907号傍受 | |
| | | |
| | 第910号傍受 | |
| 第902号（14本目）、第907号到着 | | |
| 奥村書記官覚書の浄書を開始 | | |
| | 第902号の14本目を解読 | |
| 電信係員解読を再開 | | |
| | 第907号を解読、翻訳 | |
| 第907号（1時電報）解読 | | |
| | | 陸軍、コタバル上陸作成開始<br>海軍攻撃部隊、空母から発進 |
| 第902号（14本目）解読<br>野村、国務省に13時の会見を要望 | | |
| 浄書が間に合わず、野村、国務省に会見を13時45分に延期要望 | | |
| | | 海軍機、真珠湾に初弾投下 |
| 浄書完成 | | |
| 両大使、国務省に到着 | | |
| 両大使、ハル長官に覚書手交<br>大使館員、ラジオ放送で真珠湾攻撃を知る | | |

| 時刻 | | | | 外務本省 |
| --- | --- | --- | --- | --- |
| | 日本 | ワシントン | ハワイ | |
| 12月6日 | 20:30 | 6:30 | | 第901号（予告電報）発出 |
| | 21:15 | 7:15 | | |
| 12月7日 | 0:00? | 10:00? | | |
| | 0:20 | 10:20 | | 第902号（13本目）までを発出 |
| | 1:52 | 11:52 | | |
| | 5:00? | 15:00? | | |
| | 9:00 | 19:00 | | |
| | 10:30 | 20:30 | | |
| | 15:00 | 7日　1:00 | | |
| | 16:00 | 2:00 | | 第902号（14本目）発出 |
| | 17:05 | 3:05 | | |
| | 17:30 | 3:30 | | 第907号（1時電報）発出 |
| | 17:30 | 3:30 | | |
| | 18:37 | 4:37 | | |
| | 18:44 | 4:44 | | 第910号（暗号破棄）発出 |
| | 19:07 | 5:07 | | |
| | 21:00? | 7:00? | 7日　1:30 | |
| | 23:00 | 9:00 | 3:30 | |
| | 23:30 | 9:30 | 4:00 | |
| 12月8日 | 8日　0:00 | 10:00 | 4:30 | |
| | 0:30 | 10:30 | 5:00 | |
| | 1:00 | 11:00 | 5:30 | |
| | 1:30 | 11:30 | 6:00 | グルー大使が親電を手交 |
| | 2:00 | 12:00 | 6:30 | |
| | 3:00 | 13:00 | 7:30 | |
| | 3:25 | 13:25 | 7:55 | |
| | 3:50 | 13:50 | 8:20 | |
| | 4:05 | 14:05 | 8:35 | |
| | 4:20 | 14:20 | 8:50 | |

（表４－１）対米最終覚書の送信、解読時刻表

九〇六号は、訂正電報または「最終電報の番号通報」電報と考えられている。[177]

なお、第九〇一号の第二項の括弧内の（一四部に分割打電すへし）という部分は、『日本外交文書』の記録には記載されていない。井口武夫が国会図書館で発見した電報原簿の写しに記載されているものであり、[178]マジック情報からも実際に一四分割の旨が記載されていたことが確認できる。

一二月六日　東郷外務大臣より在米国野村大使宛
「対米覚書」発電について
本省　一二月六日　発
第九〇一号
一、政府に於ては一一月二六日の米側提案に付慎重廟議を尽したる結果対米覚書（英文）を決定せり
二、右覚書は長文なる関係もあり（一四部に分割打電すへし）全部接受せらるるは明日となるやも知れさるも刻下の情勢は極めて機微なるものあるに付右御受領相成りたることは差当り厳秘に付せらるる様致され度し
三、右覚書を米側に提示する時期については追て別に電報すへきも右別電接到の上は訓令次第何時にても米側に手交し得る様文書の整理其他予め万端の手配を了し置かれ度し

この第九〇一号電（予告電報）は、第三項で通告時刻の指示を別の電報で行うが、いつでも通

告できるように万全の準備をするよう命じている。後に大使館員たちが、すぐに浄書をはじめなかったのは訓令違反であったとされる根拠となった内容である。そして第九〇一号電に続き、「覚書」本文である第九〇二号電が送られた。まずは分割された一四本のうち最後の一本を除いた一三本が送られ、その一五時間後に一四本目が送られた。一四本目の内容は次の通りである。

一二月六日　東郷外務大臣より在米国野村大使宛
本省一二月六日午後八時三〇分発（一四本目は七日午後四時発、の編注）
第九〇二号（館長符号）
MEMORANDUM
（一本目から一三本目省略、覚書本文は英文である）
一四本目
Obviously it is the intention of the American Government to conspire with Great Britain and other countries to obstruct Japan's efforts toward the establishment of peace through the creation of a new order in East Asia, and especially to preserve Anglo-American rights and interests by keeping Japan and China at war. This intention has been revealed clearly during the course of the present negotiation. Thus, the earnest hope of the Japanese Government to adjust Japanese-American relations and to preserve and promote the peace of the Pacific through cooperation with the American Government has finally been lost.
The Japanese Government regrets to have to notify hereby the American Government that

in view of the attitude of the American Government it cannot but consider that it is impossible to reach an agreement through further negotiations.

（日本文―ただし打電されたのは英文のみ）[179]

覚書

惟《おも》ふに合衆国政府の意図は英帝国其の他と苟合《こうごう》策動して東亜に於ける帝国の新秩序建設に依る平和確立の努力を妨碍せんとするのみならす日支両国を相闘はしめ以て英米の利益を擁護せんとするものなることは今次交渉を通し明瞭と為りたる所なり斯くて日米国交を調整し合衆国政府と相携へて太平洋の平和を維持確立せんとする帝国政府の希望は遂に失はれたり

仍《よっ》て帝国政府は茲《ここ》に合衆国政府の態度に鑑み今後交渉を継続するも妥結に達するを得すと認むるの外なき旨を合衆国政府に通告するを遺憾とするものなり

覚書の一三本目までは、日本政府の立場から日米交渉の経緯を記した内容であったが、一四本目の内容は太平洋の平和を維持確立しようという日本の希望は失われたので、交渉を続けても妥結することはできないと判断し、交渉を打ち切ると米国政府に伝えるものである。現在では、この「覚書」は「交渉の打ち切り」であって、正式な「開戦通告」と認められないという論者が多数を占めているが、本書ではこの議論には立ち入らない。[180] この「覚書」に次いで東郷外相は、野村大使あてに機密保持について訓電した。

一二月六日　東郷外務大臣より在米国野村大使
「対米覚書」の機密保持方訓令
本省　一二月六日発
第九〇四号
申す迄もなきこと乍ら本件覚書を準備するに当たりては「タイピスト」等は絶対に使用せざる様機密保持には此上共慎重に慎重を期せられ度し

既に第九〇一号電で秘密厳守についても訓令していたが、さらに念を押す内容である。「タイピスト」等の使用の禁止は、五月に「館長符号は、参事官、書記官以上で取り扱うべき」と伝えられていたが、再度、本省の方針を確認した内容と考えるべきだろう。

そして、日本時間の七日昼前、米国通信社電が、ルーズベルト大統領が天皇あてに親電を発出すると報じたため、東郷外相は野村大使に照会した。

一二月七日　東郷大臣発在米国野村大使宛
米国大統領よりの親電に関し照会
本省　一二月七日　後二時発
第九〇五号（大至急　館長符号）

ＡＰ及ＵＰ通信に依れば国務省は大統領が聖上陛下宛親電を発出せる旨を公表せる趣の処
真相折返し御回示あり度（し）

この親電照会電報を打った三時間半後、東郷外相は、野村大使に通告時刻を訓令する電報を打った。

一二月七日　東郷外務大臣より在米国野村大使宛
「対米覚書」手交方訓令
本省　一二月七日後五時三〇分発
第九〇七号（大至急　館長符号）
往電第九〇一号に関し本件対米覚書貴地時刻七日午後一時を期し米側に（成る可く国務長官に）貴大使より直接手交あり度し

次いで、両大使あてと大使館員あての二通の慰労電が打たれた。

一二月七日　東郷大臣より在米国野村大使宛
両大使以下館員に対する慰労の意伝達
本省　一二月七日　発
第九〇八号（大至急　館長符号）

貴両大使が心血を注がれたる御尽力にも不拘日米国交の調整成らず遂に今日の事態に立至りたるは共に頗る遺憾とする所なり

此の機会に両大使の御努力と御労苦に対し深甚の謝意を表すると共に貴館館員御一同の御奮闘を感謝す

一二月七日　往電九〇九号（至急）（マジック情報からの邦訳）[181]

（参事官以下に対する慰労）

山本アメリカ局長より井口参事官と館員および結城書記官へ

私はアメリカ局の局員とともに、未曽有の難局に対処し、あらゆる困難にもかかわらず、長期にわたりわが国のために尽力されたことに対し、深く感謝し心からお礼を述べる。諸氏のご健康を祈る

そして慰労電に次いで、暗号機、暗号表の破棄が命じられた。

一二月七日　往電九一〇号（大至急）（マジック情報からの邦訳）

（暗号機械等の処分について）

往電九〇二号の第一四部、第九〇七号、第九〇八号および第九〇九号を翻訳した後、残されている翻訳機械と同暗号書をただちに処分されたし、機密書類も同様に処理されたし

ところが、暗号機の破壊命令を行った後にもかかわらず、さらに修正電報が発せられた。

> 一二月七日　東郷外務大臣より在米国野村大使宛
> 「対米覚書」の一部修正方訓令
> 本省後七時二〇分発　第九一一号（緊急、館長符号）
> 往電第九〇二号に関し
> 対米覚書中Ⅲの初めの方　But the American Government adhering steadfastly to its original proposal の proposal を assertions に訂正あり度

この第九一一号は、覚書の一語「proposal（提案）」を「assertions（主張）」に訂正せよという訓令である。井口武夫の指摘のようにほとんど無意味といってよい。井口は、この修正電報を大使館員の浄書作業を妨害するために打たれたのではないかとしている。しかし、浄書の妨害のためであれば、暗号機械破壊指示後に打電したのは、不自然である。この点については後で検討することとしたい。

## 「大至急」指定改竄嫌疑

ところで、これらの電文を外務省記録とマジック情報とで比較すると、マジック情報では、「大至急」を urgent と訳していることが分かる。[182]「緊急」が、extremely urgent である。マジック情報の訳と外務省の至急指定は次の表4—2の関係にある。つまり、井口武夫が、第九〇七号

| 電信用語 | 電信符号 | マジック情報 |
| --- | --- | --- |
| 緊急 | KINQU | extremely urgent |
| 大至急 | DAIQU | urgent |
| 至急 | SHIQU | priority |

（表４－２）外務省の緊急電信用語

電の指定が大至急（Very urgent）から至急（urgent）に落とされているというのは、一種の誤訳であり、マジック情報のurgentは「大至急」の訳である。第九〇七号電は、「大至急」で打たれていたのである。つまり、陸軍の策謀により優先位が落とされたという事実は認められないことになる。

したがって、マジック情報をもとに邦訳している第九一〇号の「大至急」は「緊急」、第九〇九号の「至急」は「大至急」と訳すのが正しい。慰労電の第九〇八号、第九〇九号はともに大至急（DAIQU）であり、暗号書、暗号機破壊の第九一〇号は、緊急（KINQU）だったのである。[183]

## （五）発着信記録が語るもの

### 対米通告関係電報の発着時刻

ここからは、第九〇一号電以降の電報の発着時刻について改めて検証していこう。東京裁判時に亀山電信課長とベン・ブルース・ブレークニー弁護人が陳述した電報発信時刻をまとめたものが次の表４―３である。[184] また従来知られていなかった第九〇三号と第九〇六号の発信時刻を二〇一二年九月に九州大学の三輪宗弘教授が米国立公文書記録管理局の記録のなかで発見したので、[185] 表４―３中に太字で挿入した。

| | | 発信原簿 | 外務省発 | 中央局発 | 米軍傍受 | 到着見込 |
|---|---|---|---|---|---|---|
| 903号 | 訂正電（1）？ | | **7日14:20** | | | |
| | | | （7日00:20） | | **（7日01:25）** | |
| 905号 | 親電について照会 | 7日14:00 | | | | |
| | 大至急 | （7日00:00） | | | | |
| 906号 | 訂正電(2)? | | **7日15:32** | | | |
| | | | （7日01:32） | | **（7日02:15）** | |
| 902号（2） | 覚書14本目 | 7日16:00 | 7日16:38 | 7日17:00 | | |
| | Very important | （7日02:00） | （7日02:38） | （7日03:00） | （7日03:05） | （7日07:00） |
| 907号 | 1時電報 | 7日17:30 | 7日18:18 | 7日18:28 | | |
| | 大至急・Very important | （7日03:30） | （7日04:18） | （7日04:28） | （7日04:37） | （7日07:30） |
| 908号 | 外相発慰労電 | | | | | |
| | 大至急 | | | | | |
| 909号 | 局長発慰労電 | | | | | |
| | 大至急 | | | | | |
| 910号 | 暗号破壊指示 | | 7日18:44 | | | |
| | 緊急 | | （7日04:44） | | （7日05:07） | |
| 911号 | 訂正電（3） | 7日19:20 | | | | |
| | 緊急 | （7日05:20） | | | | （7日09:30） |

上段は日本時間、下段カッコ内は東部標準時間。東部標準時間は日本時間より一四時間遅い。
『極東国際軍事裁判速記録』第六巻二六四−二七〇頁および、
原勝洋監修『日本開戦時における日本外交電報の検証』五三−六八頁をもとに作成。
ただし第九〇五号電の発出時刻は、『日本外交文書』、太字部分は、三輪発見資料の時刻による。

（表４－３）関連電報発着時刻

「発信原簿」は電報原文に記載された発信時刻である。「外務省発」が外務省の電信分局から東京電信中央局に実際に発信された時刻、「中央局発」は、東京中央電信局が米国サンフランシスコにある米国通信会社の無線局に発信した時刻、「米軍傍受」は、米国ワシントン州シアトルにほど近いベインブリッジ島の米国海軍S無線局で傍受した時刻である。当然のことながら、東京電信中央局がサンフランシスコに発信した時刻とほぼ同じ時刻となっている。

前述のように亀山課長は、外務省から大使館までの電報所要時間を四時間とみていた。その内訳は、東京中央電報局が外務省電信課から電文を受け取り小山送信所を経由しサンフランシスコの米国通信会社の無線局（RCAまたはマッケイ）に打電するまでが一時間、サンフランシスコから米国内の伝送路経由でワシントンDCの電報局までが一時間、ワシントンDCの電報局から大使館に配達されるまでが二時間、合計四時間である。表4―3のうち、中央局発と米軍傍受の時刻はほぼ同じであることから、この時刻に東京から小山経由でサンフランシスコに短波回線で電文が送られたことは間違いない。この三時間後には大使館に到着するものと外務本省は判断していたのである。

また亀山課長は、暗号解読にかかる時間を、覚書一三本分は六時間半、一四本目は二、三〇分、その他の電報は一〇分から一五分位で十分とみていた[186]。覚書の一三本目が到着する午後三時に暗号解読を開始しても午後九時半には解読を終了し、浄書にかかれるはずと見込んでいた。

外務本省は「覚書」（第九〇二号）の一三本目までの発出後、「覚書」の本文に一行程度の脱落があったことに気づき、修正するため第九〇三号を打っている。亀山課長はこの第九〇三号電を、遅くとも七日早朝までに打ったと陳述しているが、三輪教授が発見した記録によると、日本側発信が七日午後二時二〇分（米国東部時間七日午前〇時二〇分）となっており、大使館着は早くても七日午前四時位となる。こうなると、亀山の誤り、あるいは偽証を、米国側資料を活用していたブレークニー弁護人も見抜けなかったということになる。三輪宗弘が指摘しているように、修正内容が多ければ、浄書に影響を与えた可能性があるが、この修正はどのようなものであったのだろうか。

## 電文の乱れ

井口武夫は、マジック情報をもとに、覚書には一七五字にのぼる誤字脱字があり、六日深夜から七日早朝にかけ、覚書をタイプできる状況ではなかったとしているが、[187] 実際の訂正電報で内容を確認しているわけではない。

井口は、マジック情報にある「覚書」の三本目の七五文字（and essential questions. 3. Subsequently, on September 25th）、一〇本目の四五文字（of East Asia have for the past two hundred years or more have）、一一本目の五〇文字（ne Power Treaty structure which is the chief factor respon）に加え、一三本目の“and as”と思われる“andnd”、“China, can but”と思われる“chtualyokmmtt”のあわせて一七五文字が乱れていたと指摘している。[188] 正確には一七〇文字と判読困難な五ワードということである。

だが、マジック情報の電文の乱れは、傍受や解読の失敗の可能性があり、[189] この乱れの部分が訂正電報の内容と同じであったと直ちに判断することはできない。全て大使館には正常に届いていた可能性もある。マジック情報をもとに、大使館に届いた電文の乱れを推測するのは無理である。

ただ、覚書正文とマジック情報を比較することにより、脱落している単語があることは確認できる。三本目の乱れの少し前の the American Government が脱落していたようである。次の英文の太字の部分であり、日本政府からの日米首脳会談開催の提案に関する内容である。

However, **the American Government**, while accepting in principle the Japanese proposal, insisted that the meeting should take place after an agreement of view had been reached on fundamental and essential questions
（然るに**合衆国政府**は右申入に主義上賛同を与へ乍之か実行は両国間重要問題に関し意見一致を見たる後とすへしと主張して譲らす）

少なくとも三本目には一、二行程度の乱れがあったが、膨大であったと断言する根拠はない。もし膨大な乱れがあったとしたら、大使館は外務本省に再送要求をしたであろうし、戦後、大使館員たちからの聞き取りの中で当然指摘されただろう。電文に大量の乱れがあったことを裏付ける資料はみあたらないのである。

## （六）開戦前夜の大使館

### 覚書一三本目までの解読

次に、日本大使館における解読、浄書の状況を確認してみよう。大使館に六日昼前から、「予告電報」第九〇一号に続き、一四分割された第九〇二号が入電しはじめた。電信係員は順次暗号を復号（解読）し、[190]「覚書」一三本目までの解読を七日午前一時頃に完了したようである。[191]夕食時（午後七時頃）までに最初の八本目か九本目までの解読を終え、夕食後に残りの分を解読した。[192]

解読作業を手伝っていた藤山楢一外交官補は、井口貞夫参事官たちとともに中華料理屋で午後八時半から一〇時位まで夕食をとった。九時半頃、寺崎英成一等書記官が駆けつけ、ルーズベルト大統領から親電が打たれるというニュースを伝えた。[193]

一方、吉田寿一たちの電信係員も、八時位から奥村書記官、結城書記官、他の電信課員あわせて一〇人位で井口参事官たちとは別の中華料理屋に行き、夕食をとった。こちらにも寺崎書記官があいさつのため顔を出した。[194]井口参事官たちのグループと電信係員たちのグループは別の場所で夕食をとったようである。

藤山と吉田の記憶の間には齟齬も見られるが、いずれにしろ、夕食会に参加していた電信係員は午後一〇時前後に大使館に戻り、解読作業を再開した。一三本目までの解読文は届くたびに両大使と書記官に渡された。奥村はタイプの専属員ではなく、一等書記官であるから、送られてきた「覚書」について他の大使館員と協議し、対応や文面の検討などを行うのが本来の職務である。誤字脱字のチェックなども行っていたであろう。手書きの上、順番どおりではない原稿を並べ直し、全体の構成を確認するのにもそれなりの時間がかかったはずである。一行の脱落、一四本目の未着などもあり、直ちに浄書できる状況にあったかは不明である。また先に示したように一三本に分けられた電文も順番通り入電したわけではなかった。[195]

一三本目までの「覚書」の解読が終ったのは、午前一時頃であった。その後、電信係員は「覚書」の一四本目の到着を待ったが、すぐには届かなかった。午前三時過ぎ、電信係員たちには、自宅で休むよう指示が出され、野原常大使館館務補助員が宿直として大使館に残った。[196] 翌日の電信係員の出勤時刻は午前八時であったが、日曜日ということで午前九時に出勤することとなった。吉田の手記によると、電信係員たちは、三時過ぎに大使館から引きあげた後、HOT SPOPPEという店で食事をとってから帰宅した。

一方、奥村書記官は大使館の一室で仮眠した。タイプライターの場合、ワープロのように取りあえず入力して保存しておくという方法が取れない。つまり脱落の部分だけ後で入力して印字することはできないのである。奥村は未定稿を前に徹夜を覚悟で取りあえず下書きを作成するか、仮眠して一四本目や訂正電報が到着してから浄書するか考えたはずである。一三本目まで届いていたので、覚書の分量と浄書にかかる時間はほぼ把握できていたものと思われる。奥村がこの時点で仮眠を選んだのを怠慢というのは酷であろう。

### 殺到した着信電報

ただ、結果として三時過ぎに待機態勢を解いたのはタイミングが悪かった。大使館が一番懸念していた早朝の時間帯に電報が殺到したのである。表4―3の電報発着時刻から判断すると、第九〇二号の一四本目から第九〇九号の慰労電までの七本ほどの電報が、四時過ぎから電信官が解読作業を再開する一〇時までに到着し、さらに暗号機破壊命令（第九一〇号）、一字訂正電報（第九一一号）も午前一〇時から一一時の間に到着したとみられる。

第九〇五号電（「米国大統領よりの親電に関し照会」）は、午前〇時（日本時間七日午後二時）に打たれており、亀山課長の見込み通り所要時間が四時間であれば、午前四時過ぎには到着するはずであった。しかし、堀内や藤山の証言によると一連の電報は、七時過ぎから到着しはじめたようである。日曜未明ということもあり米国通信会社の配達が遅れていた可能性もある。一一月七日の「甲案」に関する電報の延着も未明時であったから、亀山課長が見込んだ所要時間は余裕のあるものではなかったことになる。一一月の甲案送付時同様、六時間程度かかっていた可能性がある。

電報を受け取った宿直員は、電話で電信係員に連絡をとった。藤山によれば午前七時半位に電話があったという。大使館では、電信係員が自宅から車で一〇分程で大使館に到着できる態勢をとっていた。ところが実際に電信係員たちが大使館に到着したのは九時過ぎから一〇時前頃になったようである。連日の勤務による睡眠不足、過労であったことが推測できるが、九時出勤の予定で、さらに呼出がかかったにもかかわらず九時以降の到着となったことはやはり非難されてもしかたないが、電信係員たちは、到着時刻や遅れた理由などを明確に証言していない。電信係員たちは早朝食堂に寄り朝食をとっていたため、帰宅は五時を過ぎていたであろう。電話がかかってきても起きられなかった可能性もありそうである。

当時、海軍武官補佐官であった実松譲中佐、寺井義守少佐とも、七日の朝、大使館は人気がなかったと回想している。[197] これは長年、大使館員の怠慢を裏付ける証言とされてきた。ただ二人の証言は不自然な要素もあり、公電が郵便受けに溜まっていたなどの証言には疑問符が付く。この問題について電信係員たちは、公電は直接通信会社の配達員から受け取り、受領のサインをする段取りであり、大使館員不在の場合は、配達員がメモを残して電文を持ち帰るという手順であったと反論している。また、井口武夫は、当日、米国で調査活動を行っていた新庄健吉陸軍主計大佐の告別式があり、大使館にも弔電が多数到着していたのを実松たちが見誤った可能性を示唆している。[198]

　だが、いずれにしても電信係員の出勤が遅れたうえに解読の順序に混乱が生じたことに間違いはない。電信係員は「緊急電」を新着のものから順次解読し、その後「普通電」を解読した。堀内電信官の陳述によれば、まずアメリカ局長からの慰労電報、訂正電報（一二通位）、最後に通告手交時間指示の訓令となり、一一時頃に完了したという。次いで普通電の解読にかかり、覚書一四本目（Very important）の解読を正午頃に完了した。一番緊急を要する覚書一四本目の解読が

| | 奥村書記官 | 電信官の解読状況 |
|---|---|---|
| 9:00〜 | 第13部までのタイプ開始 | |
| 10:00〜 | | 第909号「慰労電」 |
| | | 第908号「慰労電」 |
| | | 第906号「訂正電」? |
| | | 第903号「訂正電」 |
| 11:00〜 | 下書きタイプ完了、浄書開始 | 第907号「手交訓令電」 |
| | | 第905号「親電照会電」 |
| | 訂正により1頁打ち直し | 第910号「暗号機破壊電」 |
| | | 第911号「訂正電」 |
| 12:00〜 | | 第902号「覚書14本目」 |
| 13:00〜 | 浄書完成（13:50） | |

電報の解読順序は、証言や電報発出時刻、優先位指定による推測である。

（表４－４）日本大使館によるタイピング、暗号解読状況

最後になってしまったのである。

これは、電信係員にとって優先位が明確でないVery importantという用語を使い、最繁忙時に二本の慰労電報を「大至急」指定で打った外務本省の責任と考えるべきであろう。慰労電だけで二、三〇分以上の時間を浪費させてしまった。奥村の記録にも挨拶電二本、訂正電二本（長短）、最後に「覚書」の一四本目が解読されたとある。[199]このほか親電に関する照会電報もあった。つまり重要度の低いものから順に解読してしまったことになる。井口武夫の指摘どおり意味のない第九一一号も悪影響を与えたことは確かであるが、より実害を与えたのは二本の慰労電と、この時点で意味を失っていた親電照会電であり、結果として一時間弱程度、解読作業を遅らせてしまったのである。

第九〇二号電の一四本目に記載されたVery importantの表記は、米国の電信会社が自社へのメッセージと考えた可能性があり、配達時に書かれていたかは不明である。いずれにせよ本文冒頭がKINQUあるいはDAIQUでなかったため電信係員が普通電として取り扱い、解読を後回しにしてしまったのである。

また、亀山課長は、「覚書」の一三本の暗号解読に六時間半、その他の電報についても一五分から二〇分くらいで解読可能とみていたが、実際はもう少し時間がかかっている。大使館の電信係員によると、暗号機の整備状況が悪く、「暗号機も早く打つと電流が混乱し、やり直しになる」という状況にあり、使いやすいものではなかった。本省の暗号機ほど整備が行き届いていなかったため、亀山課長の予想通りに解読作業は進まなかった。送達所要時間、解読所要時間とも亀山の想定は甘かったのである。

「覚書」の一四本目は一三五ワード程度であるから、五分程度あればタイプでの浄書が可能である。一二時頃に解読を終えた電信係員たちは困難な情勢の中、ぎりぎりで責任を果たした。堀内の陳述にも「電信課員一同間に合うべしと思ひ喜色ありたり」とある。

## はかどらない浄書作業

一方、奥村書記官は午前九時頃からタイプライターに向かっていた。覚書は全体で約二四〇〇ワードである。プロのタイピストなら一時間程度で打てる分量だが、覚書の原稿は電信係員の手書きのもので、判読困難な字や電信文の中にも乱れがあったという。ともかく一一時頃にはタイプで打った下書きといえるものが完成した。この時点で、午後一時に通告することを命じる電報もようやく解読されたが、肝心な「覚書」の一四本目は未解読であった。奥村はこの後、浄書に取り掛かったが、訂正電報による一頁打ち直しや焦りもあり、なかなかはかどらなかった。一二時頃、ようやく「覚書」の一四本目が解読されたが、すでに午後一時には間に合わない状況であった。解読と浄書は別々の作業であるが、特に「覚書」の一四本目の解読の遅れはタイピングにも影響を与えたであろう。奥村は、「私は此の時程いらいらした気持で時計の針が刻々と刻まれて行くのを感じたことはない」と回想している。[200]来栖大使付きの結城書記官も「指定時間の切迫とともに両名とも緊張し却ってスピードが鈍り、誤字も多くなり」と証言している。一三本目までの浄書が終わらないうえ一四本目が未解読であったため、大使館はパニック状態に陥っていたのである。[201]

親電照会を含めた不要不急の四本程の「緊急電」が解読作業を一時間程度遅らせてしまい、両大使のもとに手書きの一四本目が届いたのは、一二時半位になってしまった。そして、浄書は午後一時五〇分頃に完成し、両大使はただちに国務省に向かい、二時五分頃に到着した。真珠湾に最初の爆弾が投下された四〇分後である。ハル国務長官は二時二〇分に両大使と面会した。この間にハル国務長官は、ルーズベルト大統領から真珠湾攻撃のニュースを電話で知らされていた。かくして両大使によるハル長官への対米最終通告は、開戦後となってしまったのである。

## （七）親電、隠語電報、風暗号

### ルーズベルト大統領の親電

ここで前日の六日の夜まで時間を遡り、ルーズベルト大統領が天皇に出した親電について確認しておこう。大使館員たちが夕食をとっていた頃、ルーズベルト大統領は天皇あての親電を打った。この親電は、東京中央電信局に七日正午頃（東部標準時間六日午後一〇時頃）到着したが、陸軍参謀本部の戸村盛雄少佐により保留され、在日米国大使館に配達されたのは午後一〇時三〇分頃となった[202]。

親電を受け取ったジョセフ・グルー駐日米国大使は、八日午前〇時一五分に外相官邸に赴き、東郷外相に天皇への謁見を要求した。東郷外相は、夜中なので明朝までは手続きもとれないし、要望に応えられるかは親電の内容にもよると応じた。グルー大使は、頗る重大な際なのでぜひ拝謁したいと要請だけ行い、〇時三〇分頃辞去した。

東郷外相は東条首相らと親電について協議後、午前二時三〇分に参内し、天皇に伏奏した。東郷外相は、三時三〇分（真珠湾攻撃開始予定時刻である）に官邸に戻り、四時過ぎ、海軍省の岡敬純軍務局長から電話で真珠湾攻撃の成功が伝えられた。そして六時に米国大使および英国大使に対し日米交渉打切りの通告を行うべく手配を進めた。

## 見落とされた隠語

一方、同じ夜、日本時間の一二月七日の深夜、外務本省から隠語電報（ストップ・メッセージ）が、各在外公館にあてに打電された。先に示した各在外公館に命じた暗号機破壊に伴うものである。この電文も米国側に解読され、早くも七日午前一一時（日本時間八日午前一時）にルーズベルト大統領や他の高官に次のように報告されている。[203]

「日本と英国の関係は危機的である」
(Relations between Japan and England are not in accordance with expectation.)[204]

実際の電文は次のように書かれていた。

> 「コヤナギ　リジヨリ　セイリノツゴー　アルニツキ　ハットリ　ミナミ　キネンブンコセツリツ　キキンノ　キヨカキンカク　シキュー　デンポー　アリタシ　STOP　トーゴー」

コヤナギは「英国」、ハットリは「日本と○○との国交は危機的である」、ミナミは「米国」である。したがって、この電報を正しく読み解くと、「日本と英国、米国との国交は危機的である」となる。だが、米軍による解読では、「ミナミ」が見落とされ、「日本と英国との関係は危機的である」と報告された。米国側でも初歩的なミスが生じていた。「危機的」というのも翻訳としては適切ではなく、「国交断絶」がより近い内容であったろう。

東部標準時間の七日午後、覚書や慰労電の暗号解読を終えたワシントンDCの日本大使館から外務本省に電報が打たれた。[205]

> 一二月七日　来電一二七八号
> （暗号機械等の処分開始について）
> 貴方の諸訓令および貴電第九一一号は順当に接受し翻訳し、本電を作成し発信しだい、われわれは処分と焼却を開始する。
> われわれは小坂が持参した暗号書（HA暗号、O暗号、NE暗号およびYO暗号）も処分した。
> なお、貴電第八八一号の鑰数表、第一部および貴回章第二四○○号は、メキシコへの郵送が安全でなくまだ送っていないので処分しなければならない。これについて指示されたし

この電報から、乱数表の処理など、なお本省に指示を求めていることが分かる。暗号機、暗号書の破棄後も大使館の電信係員たちは、簡易な暗号は記憶していたため、暗号電報での連絡が可

能だったようであるが、打電した時点では、まだ日米開戦の情報が伝わっていなかったものと思われる。恐らく両大使がハル国務長官のもとに赴いた午後二時過ぎに打ったものであろう。国交断絶後も直ちに開戦するとは捉えていないかのような電文である。この電報が東京に着電したと思われる頃、日本時間八日午前七時、日本放送協会は臨時ニュースを放送した。

「大本営陸海軍部、一二月八日午前六時発表。帝国陸海軍は本八日未明、西太平洋においてアメリカ、イギリス軍と戦闘状態に入れり」

東郷外相は、電話連絡が困難であったことなどにより予定より一時間三〇分遅れた午前七時三〇分、グルー大使を招き、口頭で親電に対する回答を伝えた。さらに、「対米最終覚書」の写しを渡し、交渉断絶を伝えた。しかし、この時、開戦の事実を告げることはなかった。

## 混乱を招いた風暗号

風暗号については、日本の放送関係者の証言、米国ＦＣＣ（連邦通信委員会）の記録から、「日英関係が危険」を意味する「西の風、晴」が開戦直後に流されたことは間違いないようである。ＦＣＣの記録には、日本時間八日午前九時二分（東部標準時間七日午後七時二分）と八日午後一時五九分（東部標準時間七日午後一一時五九分）に放送されたものが残っている。[206]

「本日は、特にここで天気予報を申し上げます。西の風、晴」（日本時間八日午前九時二分

から三五分、東部標準時間七日午後七時二分から三五分）

「ニュースの途中でございますが、ここで天気予報を申し上げます。西の風、晴、西の風、晴、西の風、晴」（日本時間八日午後一時五九分、東部標準時間七日午後一一時五九分）

日本の放送関係者の証言では時刻が明確ではない。当初、日本時間八日午前二時に西南アジア向けで放送せよと命じられていたが、直前になり午前四時に変更されたとの証言がある。放送史に詳しい北山節郎は、この時間帯は英語放送なので、午前五時の誤りではないかとしている。[207] いずれにせよ西南アジア向けの放送もＦＣＣの記録も、放送されたのが開戦後のことなので、戦況に影響を与えるものではなかった。当初、午前二時であったというのは、マレー半島コタバル上陸作戦開始時と符合するもので、真珠湾攻撃は当初の予定より一時間半遅く設定されていた。一一月二三日の時点で海軍は夜間発艦を見直し、攻撃開始を午前二時から午前三時半に遅らせ、陸軍が戦闘の口火を切ることとなっていたのである。放送を午前二時から午前四時に変更したのは、真珠湾の攻撃開始時刻を考慮した可能性がある。

一方、「日米関係が危険」を意味する「東の風、雨」が放送された明確な証拠は残っていない。北山は本来「東の風、雨」が流されるべきであったろうとしているが、対英は無通告開戦で準備が進められており、日英開戦が日米開戦より早かったこともあり、西南アジア向け放送で「西の風、晴」が流されたのは不自然ではないだろう。

米国側では、「東の風、雨」が一二月四日または五日に放送されたのではないかという議論があったが、現在では、通常の天気予報を聞き誤ったものと考えられている。次の傍受記録が残されている。[208]

「続いて天気予報。東京地区今日は北の風やや強く晴で一時は曇ることがあります。今晩も明日も北の風で晴天勝ちになる。神奈川、今日は北の風で晴勝ちで午後から時々雲が多くなることがあります。千葉市、今日は北の風（雨）曇りとなる。海上はやや波が……」（四日午後四時五三分）

「東京附近の天気予報を申し上げます。今日は東北の風で朝のうちは曇り、日中は晴れます。しかし夕方から雲が多くなります。明日は北の風、後南の風と伝えております」（五日午後四時一六分）

いずれしろ、米国において執拗に風暗号がいつ放送されたかが追及されたのは、日本の「対米最終覚書」が明確に開戦通告の内容を含んでいなかったためもあるだろう。天気予報という識別のつきにくい方法を取ったために、日米両国で混乱を招いたことは否定できない。

## （八）通告遅延の原因

### コミュニケーション・ギャップ

これまでみてきたように一二月七日の日本大使館の対応は後手に回り、早朝に相次いで到着した外務本省からの暗号電報の処理が遅れた。須藤眞志は、通告遅延の背景にはコミュニケーション・ギャップがあったと分析している。開戦直前に交わされた電文により、ここで改めて交信を振り返ってみよう。

一一月末、野村、来栖両大使は、本省から交渉打切りの印象を与えないように交渉を継続せよと訓令されたものの、日本政府は一二月一日に開戦を決定。翌二日には在外公館に暗号機破壊の指示を打電した。六日には第九〇一号電に続き、「覚書」の一本目から一三本目までを打電した。この段階で外務本省は、大使館も状況認識を共有しているものと判断していたであろう。

しかし大使館は、本省の訓令を守り、交渉を継続していた。六日当日も非政府ルートでの和平交渉の進捗状況を本省に打電している（第一二七二号）。さらに午後七時、ルーズベルト大統領から天皇あての親電発出が発表された。六日土曜日の夜、大使館では和平への期待が再燃していたと考えても不自然ではない。

しかも、ワシントンの日本大使館には、覚書が入電しはじめた六日土曜日にも、開戦が翌日に迫っているとは思えない内容の電報が本省から到着していた。たとえばこの日、外務本省は大使館あてに、米国によるオランダ領ギアナ占領に関する電報（第八九九号）を打電している。内容は、この占領についてラテン・アメリカ諸国の国民に対し、米国は救いがたい不吉な前兆を示していることを印象づけられたしというものであった。さらに、オランダ領ギアナ以外に、オランダとラテン・アメリカ諸国および米国との間に、他の協定または了解ができているか、各国の態度および世論の動向を調査のうえ回電するよう求めている。[209] この電報を受け取った大使館は、調査の上、翌週早々返電すればよいと考えたであろう。外務本省と大使館の間にコミュニケーション・ギャップがあったことは明らかである。

さらに、先にみたようにプランゲは、「予告電報で事態が緊急であることを示していなかった。東郷はその最終期限をメッセージにいれるべきであった」と、外務本省が打った電文の内容が十分なものでなかったことを指摘している。

確かに予告電報（第九〇一号）の電文には問題があった。予告電報には、「全部接受せらるるは明日となるやも知れざるも」とあり、明日が日本時間なのか東部標準時間なのかも示していなかった。大使館では覚書の一四本目が未着であったため、この明日が、東部標準時間の明日なのかもしれないとの疑問も浮かんだ可能性もある。六日の夜、親電が発せられたこともあり、一四本目の到着がさらに遅延すると判断したことも考えられる。覚書の一三本目までの内容も開戦通告を思わせる内容ではなかった。

また堀内正名電信官は、「当時大使館に於いては、万一の際は風暗号を電報する旨電訓ありたるを以て、対米通告が斯くの如く緊迫且重大なるものとは認め居らざり」と陳述している。国際電報、電話の断絶時のために準備した風暗号（ウィンド・メッセージ）の位置付けが誤解されていたのである。

さらに第九〇四号電で、「『タイピスト』等は絶対に使用せざる様」という文言をみて、土曜深夜に浄書する必要があるのか疑問に感じた可能性もあるだろう。この第九〇四号には、「慎重に慎重を」というくどい表現もあり、機密保持だけを強調している内容である。むしろスピードより慎重さを要求しているようにもみえる。

こうしたコミュニケーション・ギャップの積み重ねの中、一四本目の延着は、不明瞭な電文とあいまって、大使館側に本省からのメッセージ内容が十分伝わらない状況をつくったのである。覚書の内容もまた冗漫であったため、本来の目的であった緊急性が伝わりにくくなっていた。唯一、大使館員に緊迫感を与えたのは、第九〇一号の「訓令次第何時にても米側に手交し得る様文書の整理其他予め万端の手配を了し置かれ度し」という文言だけである。

一方、この一四本目の延着は、米国側も慌てたようである。傍受に失敗したか、どこかの受信局が傍受したものの連絡を忘れているのではないかと考え、各通信所に照会を繰り返した。[210]

このようなコミュニケーション・ギャップは、一本の電報で埋めることができたはずである。戦後、結城書記官は、実際は防諜上の問題もあり難しかっただろうと前置きをしながらも、「日曜日中にも手交出来る様」や、「一四本目の接到を俟たず接到せる分より直ちに浄書し置くべし」とかのちょっとした注意があれば避けられただろうと東京裁判で陳述している。[211] これは当時の大使館の状況を良く示している。

これらのコミュニケーション・ギャップについて、当時、大使館の三等書記官であった八木正男は、遅延問題は外務省特有の問題であり、組織としての仕事ができなかったから生じたものとしている。[212] また、九〇年代末から二〇〇〇年代初頭にかけ、国連事務次長、カナダ大使などを歴任した法眼健作は、「イギリスの外務省のすごいことの一つはセクレタリアル・サービスだと思います。これは日本が最も遅れている分野です。遡れば、一番甚だしい例はパールハーバーに至るあの経緯です」と語っている。[213] 太平洋戦争開戦時、陸海軍は使命を達成したが、外務省は、手順を踏めばほぼ確実に達成できる対米最終通告という業務遂行に失敗したのである。

## 未解明の三項目

結論に入る前に、ここで未解明となっている事項を整理しておこう。未解明となっているのは、

① 「覚書」一四本目の打電が遅らされた経緯
② 第九〇二号電が「大至急」指定でなく、Very important 記載のみだった経緯
③ 第九〇三号、第九〇六号の電文（修正の内容）

の三点である。

「覚書」の打電時刻については先に触れたように、当初東郷外相が「五日午後に打てばちょうど良い」と提案していたにもかかわらず、その外相と統帥部による調整を経て七日午前四時（日本時間）の打電となったので、ここに統帥部の意向が働いていることは、ほぼ間違いない。

東京裁判時、検察側が問題にしたのも一四本目の打電の遅延であった。タヴナー検察官はこの一四本目の遅延を日本政府が故意に通告を遅らせたことを示す証拠になりうると捉えており、この問題について、開戦時の外務省アメリカ局長、山本熊一がタヴナー検察官から尋問されている。[214]

タヴナー検察官は、山本に一四本目の発信が遅れていることの説明を求めた。山本は一四本目に結論が含まれていたとしながら、特に一四本目に拘ったわけではなく、暗号が解読される可能性もあることから、全体の機密保持を考慮して発信時刻を決め、打電したと答えた。この山本の回

答に対し、タヴナー検察官は、一四本目だけを遅らせた理由をさらに追及したが、山本は全体の機密保持を考えたうえで時刻を決めたという趣旨の陳述を繰り返すばかりで、一四本目だけ遅らせた理由を答えなかった。山本は海軍統帥部とで十分協議して、上司の機密を十分保持するべしとの命令のもと、間に合うよう打電したと陳述した。タヴナー検察官は、山本の上司を東郷外相、西春彦外務次官と確認し、一四本目の遅延の問題をそれ以上追及しなかった。

この山本の陳述について井口武夫は、当時外務省は外務省暗号を安全だと考えていたので、山本の機密保持のためという理由は成り立たないとしている。[215]しかし、これまでみてきたように、外務本省が懸念していたのは、むしろ大使館内からの機密漏洩であった。わざわざ第九〇四号電でもタイピスト等の利用を禁止しているのも大使館内からの情報漏洩を恐れての措置であった。東京裁判時に、なぜ山本局長が、一四本目が機微な内容を含むので打電を遅らせ、ぎりぎりまで待ったと、はっきり陳述しなかったのか不思議な感じがする。一方、タヴナー検察官も途中で、外務省が故意に電報を遅延させたのではないかという立証を諦めているようにみえる。だが、いずれにせよ、先にみたように一三本目までの内容は交渉の経緯であり、機密といえるものではなかった。それゆえに機密保持のため「交渉打切り」の結論を含んだ一四本目だけぎりぎりまで遅らせたというのは不自然とはいえない。一四本目はわずか一三五ワード程度であり、これを遅らせることで、交渉打ち切りの通告そのものが遅れるとは思っていなかったものと思われる。

次に、第九〇二号電の一四本目が「大至急」指定されていなかった点である。一三本目までは時間的にも余裕があり、「大至急」指定にする必要はなかった。しかし一五時間遅れていた一四本目は、暗号機が一台態勢となっていたこともあり、井口武夫の指摘どおり、「大至急」指定を

するべきであった。一四分割された第九〇二号電のうち一四本目だけに「大至急」指定すること
に何らかの問題があったのだろうか。一四本目までを一括して暗号化したため、実際の発電のと
きに冒頭にKINQUを挿入できなかったなどの理由があるのかもしれない。しかしいずれせよ、
一四本目の欄外にvery importantと付与したのは、わざわざ遅らせる意図はなかったことを示
しているだろう。少なくとも米国の電信会社に対しては重要であることを示す措置がとられてい
た。故意に遅くしたかったのなら、very importantという表記も入れなかったであろう。
最後に第九〇三号（修正電報）、第九〇六号（修正電報または最終電報の番号通報）の内容につい
ては、マジック情報にも見あたらない。亀山課長は、覚書の一三本目までの中に一行ほどの脱落
があり、修正電報を日本時間の七日の早朝に打ったと証言している。実際に「覚書」の最初の打
電では、三ワード脱落していたことが確認できる。三輪は米国の公文書館で、この修正電報と思
われる第九〇三号電が外務本省から七日の午後二時二〇分（東部標準時間七日午前〇時二〇分）に
発出されたという記録を発見した。修正電報の発出は実際のところ亀山証言よりも少なくとも八
時間程度遅かったことを明らかにしている。さらに第九〇六号電報は午後三時三二分（東部標準
時間七日午前一時三二分）発であることも明らかになった。このため三輪は、故意に修正電報の発
出を遅らせることにより、大使館側で一七五文字にのぼる修正が間に合わず、午後一時に通告す
ることができなかったと結論づけている。
しかし、亀山は第九〇六号電について、「最終電報の番号通報」としており、修正電報であっ
たかは不明である。戦後の大使館員たちの証言でも、第九一一号電を含め長短二本の修正電報が
あったというものが多く、明確に三本と証言しているものはない。亀山の到着見込み時間では、

発出の四時間後、つまり第九〇三号電は東部標準時間の七日午前四時頃、第九〇六号電は七日午前五時三〇分頃に大使館に着くはずであった。亀山の証言どおり一行脱落であった場合はもちろん、たとえ一七五字の誤字脱字があったのだとしても、大使館には午前七時頃に到着しているので、作業が可能な時間は五時間以上あり、大使館側の態勢が十分であれば、七日午後一時の通告に間に合った可能性は高いだろう。

また、この問題に派生して起こる疑問は、三輪が発見した修正電報の記録が、なぜ東京裁判時に検察側から提出されなかったのかということである。この記録があれば、検察側は、亀山の証言した修正電報の打電時刻に異議を唱えられたはずである。検察側は、この記録を知らなかったのか、特に重要なものとは考えなかったのか、どちらかであるが、現時点では判断できる材料がない。

一方、当時の大使館員の証言に、修正電報により一頁ほど打ち直す必要があったという証言があるが、修正電報が遅れたうえ、大量の修正があったため間に合わなかったという証言は、奥村書記官を含め、見当たらない。つまり、修正内容が一行程度の脱落という亀山の言葉を疑う根拠は乏しいのである。実際に大量の誤字脱字があったのなら、当然奥村書記官や電信係員からその旨の証言が出てくるはずであるし、何より大使館が一五時間も黙って待機せず、再送要求をしただろう。これまでの実績に加え、技術的にもそれだけの誤字脱字は考えにくい。総合的に検討すると、修正電報が亀山証言より遅い時刻に発信されたという事実だけでは、軍部などの関与により故意に通告が遅らされた根拠としては薄弱である。

以上の三項目のうち、修正電報の内容については、将来発見される可能性があるが、一四本目に関する打電時刻の決定と「大至急」指定がなかった経緯についての解明は今後も困難であろう。いずれにしても、この三点は、全て外務本省に関する内容であり、大使館側の問題ではない。修正電報の内容によってはさらに外務本省側の対応上の問題が大きくなる可能性があるが、一方で、外務本省が故意に開戦通告を遅らせたという明確な根拠もみられないのである。

## 対米通告遅延問題とは何だったのか

開戦通告の遅延に軍部がかかわったとする謀略説の弱点は、「覚書」の一四本目が到着した時点で電信係員が待機していれば、七日午後一時の通告に間に合ったと考えられることである。最終通告が真珠湾攻撃開始の五五分後、実際に両大使が国務省に到着したのが、午後二時頃であったということは、単純に考えれば、実際より一時間早く、奥村書記官が午前八時からタイプを打ち始め、電信係員たちが午前九時から暗号解読にとりかかっていれば間に合ったということもできる。この点は大使館側に言い逃れができない。遅延の責任は、電信官の迅速な再呼集の失敗など、大使館にもあることも事実だ。ウィークエンド・シンドロームに陥っていたことも否定できない。勘の悪さを指摘することもできるだろう。

しかし、そもそもの問題は外務本省にあった。外務省電信課の不測の事態を考慮していなかった送信スケジュールと柔軟性に欠けた対応、アメリカ局の大使館に対する不十分で不明確な情報伝達、大使館の最繁忙時を考えず打たれた大至急の二本の慰労電などに、不運も重なり、遅延を招いたのである。東郷茂彦が大使館員に対し指摘しているミス・ジャッジ、レッドテープ・メンタリティ（官僚主義）は、むしろ本省側に当てはまる。

外務本省は、覚書送付直前に暗号機破壊を再度指示し、覚書一四本目の送付が一五時間遅延したにもかかわらず、何の連絡もせず放置したうえ、大使館側で緊急便と認識できない用語を用いた。さらに最繁忙時に大至急の慰労電を打ち、解読作業を遅らせてしまった。歴史上、これほど歓迎されず、高い代償を払った慰労電報も珍しい。二本も慰労電を打った理由には、「外交を犠牲」にした後ろめたさもあったのだろう。少なくとも「大至急」指定する必要はなかったし、暗号機を一台破壊した時点では、機械暗号の利用を避け、手作業で解読できる暗号を利用するべきであった。いずれにしても本省の対応は稚拙であった。

電報発信後は統帥部が干渉した形跡はなく、責任の多くは外務本省にあったといえるだろう。対米通告遅延の原因は、大使館員の無規律、怠慢という面も否定できないが、外務本省の稚拙な対応にあるというのが本書の結論である。

つまり、通告遅延の原因を大使館側だけに押し付けるのは誤りである。また、電報の優先位を落としたなどの軍部の策動を示す証拠も見当たらず、外務本省は責任を転嫁できない。井口武夫が指摘しているように、たしかに「覚書」の一四本目が一三本目に引き続き打電されていれば、通告遅延は起こらなかっただろう。この一四本目の遅延に統帥部の意向が働いていた可能性は高い。しかし、一四本目が遅れたとしても、外務本省と大使館の間で円滑なコミュニケーションがとれていれば遅延は起こらなかった。

外務省の硬直した組織体制、身分制の残る処遇、本省と大使館間の相互不信が重なった結果、通告が遅れたと判断できる。もう一つの大きな要因は、対米最終通告覚書の二四〇〇ワードにおよぶ長さにある。判断ミスや怠慢が重なったとしても、覚書が半分以下の長さであれば、恐らく通告遅延は起こらなかった。また、米国政府に渡す「覚書」を無線経由の暗号電報で送るということは、相手に平文とその暗号文を渡すということであり、暗号解読のための絶好の手がかり（クリブ）を与えてしまうことになる。日本の外交電報が既に解読されていたので、実害がなかったのも皮肉であるが、この意味でも長い文章の送付は避けるべきであった。

国際法を守りつつ奇襲攻撃を成功させるという微妙な案件を成功させるには、「覚書」を簡潔明瞭とする必要があったというのが、本書の視点、すなわち「通信」の視点からの指摘である。短波無線という安定しない伝送路を使って、暗号電報を送る危うさを外務本省は認識していなかったといえるだろう。

岩倉使節団が米国に向け横浜を出港したのは一八七一年一二月であったから、そのちょうど七〇年後に太平洋戦争の火ぶたが切られたことになる。岩倉使節団の電報ではじまり、「対米最終覚書」で幕を閉じた戦前の通信史は、世界各国との間にケーブルと無線による通信網を築き上げ、暗号技術も先進国並みの水準に達していたことを示している。しかし、その運用には数々の問題があり、さらには開戦当初拮抗していたようにみえる通信網、暗号技術も戦争が深まるにつれ、連合国に遅れをとることになるのである。

# 第五章　通信の「敗戦」と「復興」

## （一）途絶えたケーブルと残された無線設備

一九四一年一二月八日、真珠湾を攻撃した日本海軍機は、戦艦アリゾナ、オクラホマの撃沈をはじめとする戦果をあげた。しかし米国海軍の航空母艦は不在のため難を逃れ、石油貯蔵設備なども無傷のまま残されたことが、その後の米軍の諜報部門による日本の海軍暗号の解読とあいまって、予想より早い米軍の反攻に結びつくこととなる。

一九三九年に欧州ではじまった第二次世界大戦は、海底ケーブルと無線通信の併用から短波による無線通信が主役となりつつあった時代に勃発した。無線は、移動する部隊や船舶にはなくてはならない通信手段であるうえに、海底ケーブルのように敵国に切断されることもない。こうしたことが、無線の利用に一層の拍車をかけた。大戦中、無線は外交電報や軍事通信にとどまらず、各国の通信社電や海外ラジオ放送で用いられた。

本章では、大戦中の回線や暗号解読の状況や、国際回線が途絶するなか終戦工作時に無線がどのような役割を果たしたかに触れる。また敗戦による通信主権喪失から、その回復までの道のりをたどる。

## 解読され続けた外交電報

一九三九年九月のドイツ軍のポーランド侵攻以降、戦況の進展によりポーランド、ノルウェー、フランスと日本との回線は次々と途絶えた。

また当然のことながら、開戦となると敵国との国際回線は、切断または運用停止の状況となる。一九四一年一二月八日の開戦直後から米国、英国、フィリピン、蘭印などの直通無線回線と太平洋ケーブル（小笠原―グアム間）が途絶した。グレートノーザン電信会社のケーブルについては、長崎―上海線、長崎―ウラジオストック線、ともに日本軍が接収し、切断の上、再敷設して、長崎―香港、長崎―台湾、長崎―釜山間で利用した。[216] さらに短波においても、日本占領下の中国各地、仏印、蘭印、シンガポール、フィリピン、ビルマ、香港、との間に回線を設定し、各地に国際電気通信会社の拠点が設けられた。

ただこうした通信網の拡大を図る間も、日本の外交電報は引き続き連合国に解読されていた。第四章でみたように一九四一年五月、大島浩駐独大使は、日本の外交暗号が解読されている可能性をドイツから指摘され、東郷外相あてにその旨を打電していたが、その実、警告を発した大島浩大使自身が連合国の重要な情報源になっていたのである。

大島は、一九四一年から一九四五年の五年間で約一五〇〇通を外務本省に打電している。戦後、米国のジョージ・C・マーシャル陸軍参謀総長が明かしたところによると、第二次世界大戦における最も重要な情報源の一つは、大島がベルリンから日本政府に打った電報であった。[217] 大島は、リッベントロップ独外相と親密な関係にあり、ベルリンで得た情報を詳細に外務本省に報告していた。この報告を米英両国が傍受し、独ソ戦の状況、ドイツの弾薬生産能力、フランス海岸の防御態勢、ドイツ国内の動静など、貴重な情報を大島の電報から得ていたのである。

また、海軍の暗号も一九四二年に入ると徐々に米軍に解読されるようになっていた。ミッドウェイ海戦では、暗号解読が決め手となり、日本海軍の航空母艦四隻が撃沈された。この時、米海軍の暗号解読担当者が、日本海軍が用いる「AF」という符号の場所が、ミッドウェイを示していることを証明するため、ミッドウェイ島から、暗号処理をほどこさない平文の無線電報で「真水製造機が故障している」と偽情報を打電させたことが知られている。[218] これを傍受した日本軍が「AFで真水が不足している」と打電したことにより、米海軍上層部も納得したという。この時、ハワイからミッドウェイに平文で打電するように伝えたのは、一九〇六年に開通した太平洋ケーブルであった。米軍は傍受されない有線と傍受される無線を使い分けたのである。

暗号解読に関する英米両国の協力は、一九四一年にはじまっていた。その後一九四二年一〇月には、英国政府暗号学校（GC&CS）と米国海軍通信情報部（OP―20―G）の間で、通信傍受情報の共有を定めたホールデン協定が締結され、さらに一九四三年五月、GC&CSと米国陸軍通信情報部（SIS）との間で、英米両国の通信情報と暗号解読方法の共有を定めたBRUSA（ブルサ：British and USA）協定が締結された。[219] ちなみに米国は一九四三年にソ連の暗号解読にも着手していた。[220] これが冷戦時代、ソ連に内通していたローゼンバーグ夫妻の逮捕などの成果をあげた「ヴェノナ計画」の端緒となった。また第二次世界大戦後の一九四六年、GC&CSはGCHQ（政府通信本部）に改編された。

## 残された無線施設

連合国の攻勢により日本と海外を結ぶ無線回線は次々に途絶された。イタリアとの回線は一九四四年九月一八日、ドイツとの回線も一九四五年四月一四日に停止した。ソ連との回線はソ連の参戦日、一九四五年八月九日に停止した。終戦時、海外との回線は、電信回線はポルトガル、スイス、スウェーデン、アフガニスタン、タイ、ベトナムの六回線、電話回線はスイスとアフガニスタンの二回線のみであった。当時のアフガニスタンは貿易、通信、交通の多くが隣国のインド経由で行われていたため、国策として「通信の独立」を掲げ、大通信局建設を進めていた。日本に対しても直通回線の設定を提案し、一九四〇年に実現していたのである。バチカンとの直通回線は、一九四四年八月三一日に停止したが、その後もスイス経由で通信が行われた[221]。このように終戦前、ソ連への仲介工作やスウェーデン、スイス、バチカンで行われた終戦工作は、無線電報により日本との交信が可能であった。しかし当然のことながら、送受された日本の外交電報の多くは、連合国により傍受解読されていた。

一方、日本と海外を結ぶ海底ケーブルも福岡―釜山間のケーブル以外、断絶状態に陥っていた。日本と朝鮮半島、台湾、中国を結ぶ多くのケーブルは、障害により利用不能となっていたが、修理をしようにも、肝心のケーブル敷設船が次々と撃沈されていた。南洋丸は潜水艦攻撃により、東洋丸は機雷に触れ、次々に喪失、多大な犠牲を出していたのである[222]。中でも小笠原丸の悲劇を忘れるわけにはいかない。小笠原丸は、ポツダム宣言受諾後の八月二二日、樺太からの引揚者を乗せて稚内を経由し小樽に向けて航行中に国籍不明とされている潜水艦により撃沈された[223]。同日、撃沈された貨物船泰東丸、大損害を受けた特設砲艦第二新興丸とあわせ一七〇〇名以上の犠牲者を出した。世にいう「三船殉難事件」である。こうした状況の中、米軍は、終戦時および終戦後の利用を見据えての措置であったろう、日本国内の国際無線の施設を爆撃せず、温存していた。

## 短波無線による空中戦

戦時中、日本と連合国との通信回線は途絶えていたが、日米間の交信が完全に断たれていたわけではなかった。無線の全盛期、各国政府首脳はラジオを用い、自国民に直接戦意高揚を伝えたが、国際間でも無線を使った宣伝戦がおこなわれていた。各国はラジオ放送と新聞無線電報により、音声と文字の両方で相手国に対し戦争の大義を訴えていたのである。

日本からは、一九三六年に設立された国策通信社である同盟通信社（共同通信社、時事通信社の前身）の対外新聞放送と日本放送協会の海外ラジオ放送が発信されていた。一方、連合国側からはラジオ放送に加え、AP通信、UP通信、ロイター通信などの通信社電が送信された。もちろん日本では、外国の新聞放送、ラジオ放送の受信は禁止されていたので、これらの情報に接することができるのは、政府関係者や放送や通信の関係者のみであった。これらの情報活動を総括していたのが内閣直属の情報局第三部である。終戦時の部長は、開戦時に在米大使館で参事官を務めていた井口貞夫である。井口は開戦、終戦ともに無線にかかわっていたことになる。

こうした中、日米両国はお互いの放送により相手の真意を探りあった。相手国と国交がなくても送受信できる「海外放送」という手段を使ってコミュニケーションをとっていたのである。ラジオ放送による対話としては、北山節郎が『ピース・トーク』で紹介しているエリス・M・ザカライアス海軍大佐と同盟通信社井上勇海外局次長兼情報部長の間でのやりとりがある。一九四五年五月から八月までの、まさに終戦間際のことである。[224] ザカライアスが、放送の中で日本人に呼び掛けているのに気がついた井上たちが上司を説得して、回答したことから実現したものである。一連の対話の中で、降伏の条件として国体護持を求める日本側と、まず降伏すれば日本の全面的破壊は免れるとする米国側と、ラジオ放送を通して微妙な駆け引きが行われた。

この時期、日本政府はソ連に対して講和の斡旋を依頼しようと試みていたが、七月二六日に至り、米英中三カ国首脳名で全日本軍に無条件降伏などを求めるポツダム宣言が発出された。この時点で日本政府はポツダム宣言を「黙殺」したのである。

## 通信で見る「ポツダム宣言」

このように海外ラジオ放送を通じて日米の探り合いが展開されていたが、ラジオ放送や通信社電は外交電報より一足早く各国の意向を伝える役割も果たした。正式に電報が到着する前に、ラジオ放送や通信社電により互いの首脳は先方の提案内容を把握していたのである。

米国は八月六日に広島、九日に長崎に原子爆弾を投下、同九日にはソ連が参戦した。このような状況を受け日本政府は、一〇日午前二時過ぎ、御前会議で国体護持を条件にポツダム宣言受諾を決定。外務省はスイス政府経由で米国と中国に、スウェーデン政府経由で英国、ソ連に通告することとした。そして、午前七時一五分、駐スイス加瀬俊一公使（開戦時、アメリカ局第一課長を務めた加瀬俊一とは別人）と駐スウェーデン岡本季正公使あてに次の内容の第六四八電が打たれた。

「……天皇の国家統治の大権を変更するの要求を包含し居らさることの了解の下に帝国政府

は右宣言を受諾す」

そしてこれを受けて、同盟通信がポツダム宣言受諾の記事を海外に発信したのは、一〇日午後八時過ぎである。この同盟電は瞬く間に世界各地で報道された。ハリー・トルーマン大統領は、東部戦時時間一〇日午前七時三三分（日本時間午後八時三三分）にこの同盟電で日本の受諾を知り、午前九時からジェームズ・バーンズ国務長官らと協議に入った。駐米スイス代理公使から日本の受諾文書がバーンズ国務長官に渡されたのは、昼前であった。バーンズ国務長官は、翌一一日午前八時四〇分（日本時間一一日午後九時四〇分）、駐米スイス代理大使に対日回答を渡した。

日本政府が回答内容を知ったのもラジオと通信社電である。一二日午前〇時四五分頃、外務省ラジオ室がサンフランシスコ放送を聴取。ほぼ同時に、同盟通信が米国の通信社電を受信した。米国からの回答は次の内容であった。

「天皇及日本政府の国家統治の権限は……連合軍最高司令官の制限の下に置かるるものとす」、「日本国政府の最終的の政治形態は『ポツダム』宣言に遵ひ日本国国民の自由に表明する意思に依り決定せらるべきものとす」

しかし日本政府は、一二日中に受諾を決定することができなかった。なぜなら「制限の下に置かるる」の文言は属国化を意味し、「政治形態は……国民の自由に表明する意思に依り決定する」は、国体にもとると異論が出されたからである。

一二日午後六時四〇分に、加瀬公使が午前七時二四分（スイス時間一一日午後一一時二四分）に発した連合国の正式回答が着電した。加瀬公使はスイスの外務次官から一二日午前五時半（スイス時間一一日午後九時半）に回答文を受け取っていたが、この電報はスイスから日本まで一一時間以上かかっている。通常時の二倍以上時間がかかっていたとみていいだろう。東郷外相は正式回答未着を理由に議論を一三日に延期することとし、この加瀬からの電報を翌一三日午前七時四〇分に着いたものとして扱った。

また、スウェーデンの岡本公使は、一二日午後九時五〇分（スウェーデン時間午後一時五〇分）に「回答は、天皇の地位を連合国の指導の下に認めるという内容であり、米国の外交的勝利と報道されている」との旨を打電し、東京に一三日午前二時一〇分に着電したが、この岡本公使の電報が、受諾決定に大きな影響を与えたという。

一四日午前一〇時五〇分頃から御前会議が開かれ、ポツダム宣言受諾が確認された。午後の閣議で詔書案を作成し、午後一一時頃裁可された。午後一一時二〇分から玉音放送が録音され、翌一五日正午からの番組で、放送されたのである。そしてこの放送は、国際電気通信株式会社の各送信所から中国占領地、朝鮮、台湾、満州、南方諸地域の受信所を中継して、外地や占領地域にも同時に伝えられた[225]。

## （二）ＧＨＱ統制下の通信事業

## 連合国軍の進駐と検閲・傍受活動

連合国軍最高司令官ダグラス・マッカーサーが厚木飛行場に降り立った八月三〇日、さっそくRCA（ラジオ・コーポレーション・オブ・アメリカ社）、マッケイ無線電信会社により日米回線が再設定された。もちろん国際通信に関しても日本自らの活動は許されず、連合国軍最高司令官総司令部（GHQ）が出すメモランダム（覚書）に従うよう命じられた。[226] GHQは残された回線のうち、スイス、スウェーデンとの回線のみ存続利用を認め、他の回線を廃止した。その後、日英間の電信回線は一九四六年一月一日、日米間の電話回線は一月一一日に再開した。これら回線は、主に連合国関係者の母国の家族などとの連絡用に利用されており、マザーズデイ（母の日）やクリスマスの時期には、米軍の電話取扱所には長蛇の列ができたと伝えられている。グレートノーザン電信会社の長崎―ウラジオストックケーブルは、一九四八年一一月一五日に再開されたが、長崎―上海ケーブルの利用は、同社と中国との間で合意が得られなかった。

当時、国内伝送路と国際伝送路を結ぶ関門局には、連合国の監視官が常駐し、取り締まったうえ、商業通信は、検閲により事実上停止された。暗号の利用も監視官の許可が必要とされた。しかも一九四七年八月の時点で国際電話の二五％が傍受（盗聴）されていたという。[227] このように通信に関しても完全にGHQの統制下にあったのである。被占領国としては、当然なのかもしれないが、特に国際通信では、設備の設置、回線の設定、サービスの提供、料金の決定などのいわゆる通信主権全般に加え、通信の秘密すらないという状況であった。

通信の主管庁である逓信省は、戦時下の行政整理により一九四三年一一月一日、運輸省と統合され、運輸通信省の外局である通信院となり、さらに、四五年五月に内閣に移管され逓信院となっていた。それが戦後一九四六年七月に逓信省として復活した。国際回線を管理、運営していた国際電気通信株式会社は、一九四七年二月、GHQから持株会社に指定され、一九四八年一一月に解散させられた。同社の業務は逓信省に引き継がれることとなった。

## 苦難のITU再加入

サンフランシスコ講和会議までの主権回復の道が困難にみちたものであったように、通信の主権回復にも多大な労力とともに数々の屈辱があった。

国際電気通信連合(ITU)は、一八六五年設立の万国電信連合と一九〇八年設立の国際無線電信連合が一九三二年に合併してできた国際機関で、一九四七年に国際連合の専門機関となり、新たに編成されたものである。日本は一八七九年に万国通信連合に加入していたが、戦後再編成されたITUへの加入には数々の困難が伴った。[228]

短波放送用の周波数割り当てのために一九四八年一〇月に開催されたメキシコ短波放送会議には、連合国軍最高司令官(SCAP)のオブザーバーの位置づけで逓信省電波局長が出席したが、日本人の出席に対しソ連代表が反発。日本軍の行為を激しく非難して、千人にもおよぶ出席者の前で日本人の退席を求め、三週間後に多数決でようやく出席が可決される状況であった。

ITUは、日本からの加入書を一九四九年一月に受理し、同年五月、アジア地域での周波数の会議に日本を正式に招請した。しかし、今度はオーストラリアから日本の出席に異議が出されてしまった。日本政府は、同時期にパリで行われていた国際電気通信の規則を決定する電信電話主管庁会議に悪影響を与える可能性があることから、日本代表の会議参加を見送ることとした。

ただ、そのパリ電信電話主管庁会議ではさらなる屈辱を味わった。会議には、後にプロ野球コミッショナーを務める下田武三外務省条約課長と、玉音放送録音時に内閣の情報局第二課長を務め、後にKDD役員となった山岸重孝逓信省国際通信部長が出席していたが、ブルガリアから、講和条約未締結の日本の参加問題を取り上げるべきではないとの書簡が提出されてしまった。米国は、日本はITUのメンバーであり、出席できると主張して、英国、インド、エジプトなどもこれに従った。一方、ソ連はこの会議に出席していなかったものの、中国、オーストラリア、ニュージーランド、オランダなどが米国の主張に反対した。最終的には投票となり、賛成二三、反対二四、棄権一で、日本の出席は否決されてしまったのである。下田課長、山岸部長は単なる見学者の扱いで、Occupied Japanという席につかざるをえなかった。結局、同年一〇月一日、ITU管理理事会において、日本の加入は賛成一〇、反対五、棄権一の評決で認められた。日本は、ITUが加入書を受理した一月二四日付に遡って正式加入という取扱いとなったのである。

## 電電公社の誕生

一九四八（昭和二三）年七月、芦田均首相あてのマッカーサー書簡において、煙草、塩などの専売部門と鉄道に関して、現業の公共企業体（公社）への移行が勧告された。逓信省については、郵政省、電気通信省の分離が勧告された。翌一九四九年二月一六日に成立した第三次吉田茂内閣の逓信大臣には小沢佐重喜が就任した。そして、同年六月一日、国鉄、専売公社が発足し、逓信省は郵政省と電気通信省に分割された。小沢は郵政大臣と電気通信大臣を兼務した。ちなみに、新進党や民主党の代表を務めた小沢一郎はこの佐重喜の長男である。

一九五〇年三月、首相の諮問機関である電信電話復興審議会（会長：石川一郎経団連会長）は、電気通信事業に関して「最大限に民営的長所を採り入れた公共企業体を設立すること」と答申した。審議会では民営化を推す意見が強かったが、株式会社化に伴う資産評価が困難なことや当時の経済状況を配慮して、公社化を答申することになったのである。公社化は民営化の第一歩に過ぎないという位置づけであった。

四月二五日、審議会の答申を受け、自由党の橋本登美三郎ほか三〇名は、衆議院本会議に「電気通信事業の公共企業体経営移行に関する決議案」を提出し、賛成多数で可決された。橋本は、電気通信事業の公社化を積極的に推進していた。橋本は、その後長年に亘り、通信、放送関係施策にかかわりながら、佐藤栄作、田中角栄を支える存在となった。後に建設大臣、運輸大臣を務めるが、一九七六年、ロッキード事件で逮捕されることになる。

一九五一年九月二日、講和会議に出席する吉田茂首相をはじめとする日本の全権団は、サンフランシスコに到着した。七日の吉田首相の平和条約受諾演説では、演説が急遽英語から日本語に変更されたこともあり、原稿の浄書が間に合わず、二時間半の休憩をとって、その場をしのいだ。[229]太平洋戦争は、浄書の遅延ではじまり、終わったともいえるだろう。翌八日、平和条約に調印した。

ところで、このサンフランシスコ平和条約（日本国との平和条約）の中に、海底ケーブルに関する条項があることはあまり知られていない。すなわち、第四条（c）「日本国とこの条約に従つて日本国の支配から除かれる領域とを結ぶ日本所有の海底電線は、二等分され、日本国は、日本の終点施設及びこれに連なる電線の半分を保有し、分離される領域は、残りの電線及びその終点施設を保有する」である。この条項は、終戦まで日本が保有していた日本と朝鮮半島、台湾、中国を結ぶケーブルのうち、日本側に属する半分を所有し、残りの半分は放棄することを意味する。この先の海底ケーブル敷設の国際標準となる折半保有を先取りする内容でもあった。

日本は一九五二年四月二八日、主権を回復した。

## (三) そして国際舞台へ

### 寝耳に水の民営化計画

電気通信事業の公社化に向け、着々と準備が進められているなか、一九五二年三月一九日付の『読売新聞』が、電気通信事業の国際部門を切り離し、会社を設立する計画が進められていることを報じた。これは多くの関係者にとって寝耳に水の話であった。当時、電気通信省で国際電信電話株式会社法の作成にあたり後にＫＤＤ常務を務めた花岡薫などの関係者によると、この急展開は貿易界の要望をまとめた原安三郎の意見を聞き入れた吉田茂首相の決断だったという[230]。原は政府諮問委員会委員や日本化学工業協会会長などを務めた財界の重鎮であった。この時の郵政相は、電通相兼務で前年七月に就任した佐藤栄作である。

急浮上した国際電信電話事業の民営化の話だが、これは海外の通信事業者との交渉、設備拡充資金の確保などを国内通信設備の復旧が急務な公社に任せるのは心もとないので、国際部門については、自主的、機動的且つ最も能率的な経営形態である民営のもとに運営することが望ましいという判断である。交渉相手もRCAやグレートノーザン電信会社などの民間企業が多く、柔軟な対応が必要とされていた。この考えは、第二章でみた戦前期の経緯も踏まえていた。また、当時、国際通信は短波無線、国内通信は有線と伝送路が明確に分かれていたことから、技術面からみても容易に国際部門と国内部門の分離が可能であった。

一九五二年五月一九日、衆議院電気通信・郵政委員会連合審査会で日本電信電話公社法案、国際電信電話株式会社法案の提案説明が行われた[231]。電気通信事業の公社化については、先の衆議院決議など合意に十分な時間をかけていたが、会社法案は唐突だっただけに反発もあった。もとより経済界からは民営を望む声が多く、国際部門の民営化を歓迎したが、労働組合は激しく反発した。国営による雇用の安定を求める労働組合にとって譲歩できるのは公社化までであったのだ。

こうしたことを背景に、五月三一日の衆議院電気通信委員会において公社法案、公社法施行法案に関し、自由党、改進党、右派社会党、左派社会党より四派共同の修正案が提出された。公社の財務、会計に関する権限を大蔵大臣から郵政大臣に一本化することが主要な修正点であり、利益の国庫納入については、「あらかじめ予算をもって国会の議決を経た場合においては、積立金として整理すべき額の一部を国庫に納付させることができる」とし、原則として利益を積立金とすることを明確にしたのである。

自由党の橋本登美三郎委員は、公社法案、公社法施行法案に関し、修正案を含め賛成であり、会社法案に関しては不満を持ちながらも賛成であるとし、次の内容で意見表明した。

「準民営形態でありながら、運営上政府の監督が大幅に行われるのは矛盾している。非常事態において準民営では、対応できないのではないか。万一民営が適当でないと認められた場合にこれを公共企業体なり、政府に撤収する法的根拠を残していない。今後改正できる内容であるが、政府も十分認識しているようなので今後十分考慮されるよう要望した上で賛成する」（第一三回国会衆議院電気通信委員会議事録第三三号より要約）

橋本は、公社化推進の中心的役割を果たしており、突然提出された国際部門の民営化法案に納得していなかったが、党の方針に従い賛成せざるを得なかった。しかし後にみるように橋本の公社へのこだわりは、口先だけのものではなかったのである。

結局、衆参両院で会社法案は自由党のみの賛成で、公社法案は共産党以外の賛成で可決された。一九五二年八月一日、日本電信電話公社（電電公社）が発足した。そして、電気通信省は同日廃止され、電気通信監理は郵政省に引き継がれた。佐藤郵政相は、監督機構を簡素にするべきであるという意見を持っていたため、要員も一〇名程度でのスタートであった。官は後方支援に留まり、電気通信事業を電電公社と国際電信電話株式会社（ＫＤＤ）に大きく委ねる考えであったのである。

### ＫＤＤの発足

一九五三年四月一日、ＫＤＤは、資本金三三億円、社員三二二一人の民間会社として発足した。本社は丸の内三菱二一号館に設置され、初代社長は澁澤敬三である。澁澤敬三は、澁澤栄一の嫡孫であるとともに、太平洋戦争中は日銀総裁を務め、終戦直後には幣原喜重郎内閣で大蔵大臣に就任した人物である。後に澁澤が明らかにしたところによると、一九五二年の末、吉田茂を動かした原安三郎から社長就任の打診を受けたといい、またこれと前後して梶井剛電電公社総裁からも勧められている。[232] 澁澤は、度重なる勧誘に対し、たった一つ聞きたいことがあるとし、こう言った。「政府との関係はどうだろう、ちょいちょい議会に呼び出されるようなことなら、絶対お断りだ。本当の意味の会社になるなら考えてもいい」。これに対し原や梶井の真意がどうであったかは諮りかねるが、かれらは澁澤の疑問に応諾し、澁澤は社長となった。

とはいえ、国唯一の国際通信企業が国会や政府と無縁ですむはずがなかった。第二章でみたとおり、澁澤敬三の祖父澁澤栄一は、かつて日本―アメリカ間の海底ケーブル敷設を計画し、その後日本無線電信株式会社の設立委員長を務めた人物である。澁澤敬三が就任を受託したとき、脳裏には、祖父栄一の業績が浮かんでいたことは想像に難くない。民間への拘りも祖父譲りである。

ＫＤＤの専務取締役には福田耕が就任した。福田は戦前、戦時期の国策会社であった華中電気通信株式会社社長、衆議院議員などの経歴をもつが、二・二六事件の際には、岡田啓介首相の秘書官として、迫水久常首相秘書官とともに岡田首相を官邸から脱出させたことで知られる。他の役員は、大半が電通省出身であった。その他、社外役員、監査役には国際通信の利用者の多いマスコミや東京、大阪、名古屋の各商工会議所会頭が就任した。利用者のための会社を目指す布陣であった。

澁澤は、「外に向かっては、公共意識の発揮、内にあっては民間人的企業努力」と全社員に向け、創業の決意を語った。さらに「今日のように、広く、複雑な社会に生存するには、人と人との間の心と知識の交流が必要である」とし、当社は「心と知識の伝達を行う会社である」と説いた。澁澤は、個別の役員室を設けず、社長を含めた全役員が机を接する大部屋方式をとった。祖父が設立した第一銀行のやりかたを踏襲したものという。風通しが良く、判断も迅速にできる組織づくりに努めたのである。商社に不便をかけぬよう、良い技術を提供するのだと研究にも力を注いだ。一九五五年七月に竣工した本社ビル、ＫＤＤ大手町ビルは、現業第一に設計されていた。従業員の仮眠室、執務室、診療室などを優先し、役員室は北側に設けるなど、澁澤の考えが反映されたものとなった。初代社長、澁澤敬三は、社員との交流もあり、大変親しまれていたという。澁澤が育んだ社風は、多かれ少なかれ、後に引き継がれることになった。

## ＫＤＤの重要課題

ＫＤＤ発足時の海外との電話回線は一八回線（九対地：基本的には国であるが、香港、アラスカなど地域あての場合があるので、対地という用語を使う）、全てが短波回線、電信回線も長崎—ウラジオストックケーブルの一回線を除き、二八回線（全二九回線全二六対地）が短波回線であった。[233]

一九五三年度の国際電報、国際電話の取扱数は、表5—1のとおりである。国際電報の発着合計は、約三四四万通、国際電話は約一九万通。営業収益は約四五億円で、電報が八一・六%、電話が一三・四%と収益のほとんどを電報に頼っていた。通信相手は電報、電話とも米国が一位であり、当時国交がなかった中国は上位の対地に入っていない。また、国際電話の発着総数は約一九万通だが、圧倒的に発信が多く、一四万六五〇〇通であり、そのうち米国への発信が約一二万通と八割以上を占めていた。これは米軍関係者による母国への通話が中心であった。

設立時のＫＤＤの課題は、サービス品質の向上に加え、①本社、電報局、電信局、施設局を統

## 1953年度

### 国際電報発着信数

| | 発信 | 着信 | 発着合計 |
|---|---|---|---|
| 米国 | 577,325 | 460,800 | 1,038,125 |
| 香港 | 125,787 | 114,159 | 239,946 |
| 英国 | 111,073 | 106,453 | 217,526 |
| インドネシア | 100,957 | 108,671 | 209,628 |
| インド | 75,087 | 73,454 | 148,541 |
| フィリピン | 63,657 | 60,983 | 124,640 |
| マラヤ★ | 62,460 | 61,798 | 124,258 |
| タイ | 55,717 | 53,772 | 109,489 |
| 台湾 | 52,401 | 47,072 | 99,473 |
| 豪州 | 46,352 | 51,245 | 97,597 |
| 韓国 | 49,109 | 44,416 | 93,525 |
| パキスタン | 39,155 | 41,800 | 80,955 |
| **全対地合計** | **1,815,735** | **1,620,760** | **3,436,495** |

★マラヤ（現マレーシア）とシンガポールの合計

### 国際電話発着信数

| | 発信 | 着信 | 発着合計 |
|---|---|---|---|
| 米国 | 123,655 | 22,459 | 146,114 |
| 香港 | 7,953 | 5,817 | 13,770 |
| 韓国 | 5,586 | 5,048 | 10,634 |
| 台湾 | 4,091 | 3,852 | 7,943 |
| インドネシア | 1,209 | 1,817 | 3,026 |
| フィリピン | 1,119 | 1,323 | 2,442 |
| インド | 682 | 680 | 1,362 |
| （琉球） | 495 | 728 | 1,223 |
| ハワイ | 836 | 362 | 1,198 |
| カナダ | 655 | 300 | 955 |
| タイ | 313 | 234 | 547 |
| 英国 | 226 | 67 | 293 |
| **全体地合計** | **146,516** | **42,944** | **190,460** |

国際電信電話株式会社編『国際電信電話年報』をもとに作成

（表５－１）1953年度の国際通信量

合した局舎の建築、②直通回線、取扱対地の増設、③国際テレックスの開始であった。

このうち直通回線の増設は、中継する第三国に支払う料金や電報到着所要時間の削減のために重要であり、太平洋横断ケーブルが開通した一九六四年六月までに、KDDは電報一五、電話一七の直通短波回線を増設した。

新サービスである国際テレックスの取扱いは、一九五六年九月、米国のRCAとの間で始まった。国際テレックスとは、一九五〇年に欧米間で開始されたタイプライターと通信を組み合わせたサービスである。テレックス端末を用いてタイプした内容が、相手側のテレックス端末のプリンタで印字されるというものである。電報と異なり、利用者同士でやりとりできる双方向のサービスとして、高度成長期に商社などで業務に携わった方はご記憶のことだろう。その後、取扱数は急増して、一九六一年度には約五四万通にのぼり、国際通信の主要サービスに成長する。

と、このように順調に立ち上がったかにみえたKDDであったが、KDDの生みの親である吉田茂が退陣すると、KDDの在り方を巡り、再び国会で論戦が行われることとなった。

## (四) 通信の「五五年体制」

### 電電公社によるKDD株保有問題

一九五四年一二月、第三次吉田内閣は折からの造船疑獄を受けて総辞職した。新たに首相となったのは日本民主党の鳩山一郎である。翌一九五五年三月、第二次鳩山内閣が発足した。

ＫＤＤ設立の際、電電公社は、国際通信に関わる設備を現物出資した。出資分の株式は政府に引き渡し、大蔵省が株式を売却して、売却代金を電電公社に戻すこととなっていた。しかしこの株式が思うように売れず、一九五四年度末の時点でなお、全ＫＤＤ株の四二%にあたる二八〇万株、約一四億円を大蔵省が管理し、配当は国庫に収納されていた。一方、電電公社は、昭和二九（一九五四）年度決算で約一〇〇億円の赤字であった。

これに気づき問題視したのがＫＤＤの設立に渋々同意した自由党の橋本登美三郎である。自ら委員長を務めた「逓信委員会電気通信事業の調査に関する小委員会」による調査の結果、ＫＤＤの未処分株の配当二億二〇〇〇万円を大蔵省が受け取っていることが判明した。現物出資した電電公社ではなく、管理していた大蔵省が配当を受け取っていたのである。ある逓信委員の言葉によるところの「大蔵省のネコババ」である。

火種となったKDDの株券

一九五五年六月七日の小委員会で橋本小委員長は、電電公社はＫＤＤの株の株式総数の五分の二までを保有できるという内容の公社法改正案を提出した。提案理由として、次のような点をあげた。

「来年度においてもＫＤＤ株を全額消化することは不可能である。ＫＤＤは電電公社から分かれた組織であり、通信事業の一貫性、公共性から考えても、最も確実なる安定株主が必要と考える」。

橋本は逓信委員会で委員会立法として取り扱いたい旨を提案し、了承された。しかし、六月三〇日の衆議院逓信委員会に招致された参考人の意見陳述では、改正法案に対し、辛辣な意見が相次いだ。

「改正案は民営の方針に反するのではないか」という意見はもちろん、「公社がKDD株の五分の二を取得しては、上場資格を失ってしまう」との指摘もされた。また、貿易業界やマスコミ関係からは、「会社になってサービスが向上したのに、またサービスの悪い公社の影響下になってしまっては、元の木阿弥だ」などの意見が次々出された。澁澤社長も「会社設立の趣旨の根本は企業分離の理念であり、公社が当社の株を所有しないことが原則として確立していたと承知している。今回、改正法案が起草されると聞いて意外に思っている」と不信感を露わにした。

しかし、改正に向け着々と布石が打たれた。七月一一日の委員会では、日本民主党の浜地文平から、公社の保有する会社株式は発行済株式総数の五分の一を超えてはならないと修正案が出された。九人の参考人のうち五人が改正案に反対し、明確に賛成したのは一人だったにもかかわらず、修正案は全会一致で可決された。さらに橋本は、「KDDの利益金処分はみだりに増配を行って本来の事業目的の遂行を阻害することがないよう留意すること」という決議案を提出し、これも可決された。

党の支配が及ぶ衆議院では数の力で押し切ったが、参議院での審議は難航した。この時代の参議院は、まだ独立不羈の精神が強かったのである。七月一四日の参議院逓信委員会で、衆議院逓信委員長の松前重義が提案説明を行ったが、各委員はこの改正案を疑いの眼でみた。第二章で触れたように松前は無装荷ケーブルの発明者であり、東海大学の創設者である。当時右派社会党に所属していた松前の提案説明に対し、自由党の津島寿一委員や無所属の八木幸吉委員などから改正案について次のような意見、質問が出された。

①国際をKDD、国内を電電公社が行うという設立時の考えを是正する目的なのか。それであ

れば、国策の変更なので、議員立法ではなく、政府案として提出するべきである。②電電公社がKDD株を持つと両社の関係が円滑になるというのは本当なのか（両社は現在も良好な関係にあり、KDDは修正案を反対している）。③安定株主を設ける必要があるのか（現在でも十分安定しており、KDDも必要なしとしている）。④公社は資金調達に苦労しているのだから、KDD株を持つくらいなら、設備投資に回すべきである。⑤会社法を改正し、大蔵省が保有しているKDD株の配当を公社が受け取れるようにすれば問題は解決するのではないか。⑥衆議院附帯決議の、KDD株の速やかな売却と配当を高くしないというのは、両立せず矛盾している。

すなわち、問題点は大蔵省が配当金を得ていることであり、これを電電公社に収納できるようにすれば良いのであって、修正案により両社の関係が良くなるとも思えず、安定株主が必要とも思えない。むしろ電電公社はKDD株を持つより、設備投資に回すべきである、と津島らは訴えたのである。これらの質問に対し、松前も橋本も明確な答弁ができなかった。橋本が修正案により国内、国際の一本化を図る意図はないと繰り返したのに対し、松前は一本化の考えを否定しなかった。

参議院逓信委員会は七月一九日、一〇人の参考人を呼び意見を聞いた。参考人からは、「改善が顕著なKDDを官僚的でサービスが悪い電電公社が支配するような改正は不要だ」などの意見が出され、参考人一〇人のうち梶井電電公社総裁を除いた九名中八名が改正法案に反対であった。八木は七月三〇日の参議院逓信委員会で大蔵省の説明員に対し、配当金の公社支払いを要求した。この要求に対し大蔵省は、残余の株を速やかに売却するように努力し、配当については昭和三〇（一九五五）年下期からは立法により公社に支払可能であると回答した。しかし、それでも改正案は継続審議となった。改正法を巡る問題は、衆議院対参議院という様相を呈していた。

だがこの年、日本の政治は大きな転換点を迎える。五五年体制の発足である。両派社会党は一〇月一三日に再統一し、自由党と日本民主党も一一月一五日に合同して自由民主党が発足した。吉田茂、佐藤栄作、橋本登美三郎は自由民主党に加入しなかった。

このような政治状況の中、一二月一三日の第二三回国会参議院逓信委員会で、継続審議となっていた改正案に関し村上勇郵政相に対する質疑が行われた。大蔵省は参議院逓信委員会で、残余の株を速やかに売却すると答弁したにもかかわらず、一株も売却していなかったのである。八木ら委員は、村上郵政相と大蔵省に抗議した。一二月一六日の参議院逓信委員会では、一萬田尚登蔵相が、五分の一に相当する一三二万株を除き、一四八万株を売却し、売却代金は年度内に交付できるようにすると述べたが、法案は再度継続審議となった。

一九五六年二月三日、第二四回国会参議院逓信委員会が開催され、大蔵省は、一四八万四七四〇株（総額約八億九七九一万三〇五〇円、平均六百四円七六銭）が売れたので、速やかに電電公社に交付できるように準備を進めている旨を報告した。

さらに三月二七日の参議院逓信委員会では、自由民主党の津島寿一委員が次のとおり現状を整理した。①公社はＫＤＤの株を五分の一持てるということで、必ずしも株を保有しなければいけない法案ではない。②公社の資金調達が十分できておらず、予定通り計画が進んでいない。必要な資金は調達するべきである。③現在は、金融証券市場が好転し、ＫＤＤ株も売却できる環境にある。津島はこのように整理したうえで、「公社は本法実施とともに返還される会社株のうち、さしあたり半分程度を処分し、資金充当にあてるべきである」とした。

梶井電電公社総裁と村上郵政相は、その内容での処分を検討していると口を揃えた。津島は公社のKDD株保有を五分の一から一〇分の一に減らすという折衷案を提示したのである。そして参議院逓信委員会は、公社のKDD株保有を全体の一〇分の一とすることで妥協した。修正案はようやく賛成多数で可決したのである。

この結末の意味するところは、外堀も内堀も埋められそうになったKDDが巻き返し、内堀を埋められるのだけは防いだということだろう。だが、この内堀も安泰ではなかったのである。

## 「郵政共済組合」という奥の手

公社法改正のごたごたは、まだまだ終わっていなかった。

一九五六年五月二九日の参議院逓信委員会で電電公社は、政府から返還されたKDD株一三二万株のうち半分の六六万株の処分内容について報告した。その内容は五月一五日に公開入札し、そのうち六〇万株を郵政共済組合が六〇六円から六〇三円の間で落札したというものであった。この報告に対し、津島は「配当八分の五〇〇円株を六〇四円で買うのは投資としてふさわしいものなのか。利回りにしてもほかの株式は一割二分である。五百円株を六百円で買い、配当が八分では六分八厘にしかならない。なぜ不利な投資をしたのか。共済組合のトップは郵政大臣である。郵政大臣はこのような事実を知っていたのか」と質した。郵政共済組合とは郵政職員が組合員となり、組合員の相互援助により福利厚生を図る組織である。村上郵政相は「人事部長の権限で郵政共済組合がKDD株を買い入れたもので、道義的には感心しないが、既にこういう結果になっているので、適当な方法を講じるまで了承願いたい」と答えた。ここで村上郵政相の言っている

「道義的に感心しない」とは、委員会の席上、緑風会の柏木庫治委員たちが「電電公社や郵政相関係者がKDD株を買ってはいけない」と申し入れたのに対し、村上が「決してKDD株は持たない」と答えていたため、出さざるを得なかった言葉である。当然のことながら村上のこの発言は激しい反発を受けたが、村上は「知らなかったし、買ったこと自体に違法性はない」とかわした。

また、柏木は人事についても次のように追及した。「八木委員が、郵政省が会社役員人事に介入する危険性を案じていたがそのような事実はあるのか」。これに対し村上は、「本日の会社の株主総会で役員全員が再任されたと報告を受けた」と答えた上で、さらに「KDDの経営や人事に重圧を加えることは断じてない」と大見得をきった。

一方、三一日の衆議院逓信委員会で村上は、自由民主党の廣瀬正雄委員から称賛された。廣瀬は、「郵政共済組合がKDD株を購入したのは大英断である。これは、衆議院逓信委員会の大多数の意見ではないか」と述べ、さらに、「KDDの役員が留任したと聞いたが、大臣はこれを認可するのか」と質問した。村上郵政相は、「全て承認した」と回答。廣瀬委員は、「それは非常に不都合である」とし、「衆議院で満場一致決定した事柄（公社の株保有問題）に対して、反抗を続けた事実があり、役員を一掃するべきだ」と述べた。村上郵政相は、「一応許可したが、調査の結果、あるいは批評も知っているので、今後の重役陣に対し社長にどうあるべきかは、はっきり申入れをしている」と回答した。廣瀬委員は、「誠に含み多いご答弁をいただいたので、一応満足する」と発言し、質問を終えた。しかし、逓信委員会で人事が決められては、民間会社を設立した意味が問われるだろう。村上郵政相は、衆議院、参議院で答弁を使い分けていた。

## 解任されたＫＤＤ役員

一九五六年八月二三日付でＫＤＤの福田耕専務、日本銀行出身の森下新取締役、大蔵省出身の奥村重正監査役が解任された。しかし、電気通信省出身の役員は全員留任であった。さらに九月一五日に臨時株主総会が開かれ、澁澤社長は会長に、新社長に町田辰次郎（元国際電気社長）、取締役に大野勝三（元郵政次官）が就任した。澁澤は監査役を退任した奥村重正の自宅を訪れ、自らの手で退職金を渡すとともに、奥村夫人に「今度ご主人が退職されたのは、決してご主人の咎ではない。官庁との関係上やむなくこうなったのだから、どうかご主人を責めないでいただきたい。それが申し上げたくてやってきました」と語ったという[234]。

こうした動きの中、九月二八日、『毎日新聞』は、シリーズ「官僚にっぽん」の第一回で、〈ねらわれた「国際電信」〉という記事を掲載した。見出しは「怪立法で株を独占　人事をかきまわす　能率的な民営にヤキモチ」である。温厚な澁澤社長が役員解任について、怒りのあまり村上郵政相の机を叩いたと紹介している。さらに記事では、ＫＤＤ株の公社保有の仕掛人は電電公社副総裁であるとし、一連の動きを「自民党有力者や一部国会議員と組んだ逓信官僚の陰謀である」と総括している。

この記事には、「官僚ほど、ずるく、横着で根強いものはない」などの表現もあり、扇情的ではあるが、逓信委員会の詳細なやりとりからみても大枠は事実であろう。郵政官僚は自分たちの共済組合で株を保有し、天下りの役員ポストを確保したようなものである。

この人事問題について、一二月三日の参議院逓信委員会で、日本社会党の山田節男委員（後に広島市長）は、「村上郵政相は、五月の末にＫＤＤの役員の変更はないと答弁した。しかし八月に役員三名を解任し、かわりに二名入れている。一体どういう工作があったのか」と村上を追及した。村上は「全て会社の要望にそって行ったもので、後任の郵政関係者については一面識もない」と回答したが、山田は「大臣の答弁は全く事実に反しているとはっきり言える」と断言した。村上は「今回の措置は株主の総意ということを澁澤会長から聞いているので、郵政当局が非難を受けることはないと思っている」とかわした。

一九五六年一二月二〇日第三次鳩山内閣は総辞職した。村上は、衆参で答弁を使い分けるジレンマから解放された。

**通信の五五年体制**

かくして、政治家、官僚、労働組合による電気通信事業界の五五年体制ともいえる構造が定着した。以後、一九八五年の通信自由化まで、逓信委員会、郵政省、電電公社、ＫＤＤの力関係の大枠が定まったのである。その後電電公社は、郵政省に対抗する極めて国営に近い公社として、ＫＤＤは、郵政省に強く影響を受ける、極めて公社に近い会社として位置づけられることになる。ＫＤＤは、当初想定されていたような貿易会社や新聞社など利用者を中心とした株主の会社ではなく、電電公社や郵政共済組合が株主の会社となったのである。当初ＫＤＤは、ユーザーが出資する会社と目され、ユーザーの意向を十分反映する計画であった。それを換骨奪胎して利益を誘導したのは、衆議院逓信委員会と郵政官僚だったのである。

一九五六年一〇月一九日、鳩山首相は日ソ共同宣言を締結した。日ソの国交が回復し、一二月一八日、日本は晴れて国際連合に加入した。そして通信の分野でもこの年、電話三六回線の海底同軸ケーブル、大西洋ケーブルが開通した。時代は大きく変わろうとしていたのである。

# 第六章　高度成長を支えた二つの「新技術」

国際通信のサービス水準が国内通信並みになったのは、海底同軸ケーブルと衛星通信、いわゆる「広帯域通信」による伝送路が実用化された一九五〇年代後半以降である。広帯域通信により、現在日常的に使われている国際ダイヤル通話や国際テレビ中継がはじめて可能となったのである。また戦前、しばしばケーブルの陸揚げや無線局の運用を巡り外交問題が起きたことを省みて、海底同軸ケーブルの敷設は、各国の通信事業者が共同で行う方式が主流となった。衛星通信も米国を中心として各国が参加し、各国に利用が開かれた共同のシステムを用いて通信が行われた。一九六〇年代から一九八〇年代にかけては、海底ケーブルのルートなどで各国の駆け引きこそあったが、少なくとも建前上は各国の通信主権が尊重されていた時代であった。この時代は、ＩＴＵが憲章で掲げる「各国に対してその電気通信を規律する主権を十分に尊重する」という内容が実現していたといえるだろう。第一次世界大戦後、ウィルソン大統領が提唱した「国際ケーブルの共同保有」という理念が第二次世界大戦後になって実現していたのである。

この時期、日本の国際化を推進したのは、国際テレックスと国際オペレータ通話であった。ＫＤＤは広帯域通信のネットワークを完成。電電公社も設立以来抱えていた、電話の新規開設に申し込みをしてから数年かかるという「積滞」を解消するとともに、市外電話の接続についても、オペレータを通して数時間かかるという状況を全国自動電話化（ダイヤル直通化）により解消した。両社とも創設時の目的を達成しつつあり、通信関連技術も米国を追い抜く勢いで発展していた。しかし一方で、日本の経済成長は欧米諸国との間に貿易摩擦を生み出し、通信事業でも電電公社の資材調達問題や通信会社への外資参入の問題が勃発するようになった。一九八〇年代には、先進諸国で通信自由化が進み、各国企業の競争が激化、この動きがデジタル技術の実用化とあいまって、各国が協調していた国際通信秩序が動揺するのである。本章では、まず、東京オリンピックが開催された一九六四年に開通した最初の同軸ケーブル、第一太平洋横断ケーブルからはじめよう。

## （一）海底同軸ケーブルの誕生

国際間で高品質の電話の利用を可能としたのは、同軸ケーブルシステムであった。同軸ケーブルとは、AT&T（アメリカ電話電信会社）のベル研究所が開発したポリエチレン絶縁体と真空管増幅器を利用することにより実用化されたものである。一九五六年にこの新技術を用いて、電話回線三六本の容量の英米間を結ぶ第一大西洋ケーブルが敷設された。一電話回線で二二から二四の電信回線を設定できるので、三六本の回線を電信回線だけで利用すれば八〇〇回線以上の容量である。前述のようにKDD発足時の全電話回線は、九対地一八回線であったから、第一大西洋ケーブル一本でその二倍の回線容量をまかなうことができた。同軸ケーブルは、短波無線ではできなかった高品質、大容量の通信を可能としたのである。

この第一大西洋ケーブルは、一国（一企業）が単独で所有、運用する形態ではなく、各国、企業が共同で建設する方式が取られた。以後、この共同建設方式が標準となるのだが、共同建設に際しては、永久に破棄されない使用権（IRU：Indefeasible Right of User）という制度が採用された。これにより、ケーブルの陸揚地以外の各国の通信事業体も出資してケーブル計画に参加する道が開けたのである。[235]一九五七年には米国本土とハワイを結ぶ第一ハワイケーブルが開通。日本でも日米を結ぶ新ケーブル建設に期待が高まっていた。KDDは一九五七年に海底線調査班を設置し、調査研究とともにAT&Tに太平洋ケーブル敷設の打診を開始した。

## 太平洋横断ケーブルの計画

一九五九年九月一〇日の参議院逓信委員会において植竹春彦郵政相は、「太平洋横断ケーブル計画は、もっぱらKDDが行っており、郵政省は監督、援助している」とケーブル計画の進捗状況に触れた。

岸信介首相が米国と新安保条約に調印した一九六〇年一月、太平洋横断ケーブル敷設に向けてKDDとAT&Tとの間で次の四項目が合意された。①ケーブルルート選定のための海洋調査に日本が参加すること、②投資額は割当回線数の比例によること、③ケーブルの一部を日本で製造すること、④AT&Tは大型の敷設船を建造し、KDDも小型の敷設船を建造することが望ましいこと。

残る問題として料金分収があった。第二章でみたように、無線回線の場合は、原則として発信国と着信国で収納した料金を折半するルールであったが、ケーブルの場合は料金をケーブル所有の比率により分収するのが従来のルールであった。たとえば、戦前の太平洋ケーブルは、日本からサンフランシスコの電報料金は一語一・三八円だったが、このうち日本の取り分は、小笠原―日本の部分の〇・一四円に過ぎず、一・二四円を外国通信会社に支払う必要があった（一九二九年時点）。したがって日本発信の国際電報の利用が対外支払費の増加に繋がり、円安になれば料金を上げざるを得なかった。KDDは、このような事態の再来を避けるため、日米間の料金を折半としたい考えで交渉に臨んだ。当初AT&Tは、ハワイ―米国本土間は州際施設であり、KDDがこれを賃貸するか、もしくはAT&Tの取り分を控除し、残りを折半すると主張した。これに対し、KDDは、日本―ハワイ間のケーブルに追加投資することにより、全体として折半となる額を負担し、料金も折半分収としたいと提案し、この提案をAT&Tが了承した。戦前の苦い経験から、ほかの条件を譲ってでも折半分収に持ち込んだのである。これは、将来東南アジアの国々を誘うためにも、折半投資、折半分収は譲れないとしたKDDの考えをAT&Tが認めた結果であった。国際間の通信を促進するためにも、両社の判断は通信会社として相応しいものであったといえるだろう。陸揚局は互いに自国管理とし、ケーブル部分を折半とする相互の通信主権を尊重する方式である。

この年、電電公社からKDDに海底ケーブル技術者が移籍するなどの措置がとられた。さらにケーブル製造のため、古河電気工業、住友電気工業、藤倉電線（現フジクラ）の三社の出資で大洋海底電線株式会社（OCC：後に日本海底電線と合併し日本大洋海底電線となり、一九九九年、オーシーシーに改称）が設立された。

## 社運をかけた一大事業

一九六二（昭和三七）年二月、KDD、AT&T、ハワイ電話会社（HTC）の間で、太平洋横断ケーブルの建設保守協定が締結された。ルートを日本―グアム―ウェーク―ミッドウェイ―ハワイとし、回線容量は電話回線一二八回線とすることが決定された。これは戦前の太平洋ケーブルルートをほぼ踏襲している。いずれも太平洋戦争で激戦が繰り広げられた場所を結んでいるだけに感慨深いものがあるが、当時の技術では、ハワイと日本の間に最低一カ所の中継地点が必要であった。[236] 共同部分の建設費総額は約二四三億円で、KDDは三七%にあたる九〇億円を負担した。また神奈川県の二宮海底線中継所建築費、東京―二宮間の連絡用設備建築費など国内部分で一二〇億円がかかった。KDDの創設から一九六一年度までの設備投資総額が約九〇億円であったことを考えると、この投資は当時のKDDにとって社運をかけた大事業であった。

一九六二年五月、濱口雄彦が新たにKDD社長に就任した。濱口は、戦前首相を務めた濱口雄幸の長男であり、東京銀行頭取などを歴任している。同時に郵政省出身の大野勝三、八藤東禧が副社長、常務に就任した。郵政省支配体制の強化という面が窺えるが、大野や八藤が、広帯域時代のKDDの基礎を築いたことも確かである。濱口社長は一九六四年五月に会長となり、大野、八藤が社長、副社長となった。名実とも郵政共済組合が大株主の会社に相応しい体制となったのである。

この間にも、太平洋横断ケーブル（トランスパシフィックケーブル：TPC―1）の敷設工事が進められ、一九六四年五月一五日に完了した。二宮―グアム間は、日本で製造したケーブルであった。六月一九日に開通式が行われ、池田勇人首相とリンドン・ジョンソン大統領との間でメッセージが交換された。

## 新技術の威力

ＴＰＣ―１の開通は、日本の通信史上においても画期的なできごとであった。一九六三年三月末の時点でＫＤＤの対外回線は、電報四六回線、電話四七回線に過ぎなかったが、ＴＰＣ―１の回線容量は、電話回線一二八回線である。電話回線一本で電信回線が二二～二四本取れるので、同時に電話一〇〇回線、電報六〇〇回線以上が利用できるようになった。ケーブル一本で、当時ＫＤＤが有していた総回線数を上回っていた。

ロングラインズ号からの
TPC-1の陸揚げ（神奈川・二宮）

一方、この頃、英連邦諸国も協力してケーブルを敷設していた。一九六一年一二月、英国とカナダを結ぶ英連邦大西洋ケーブル（ＣＡＮＴＡＴ）が開通。さらに一九六三年一二月にはバンクーバー―ハワイ―スバ（フィジー）―オークランド（ニュージーランド）―シドニーを結ぶ英連邦太平洋ケーブル（ＣＯＭＰＡＣ）、一九六七年三月にはシンガポール―ジェッセルトン（現コタキナバル：ボルネオ島）―香港―マダン（ニューギニア）―ケアンズ（オーストラリア）を結ぶ英連邦東南アジアケーブル（ＳＥＡＣＯＭ）が開通した。戦前、英国はオール・レッド・ルートを構築したが、戦後の英国系のケーブルは、米国と協調し、ハワイ、グアムに陸揚げされている点が異なっている。この結果、グアムとハワイがケーブル網のハブとなった。そして、ＴＰＣ―１と英連邦のケーブルにより、グアムやハワイを経由して日本と英国、フィリピン、オーストラリア、ニュージーランドなどとの間も海底ケーブルで結ばれることとなった。

短波無線による電話は、大気の状況などが通話品質に影響するため、発信局のオペレータが相手局のオペレータを呼び出し、まずは回線状況を確認したうえで接続するという方法がとられていたが、同軸ケーブルの利用により、発信局のオペレータが直接相手側の番号をダイヤルして接続する半自動による接続が可能となった。そして、ＴＰＣ―１の開通を機に半自動方式の通話の取扱いが米国あてに開始されると、通話品質の向上とともに接続所要時間が大幅に短縮された。それまで平均五〇分ほどかかっていた申し込みから接続までが五分ほどで可能となったのである。さらに同年七月にはカナダ、英国あても半自動で扱われるようになった。電話の取扱量はＴＰＣ―１の開通により大幅に増加した[237]。開通前の一九六三年度の日本発の国際電話は約一四万通、そのうち米国あては約五万通であったのに対し、開通後の一九六五年度は総発信数が約二九万通と二倍以上、米国あては一五万通を超え、三倍以上の伸びをみせた。

## （二）通信、宇宙へ飛ぶ

今では定時番組でも毎回のように放送されている外国からのテレビ中継だが、日本初の外国からのテレビ中継は、一九六三年一一月二三日（日本時間）の朝、米国から送られてきたジョン・Ｆ・ケネディ米国大統領暗殺のニュースであった。当初の予定では、ケネディ大統領の録画メッセージが送られることになっていた。

冷戦下にあって、米ソ間では、衛星開発でも熾烈な競争を行っていた。衛星開発は、両国の大陸間弾道弾の技術水準を示す一方、世界の相互理解を促進するコミュニケーションツールとしても期待されていた。ケネディ大統領は、衛星通信に早くから注目し、自ら世界を結ぶ衛星通信ネットワーク建設を推進していた。衛星技術の平和利用を象徴する最初の日米間のテレビ中継が、皮肉なことに、その推進者ケネディ大統領暗殺のニュースであったわけである。

## スプートニク・ショック

衛星通信の実用化は、海底同軸ケーブルより若干遅れ、一九六〇年代に入ってからであった。人工衛星を使っての通信に関しては、後にＳＦ小説『二〇〇一年宇宙の旅』などを著して知られる英国の作家アーサー・Ｃ・クラークが、静止衛星を使った通信の構想を『ワイヤレスワールド』誌一九四五年一〇月号に発表している。第二次大戦中、英国空軍でレーダー技師を務めたクラークは、ロケットにも関心を抱いていた。クラークが提案したのは、静止衛星を使った通信であった。赤道上空三万六〇〇〇キロメートルの衛星の周期は地球の自転周期と同期するため、地球からは静止して見える。このため、この静止衛星を太平洋、大西洋、インド洋上に配置し、各国からの電波を中継することにより、世界中を結ぶ通信が行えると考えたのである。マイクロ波は直進するため、地球上の長距離間の通信には、中継所をいくつも設ける必要があるが、赤道上空に衛星を配置すれば、一つの中継で長距離通信が可能となる。この他にも各国で同様の研究が進められた。

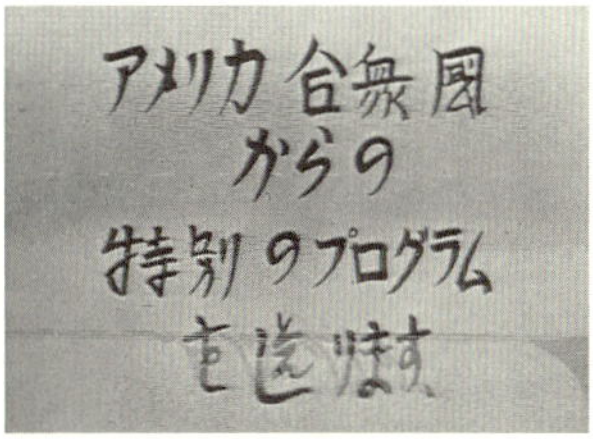

ケネディ暗殺を伝える“最初”の1コマ

KDD茨城宇宙通信実験所

しかしながら、最初に人工衛星の打ち上げに成功したのは、ソ連であった。ソ連は一九五七年一〇月、人工衛星スプートニクの打ち上げに成功したのである。米国は、米国本土が核攻撃されるという危機感や衛星開発で先を越されたことから、受けたショックは大きく、研究体制、教育カリキュラムなどを改革し、一九五八年には米国航空宇宙局（NASA）を設立した。また、同年国防総省には高等研究計画局（ARPA：Advanced Research Projects Agency）が設置された。ARPAの活動は、後にインターネットに成長するARPANETに結びつくことになる。

NASAは一九六〇年、受動型通信衛星エコーI号を打ち上げ、通信実験を行った。低周回軌道で、衛星の金属面で電波を反射させる方式のものであった。反射させるだけなので受動型、名称もエコーである。受動型には、地上から衛星に電波を届けるのに大出力が必要という制約があった。この受動型に対し、地上からの電波を衛星で増幅させ、地上に送出する方式が能動型通信衛星である。AT&T、ベル研究所、NASA、英仏の郵政省などの協力により、一九六二年、能動型のテルスター衛星が打ち上げられた。

一九六一年七月、ケネディ大統領は、「できるだけ早く、各国に開かれた単一の商業衛星通信による世界通信網を構築する」と声明を発した。KDDも同年、KDD研究所に宇宙通信課を新設し、本格的な調査、研究を開始した。一九六二年にリレーI号が打ち上げられ、翌一九六三年一一月二三日には日米間で初のテレビ伝送実験が行われた。この時のテレビ伝送で米国から送られてきたのが前述のケネディ大統領暗殺のニュースである。[238]この映像を受信したのは、三日前の一一月二〇日に開所したばかりのKDD茨城宇宙通信実験所（茨城県高萩市）であった。[239]そして翌年、一九六四年一〇月の東京オリンピックでは郵政省電波研究所鹿島支所からシンコムⅢ号経由で、世界各国にテレビ伝送が行われた。「宇宙」という言葉がひときわ輝いていたこの時代、様々なメッセージが宇宙空間を飛び交うようになった。[240]

## 米国が主導したインテルサット

一九六四年八月、米国の呼びかけに応じた一一カ国により世界商業通信衛星組織（インテルサット）が暫定制度として発足した。インテルサットは米国主導ではあるが、世界各国に参加、利用を開放していた。各国は自国に地球局を設置することにより、同じ衛星を利用する全ての国の地球局と対等の状況で通信を行えることから、多くの国が参加することとなったのである。

そして一九六七年一月、太平洋上にインテルサットⅡ号衛星が打ち上げられ、KDDとAT&Tとの間で電話六回線、RCAとの間で写真電報、音声放送共用一回線が開通した。インテルサットI号、Ⅱ号衛星は、テレビ一チャンネルまたは電話二四〇回線の利用が可能であった。さらに、一九六九年五月には、インド洋上のインテルサット衛星用に山口衛星通信所（山口県山口市）が開設され、同年八月には日英間の通信も開始された。

インテルサットは一九七三年に国際電気通信衛星機構として恒久制度となった。KDDは政府が認めた事業者（署名当事者）として全体の四・五％出資し、米国、英国に次ぎ、世界第三位の出資者となった。一方、米国主導のインテルサットに対抗してソ連は、一九七一年にインタースプートニクを創設した。創設時の参加国は、ソ連をはじめ、ドイツ民主共和国（東ドイツ）、ポーランド、チェコスロバキアなど全九カ国である。しかし、西側主要国を網羅し、利用を全世界に開いていたインテルサットと比べれば劣勢は免れず、文字通り衛星国中心の組織に留まった。

衛星通信は国境の制約を受けず、地球局さえ設置すれば世界中と交信可能となる。さらに直接、受信機に送信する衛星放送では、設備さえあれば、個人でも他国の番組もみることができる。一九八〇年代末の東欧諸国の民主化は、西欧諸国の衛星放送が影響を与えた。

## （三）続々と敷設された海底ケーブル

### 日本海ケーブルの開通

第一太平洋横断ケーブルに続く二番目の海底同軸ケーブルは日本海ケーブルである。明治初頭以降、日本の国際通信にかかわってきたデンマークのグレートノーザン電信会社との共同事業で敷設された。

一九六四年四月、KDDはグレートノーザン電信会社と交渉を開始し、ケーブルおよびソ連内の陸上線賃貸料を折半負担として新ケーブル敷設計画を進めることで合意した。ケーブルルートは、直江津（現上越市）—ナホトカとし、回線容量は電話回線一二〇回線、総工費約二一億円であった。ケーブルは日本で製造し、敷設にはグレートノーザン電信会社の敷設船とKDD初のケーブル敷設船KDD丸を使用することとなった。一九六七年六月に竣工したKDD丸は、総トン数四五〇〇トン、建造費一六億円、三菱重工業株式会社下関造船所で建造された。KDD丸は、その後長年に渡り、各国の通信関係者の間で「マル」と呼ばれて親しまれた。通信事業者にとって敷設船の所有は一つのステータスであり、ケーブル敷設交渉でも有利であった。

日本海ケーブル（JASC）は、一九六九年七月に開通した。このケーブルによりインテルサットに加入していないソ連、東欧

KDD丸

諸国との間も広帯域通信で結ばれることになり、さらに大西洋衛星経由で南米への回線の設定が可能となった。衛星通信は、赤道上空三万六〇〇〇キロメートルにある静止衛星を利用するため、約〇・二四秒の伝送遅延が生じるという弱点がある。さらに地球の裏側と通信を行うとなれば、二つの衛星を経由する必要があり、約〇・五秒の伝送遅延が生じてしまうため会話が困難となる。そのため衛星を二つ使う、いわゆるダブルホップは原則として通信には利用されない。南米との通信のため日本海ケーブルを経由して欧州から大西洋上の衛星を利用したのである。日本海ケーブルの開通により、かつて開通直後の一八七二年に岩倉使節団の電報を運び、以後数多くの電報を送受してきた長崎—ウラジオストックケーブルは、一九六九年八月、その百年弱の歴史を閉じた。

## 第二太平洋横断ケーブルの開通

大阪で万国博覧会が開かれた一九七〇（昭和四五）年、KDD、AT&T、オーストラリア海外電気通信委員会（OTC（A））は、太平洋域での新ケーブル敷設について検討を開始した。TPC—1などの既存ケーブルは、既に満杯になり、取扱量の増加は衛星通信に頼らざるを得ない状況になっていた。当時の日米間通信の衛星回線とケーブル回線の利用比率は三対一であった。障害時の措置などの補完性も含め、双方の回線数が一対一で均衡を保つのが望ましいという考えがあり、ケーブルの増設が求められたのである。

一九七一年八月にシドニーで開催された太平洋ケーブル会議において新ケーブルの概要が決定された。新ケーブルは、ハワイ—グアム—シドニーを結ぶ三角形のケーブル網を基幹とし、日本の陸揚げ候補地は一九七二年五月に日本に復帰することが決定していた沖縄であった。沖縄の電気通信事業を行っていた琉球電信電話（RTT）は、日本復帰と同時に国内部門が電電公社に、国際部門がKDDに移管された。

新ケーブル敷設にむけ、日本とオーストラリアでは、その後の国内手続きも順調に進んだが、米国では認可が遅れた。インテルサットの運営の中心であった米国の衛星通信会社コムサットから、衛星とケーブルの利用比率を一対一にする方針に異議が出されたのである。米国連邦通信委員会（FCC）は、コムサットの要望を受け、ケーブル計画に干渉する状況となっていた。これらの解決に手間取り、米国における認可取得は一九七三年六月となった。

一九七四年七月、KDD、AT&T、OTC（A）にRCAなども加わり七事業者による第二太平洋横断ケーブル（TPC―2）建設保守協定が調印された。カリフォルニア―ハワイ―グアム―沖縄を結ぶ、回線容量八四五電話回線のケーブルである。総工費約六六〇億円で、KDDは二四・七％の一六〇億円を負担した。沖縄を陸揚げ地にしたのは、東南アジアとのケーブル接続を考慮したためとしている。一九七六年一月、まず日豪間で利用が開始された。

この時期、米国は海底ケーブル敷設に積極的でなかったようにみえる。米軍は傍受されやすい衛星通信より、ケーブル網の拡張が望ましいと考えていたはずである。米国の商業用ケーブルの建設が一時停滞した背景の一つに、その間、軍事専用ケーブルの敷設が着々と進んでいたことがあげられるだろう。米軍は、ベトナム戦争のさなかの一九六七年にフィリピン―ベトナム―タイを、一九七一年に沖縄―台湾を結ぶ軍事用ケーブルを敷設していた。[241] 軍用通信を商業通信網のケーブルに頼る必要性が低下していたものと思われる。

## もう一つの日中交渉

ところで一九七〇年代といえば、中国との関係でも大きな動きがあった。一九七一年七月、米国のリチャード・ニクソン大統領は、突如翌年五月までに中国を訪問すると発表した。いわゆるニクソン・ショックである。これを受け、一九七二年七月に首相に就任した田中角栄が、同年九月に早くも中国を訪問、日中共同声明に調印して、日中間の国交が正常化した。正常化前の日中間の国際通信回線は、短波回線のみであった。KDDは菅野義丸社長自ら、田中首相に先立って八月下旬に訪中し、中国側に日中間海底ケーブルの敷設を提案、日中国交回復後に両国で打ち合わせを行うことで合意していた。中国側は周恩来首相がケーブル計画に多大な関心を持っていた。[242]

中国側の陸揚地は、早々に上海市と決まったが、日本側はなかなか決まらなかった。当初、KDDは陸揚地として沖縄を検討していた。沖縄にはTPC―2の陸揚げが予定され、さらに香港、東南アジアからのケーブルの陸揚げも見込まれていたため、中国と各国との通信を中継するためには最適地であった。しかし、中国側は沖縄に米軍基地があることから難色を示した。結局、日本側陸揚地は熊本県天草郡苓北町に決まった。一九七四年五月に建設保守協定が調印された。回線容量は電話回線四八〇回線、中国側の陸揚地は上海市南匯《ナンホイ》となった。日中ケーブルは、一九七六年一〇月に開通した。

また一九七七年八月には、沖縄―ルソン（フィリピン）―香港を結ぶ（OLUHO）ケーブルが開通した。このケーブルは、フィリピンでASEANケーブルと、沖縄でTPC―2と接続され、日本と東南アジア諸国、香港が結ばれた。さらに、沖縄と台湾を結ぶ沖縄・台湾（OKITAI）ケーブルが一九七九年四月に、また島根県浜田市と釜山を結ぶ日韓ケーブルが一九八〇年一一月に開通した。

## （四）新技術時代の国際通信と軋轢の火種

### 急増した国際テレックスと国際電話

海底ケーブルや衛星通信の広帯域通信時代を迎え、国際通信の取扱量はどのように増加したのだろうか。TPC―1開通前の一九六三年度と一九七三年度の国際サービスの取扱状況は、表6

―1に示したとおりである。国際電報の発着総数は、約四八〇万通から約六〇〇万通と二五％増加したが、電報の取扱総数は、この一九七三年度をピークに次年度から減少に向かった。一方、国際テレックスは、約八二万通から約一〇四三万通と一一倍以上増加し、一九七三年度はじめて一〇〇〇万通を超した。国際テレックスが国際電報から国際通信の主役の座を奪ったのである。そしてさらに伸びを見せたのが国際電話である、国際電話は約二六万通から約六三〇万通と二〇倍以上増加した。

対地別にみると韓国、中国、台湾の取扱量の上昇が目立つ。国際電話は、一九七三年度に韓国が米国を抜き一位となった。国際電報、国際テレックスの利用はほとんど企業のものであるが、この年度、国際電話の利用については一一・八％が個人利用であった。

利用者が直接相手側の番号をダイヤルすることにより接続される国際ダイヤル通話は、一九七三年三月三〇日、米国本土、ハワイ、西ドイツ、スイスの四対地を対象に、東京、大阪の電子交換局（DEX局）収容の電話からの取扱いが開始された。利用者の発信電話番号を識別する必要から電子交換局に収容された電話端末以外からは国際ダイヤル通話を利用することができなかったのである。当初は電子交換局が少なかったこともあり、利用は少数に留まり、この時代の主役は引き続きオペレータを介して繋がれる国際オペレータ通話であった。その取扱数は急増した。

このような状況のもと、KDDのオペレータ採用も増加し、一九六八年四月には前年度三〇名だった採用が一気に一〇八名となった。以後一九八〇年代はじめまで大量採用時代が続いた。雇用機会均等法が施行されるはるか前のこの時期、外国語に堪能な女性が数多く入社した。また、韓国あての取扱いが半自動方式となったことから、オペレータに対する韓国語訓練が一九七〇年

## 1973年度

### 国際電報発着信数

| | 発信 | 着信 | 発着合計 |
|---|---|---|---|
| 米国 | 454,220 | 408,690 | 862,910 |
| 韓国 | 295,127 | 189,496 | 484,623 |
| 中国 | 265,891 | 189,818 | 455,709 |
| 台湾 | 196,506 | 145,613 | 342,119 |
| 香港 | 157,295 | 110,771 | 268,066 |
| インド | 101,562 | 118,424 | 219,986 |
| 英国 | 91,802 | 115,395 | 207,197 |
| フィリピン | 99,087 | 92,375 | 191,462 |
| 豪州 | 94,509 | 86,691 | 181,200 |
| シンガポール | 88,432 | 86,661 | 175,093 |
| 全対地合計 | **3,239,857** | **2,698,254** | **5,938,111** |

### 国際テレックス発着信数

| | 発信 | 着信 | 発着合計 |
|---|---|---|---|
| 米国 | 1,500,681 | 1,370,087 | 2,870,768 |
| 英国 | 477,003 | 491,938 | 968,941 |
| ドイツ | 390,886 | 374,616 | 765,502 |
| 香港 | 305,620 | 285,666 | 591,286 |
| 豪州 | 250,217 | 274,006 | 524,223 |
| 韓国 | 193,101 | 218,559 | 411,660 |
| 台湾 | 202,031 | 154,448 | 356,479 |
| フランス | 174,830 | 174,508 | 349,338 |
| スイス | 132,155 | 159,455 | 291,610 |
| カナダ | 124,137 | 133,575 | 257,712 |
| 全対地合計 | **5,352,398** | **5,076,843** | **10,429,241** |

### 国際電話発着信数

| | 発信 | 着信 | 発着合計 |
|---|---|---|---|
| 韓国 | 980,613 | 840,639 | 1,821,252 |
| 米国 | 664,323 | 668,870 | 1,333,193 |
| 台湾 | 495,487 | 392,224 | 887,711 |
| 香港 | 268,657 | 253,347 | 522,004 |
| ドイツ | 52,591 | 166,081 | 218,672 |
| ハワイ | 67,419 | 108,543 | 175,962 |
| 英国 | 76,157 | 86,033 | 162,190 |
| シンガポール | 57,655 | 64,753 | 122,408 |
| フィリピン | 55,782 | 56,144 | 111,926 |
| 豪州 | 44,803 | 48,399 | 93,202 |
| 全対地合計 | **3,145,658** | **3,138,077** | **6,283,735** |

## 1963年度

### 国際電報発着信数

| | 発信 | 着信 | 発着合計 |
|---|---|---|---|
| 米国 | 508,153 | 483,907 | 992,060 |
| 香港 | 171,619 | 148,404 | 320,023 |
| 英国 | 126,192 | 124,894 | 251,086 |
| フィリピン | 122,852 | 126,238 | 249,090 |
| 韓国 | 121,404 | 107,383 | 228,787 |
| インド | 115,626 | 110,125 | 225,751 |
| 豪州 | 74,900 | 77,104 | 152,004 |
| 中国 | 76,239 | 52,948 | 129,187 |
| 台湾 | 70,516 | 58,155 | 128,671 |
| タイ | 64,310 | 57,381 | 121,691 |
| 全対地合計 | **2,502,926** | **2,302,860** | **4,805,786** |

### 国際テレックス発着信数

| | 発信 | 着信 | 発着合計 |
|---|---|---|---|
| 米国 | 129,148 | 125,007 | 254,155 |
| 英国 | 37,824 | 33,583 | 71,407 |
| 西ドイツ | 34,712 | 30,852 | 65,564 |
| 豪州 | 37,052 | 27,691 | 64,743 |
| 香港 | 27,809 | 23,151 | 50,960 |
| フィリピン | 19,928 | 15,620 | 35,548 |
| シンガポール | 13,481 | 9,992 | 23,473 |
| フランス | 7,127 | 7,914 | 15,041 |
| スイス | 7,487 | 7,113 | 14,600 |
| ブラジル | 6,636 | 6,765 | 13,401 |
| 全対地合計 | **431,503** | **384,542** | **816,045** |

### 国際電話発着信数

| | 発信 | 着信 | 発着合計 |
|---|---|---|---|
| 米国 | 50,312 | 41,203 | 91,515 |
| 韓国 | 24,010 | 23,437 | 47,447 |
| 香港 | 17,225 | 16,668 | 33,893 |
| 台湾 | 11,349 | 10,738 | 22,087 |
| (琉球) | 10,182 | 7,218 | 17,400 |
| フィリピン | 4,329 | 3,632 | 7,961 |
| タイ | 2,107 | 2,230 | 4,337 |
| 英国 | 1,760 | 1,202 | 2,962 |
| インドネシア | 1,082 | 1,783 | 2,865 |
| マラヤ★ | 1,269 | 1,073 | 2,342 |
| 全対地合計 | **138,530** | **123,292** | **261,822** |

国際電信電話株式会社編『国際電信電話年報』各年度版をもとに作成　★マラヤとシンガポールの合計

（表６－１）1963年度、1973年度の国際通信量

に開始された。以後、中国語の訓練とともに、オペレータの使う外国語は、英語、韓国語、中国語が中心となる。言葉が通じない場合は、相手国のオペレータに言語援助を依頼した。日本着信の場合は、逆にKDDオペレータが言語援助をした。

国際通信事業が急激に発展する中で、KDDは一九七四年七月、本社部門、電信電話交換部門、交換設備部門を収容した三二階建のKDDビルを西新宿に建設した。一九七七年二月にはXE―I型電話交換システムを導入。従来、国際電話の受付では、オペレータが紙交換証に電話番号や相手側対話者の氏名などを書き込み、接続後も回線状況をモニターする必要があったが、ディスプレーとキーボードを有した新型交換台により、電話交換証は電子化、料金計算や料金通知も自動化されたので、作業効率は大幅に向上した。システム導入を機に国際ダイヤル通話の料金単位も一分から六秒に改定された。

こうした進展の中、一九八四年度には国際電話の取扱いが国際テレックスを上回った。国際テレックスは一九八五年度に五二〇〇万通を超し、ピークを迎えたが以後急速に減少する。一九八二年度には、国際ダイヤル通話が国際電話全体の四五・一%に達していた。アジア地区における電話網の整備、ファクス端末の普及が、国際テレックスの減少の要因である。当時のKDDの推定では国際ダイヤル通話の四割程度がファクス送信に使われていた。東京オリンピックから一九八〇年代初頭まで、国際通信の主役は国際テレックスと国際オペレータ通話だったのである。

ところで国際テレックスの座を奪い、世界的に普及したファクス規格であるG3ファクスだが、これはKDDが電電公社と協力して開発したものである[243]。アルファベットを使う言語であればテレックスやデータ通信で送付すればいいので、ファクスは非アルファベット圏以外では普及しないという意見を尻目に、KDDが力を注いだ技術である。データ圧縮技術を用い、約一分でA4サイズの文書の送付が可能となった。一九七九年に国際標準として採択され、特許使用料を無償としたこともあり急速に普及した。日本のメーカーのファクシミリ機が世界的に普及した一因にもなっている。

## KDDと電電公社の成果

日本と各国を結ぶ国際電話回線は一九八〇年三月末の時点で、一九四九回線となっていた。その内訳は衛星一〇〇一、ケーブル六九四、対流圏散乱波二五一、短波三である。一九七三年に開始された国際ダイヤル通話は、国際電話全発信のうち、二八・四%を占めていた。主要対地はほぼ広帯域回線で結ばれ、国内なみの品質が確保されつつあった。

一方、本章の冒頭で触れたように、電電公社はこの時期、新規電話加入者の積滞を解消、全国自動化も完了し、公社設立時の目標を達成した。一九七〇年代の半ばには、一九五三年以降続いていた電電公社、KDDの二社体制を見直す時期に達していたものと思われる。

電電公社を民営化した場合、民営化でスタートしたKDDとの関係をどうするか。国際ダイヤル通話、国際テレックスは、いずれも国内通信網と国際通信網をオペレータの介在なしに接続できるサービスである。国内、国際の区分けは自動化時代に妥当なのかなど、問題は次々と顕在化しつつあった。一九七〇年代末に起った電電公社の不正経理問題やKDDの乱脈経理や過剰な政官界工作が明らかになったKDD事件などの不祥事は、図らずも通信の五五年体制が制度として限界に達しつつあったことを示していた。

そして時代は高度成長期からバブル景気へ向かう過渡期、一九六八年にGNPで西ドイツを抜いて世界二位となった日本は、更なる成長を続ける中で様々な軋轢を生みだしていた。通信分野もまた例外ではなく、通信事業の独占と協調の時代は終わりを迎えつつあった。

## 日米通信摩擦の萌芽

一九七〇年代になると米国の対日貿易赤字が増大するようになり、日米貿易が紛争化しはじめた。米国は貿易赤字解消のため、日本からの輸入削減を図り、日本政府に対しては、自動車輸出の自主規制を求めつつ、輸出増大のため、政府資材調達の開放を求めた。一九七八年、米国は、電電公社が国家的独占通信事業者であることから、政府資材調達に電電公社を含めるよう要求した。電電公社は、それまで、ごく限られた「電電ファミリー」と称された企業（日本電気、富士通、日立製作所、沖電気）などから資材を調達していた。日本政府は、世界のほとんどの国で、通信事業者の資材調達が閉鎖的な随意契約となっていることから、この米国の要求を拒否したが[244]、交渉は長期化した。その後も電電公社は、市場開放は技術漏洩や電電ファミリー企業とその下請企業の経営に多大な影響をあたえる可能性があるとの理由で、強硬な姿勢をとりつづけた。そのため、米国議会でも電電公社問題に対する関心が高まり、日本市場の閉鎖性の象徴とされてしまった。もちろん日本側でも不当な内政干渉であるとの声が出始めていたが、最終的には一九八〇年一二月に契約額一五億ドル以上のものは競争入札とし、米国企業の参入を認めるということで決着した[245]。だが、その後、円高ドル安が進んだにもかかわらず、米国の対日貿易赤字は増え続けたため、米国では、日本の経済構造が特殊なのではないかとの声が高まり、日本に対しさらなる市場開放要求を強めていくようになったのである。

## （五）協調から競争へ

これまでみてきたように一九八〇年代初頭、広帯域の通信網は最盛期を迎えていた。国際通信秩序も保たれ、安定した状況であった。しかし、一九八〇年代後半になると、安定していた国際通信秩序が米国、英国など先進諸国の自由化政策と大容量伝送路構築を可能とした光ケーブルなどのデジタル通信技術の登場により、激しく動揺することになる。先進諸国は、通信事業を民営化し、複数の通信会社が競争する体制をとるようになった。このため、各国の通信会社は、新たな市場を求め、外国市場参入を目指した。国境を越え各国の通信会社による競争がはじまったのである。協調の時代から競争の時代に入った。

通信の自由化とデジタル通信技術の発達は決して無関係ではない。それまで各国で電気通信事業が独占事業体で営まれていたのは、公共性が高いことや固定費用が膨大になるため、自然独占性が強く、また技術的に統一されていたほうが効率的とされていたからであった。しかし、デジタル通信技術の発達により、伝送路単価も低下し、ネットワーク相互の接続も容易になったことから、この前提が見直され、各国で競争施策が導入されたのである。この二つの新たな潮流が現在に至るグローバル化の要因となっている。

## 米英で進む通信の自由化

一九八〇年代は、米国のロナルド・レーガン大統領、英国のマーガレット・サッチャー首相、日本の中曽根康弘首相らに代表されるように、各国とも小さな政府、規制緩和、市場原理主義を唱える政権が主流となっていた時代であった。

もちろん通信の世界もこれに連動し、各国で通信の自由化の動きが進展していた。一九八四年、アメリカ電話電信会社（AT&T）が、長距離・国際通信専門の新AT&Tと地域サービスを提供する七つの地域電話会社に分割された。地域通信市場を失った新AT&Tは、新興のMCI、ワールドコムなどの通信会社とともに新たな市場を求め海外進出に力を入れた。英国のブリティッシュ・テレコム（BT）も同年、民営化された。そしてC&Wを株主とするマーキュリーが新規参入し、BTとの間で国際と国内を通じての競争が開始された。旧植民地、自治領などを中心に国際通信事業を展開していたC&WがBTと対抗する会社マーキュリーの株主となっていた。日本でいえば、NTTに国際通信を開放し、KDDに国内通信業務進出を認め、二社を競わせるような体制である。これは航空業における日本航空と全日本空輸の関係に近い。日本の通信自由化施策も同様な方法もあり得たと思われるが、なぜかNTTの民営化だけが論じられ続けたのである。

## NTTの誕生

一九八〇（昭和五五）年七月に鈴木善幸内閣が発足した。鈴木首相は、第二次臨時行政調査会（第二臨調）を設置し、会長に土光敏夫経団連会長を起用、土光会長の推薦により一九八一年一月、石川島播磨重工の元社長、真藤恒が電電公社総裁の座についた。第二臨調で電気通信事業を担当した第四部会は、一九八二年五月、電電公社を五年以内に地域会社と基幹回線の運営会社に分割し、民営化を目指すという趣旨の報告を提出した。そして一九八二年七月、第二臨調の第三次答申が提出され、日本電信電話公社の分割・民営化と電気通信の自由化に関する議論が開始されたのである。そして一九八二年一一月、中曽根康弘内閣が発足した。

一九八五年四月一日、従来の公衆電気通信法が廃止され、電気通信事業法、日本電信電話株式会社法、関係法律の整備等に関する整備法の、いわゆる電気通信改革三法が施行された。第一次通信自由化である。電電公社は民営化され、日本電信電話株式会社（ＮＴＴ）が発足した。そして、電電公社とＫＤＤが独占していた電気通信事業に新規事業者の参入が認められた。しかしＮＴＴの分割については見送られ、五年以内に経営形態の見直しが行われることになった。競争条件の整備は後回しにされ、民営化が先行したのである。

新規参入通信事業者の許可にあたっては、事業法の需給調整条項により、見込まれる需要に対して事業者が多いと判断された場合には新規参入を認めないとする需給調整が行われた。いわゆる参入規制策である。この参入規制は、郵政省の裁量で、国際、長距離、地域、移動体（携帯電話）、衛星と細分化して行われた。さらに料金規制などもあり、競争促進というより、安定的供給を図る面が強かったとの指摘もある。[246]

国内電話の場合、市内電話への参入は設備面で費用がかかるうえ、実際のコストと比べ市内は安めの料金、市外（長距離）は割高な料金に設定されていたため、採算性の高い長距離部門から新規参入がはじまった。一九八四年に第二電電株式会社（ＤＤＩ：主要株主は京セラ）、日本テレコム株式会社（ＪＴ：主要株主は国鉄〔後にＪＲ〕）、日本高速通信株式会社（ＴＷＪ：主要株主はトヨタ自動車）が設立され、一九八七年に東京―名古屋―大阪間で電話サービスを開始した。

新規長距離通信事業者を利用するためには予め契約をする必要があるうえ、ＮＴＴの市外局番の前に、〇〇七一などの四桁の番号を回す必要があった。さらに、ＮＴＴとの接続点次第では、かえってＮＴＴより料金が高くなる場合があった。このイコールフッティング（同等の条件）とは程遠い状況を解決するため、新規事業者は、安い回線を自動的に選択する機能（ＬＣＲ）を備えた電話機やアダプターの普及に努めた。このような条件で、ＮＴＴに挑んだ新規事業者の苦労は大きかった。

当時、日本の経済界は、国際通信、携帯電話、衛星通信の順に有望とみていた[247]。このうち、国際通信と携帯電話の新規参入については、それぞれ英国、米国との間で外交問題化してしまったのだが、果たしてどのような問題があったのか。順にみていくことにしよう。

## 第二ＫＤＤ問題の勃発

一九八五年六月、経済団体連合会（経団連：現日本経済団体連合会）は、国際通信事業への新規参入の促進を政府に要望した。一九八五年度の売上高でみると、ＮＴＴの五兆一〇〇〇億円に対し、ＫＤＤは二一六〇億円に過ぎず、国際通信市場は、国内通信市場の二五分の一に満たない水準であった。このため、郵政省は国際市場の新規参入は一社とする考えであった。

しかし、経団連は一〇年後の一九九五年度の国際通信市場の規模を、五三一五億円から一兆二八六四億円とし、二社参入可能とみていた。実際の一九九五年の市場規模は三四四八億円であったから、経団連のあげた数値はほとんど妄想であったのだが、この時は二社が国際通信市場の参入に名乗りをあげた。三菱商事、三井物産、住友商事などが出資する日本国際通信株式会社（ITJ）と、伊藤忠商事、トヨタ自動車、C&W、米国地域電話会社の子会社を中心とする国際デジタル通信株式会社（IDC）である。当時の電気通信事業法で、新規参入会社の株の三分の一まで外資が認められていたため、IDCは、外資枠の上限まで外国企業の出資を予定していた。また、ITJは、設立にあたりKDDに技術支援を要請し、既設のケーブルや衛星の利用を中心に計画を進めていたのに対し、IDCは、C&Wと協力し、日米間を結ぶ独自の光ケーブル、北太平洋ケーブル（NPC）敷設を計画するなど積極的な姿勢をみせていた。

郵政省はITJとIDCの一本化を指導したが、両社のビジネスプランが大きく異なることから一本化は難航した[248]。しかもここにきて、NTTも国際進出の姿勢をみせはじめていた。NTTは、子会社であるNTTインターナショナルを通し、IDCへの出資を検討していたのである。しかし、郵政省は、NTTの出資を認めなかったうえ、国内新規参入業者にも国際通信事業の兼務および新規国際通信会社への出資を認めない旨、内々に伝えたという[249]。NTTは出資こそ断念したが、NTTインターナショナルが、IDCの事業計画策定を支援した。

第五章でみたとおり、この時点でも電電公社はKDD株の一割を保有していた。また、電気通信事業法には、国際、長距離、地域を区分する規定はなく、区分ごとの需給調整は、当初から曖昧な面を孕んでいた。郵政省は郵政共済組合がKDD株を所有していたにもかかわらず、新規事業者の出資には口を挟み、区分ごとの行政裁量の矛盾点を糊塗するため半ば強引に行政指導を行ったのである。

## 米英からの抗議

一九八六年一一月、英国のポール・チャノン貿易産業相が来日し、唐沢俊二郎郵政相に、第二KDDに関する郵政省の考え方を質した。もちろん質問の趣旨は英国のC&Wが関わっているIDCの市場参入を後押しするためであった。これに対し唐沢郵政相は、「市場規模から二社参入は困難であり、先進国の国際通信事業に外国の国際通信事業者が参加している例はなく、国際通信事業については各国の通信事業と協調しなければならないという性格を有することから慎重に対応する必要がある」と回答した。郵政省はさらに、国際通信事業はどのような事態が起こっても国益を保護できるようにしておくべきであり、ITU(国際電気通信連合)も各国に強い措置をとることを許容している。他の先進国をみても、国際通信事業の中核に外国の国際通信会社が参加している例はない、などと基本原則を示した。当時、郵政省は国際通信の「自主独立」を掲げていたのである。[250]しかし電気通信事業法で外資を認めている以上、唐沢郵政相の回答では逆に相手を反発させるだけであった。そもそも「先進国」であるから自由化したのである。外務省は郵政省の対応をみて、外交問題になるのを危惧し、オフレコで外資を受けいれるべきとの見解を伝えたが、この内容が海外で報道されてしまった。[251]

日本の通信市場開放が思うように進まないことから、一九八七年三月、サッチャー首相は中曽根首相あての親書で「日本の市場開放策が本物であるかのテストケースとなる」とし、一本化政策に抗議した。そして、三月三〇日付の英国の『タイムズ』紙に報復策として、①日本並みの非関税障壁の設定、②日本航空の乗り入れをヒースローからガトウィックに変更する、③日本の金融機関のシティでの活動を禁止するなどの政府案が掲載された。さらに、米国の国務省、通商代表部、商務省からも抗議が寄せられた。

論理が一貫していない日本政府、郵政省の対応が外交問題を引き起こしたのである。電気通信事業法で三分の一までの出資を認めていたのだから、抗議に反論することはそもそも無理であったろう。当時米国は二〇％、英国は一五％の外資の上限を設けていた。通信主権の重要性を認識していたのなら、なぜ外資規制を米国並みの二〇％以下としなかったのか不可解である。縦割り行政の弊害が顕在化した一例ともいえるだろう。

### 英国のグローバル・デジタル・ハイウェイ

郵政省は、なぜIDCの市場参入をこれほどまでに拒んだのだろうか。それは、IDCが計画していた北太平洋ケーブルが、その株主であるC＆Wが計画を進めるグローバル・デジタル・ハイウェイ構想の要となるケーブルだったからである。C＆Wは、各国の通信事業者が協力して敷設する海底ケーブル網に対抗し、自らの手で中国―香港―日本―米国―英国を光ファイバーで結ぶという壮大な計画を推進していた。まさに戦前の英国が誇ったオール・レッド・ルートを思わせる内容である。日本にとっては、日本列島が外国のケーブルで取り巻かれるという戦前の悪夢の再来である。IDCが計画していた北太平洋ケーブルは、まさに日本―米国間を結ぶ幹線と位置付けられていた。郵政省が外資排除に努めようとした背景には、このような事情もあったのである。

また、経済界は国際通信事業について、国際通信の利用者という側面を持つと同時に、国際通信事業の将来性に期待し、事業者としての参加を求めていた。過大な市場見込のもと、通信料金の値下げと事業収益の二兎を追っていたのである。当初は、二社参入可能としていた経団連であったが、ITJ、IDCの両方に出資する企業も多く、さらに、郵政省からの要望もあり、結局のところ一本化調整に乗り出すこととなった。ただ、やはり、調整作業は難航した。経団連は一本化調整にあたり、外国法人の出資率を一社あたり三%未満とすることや北太平洋ケーブルの敷設延期を条件としてあげた。これに対しC&Wは、「ジョークとしか思えない」と応じた。

英米両国の強硬な抗議を受け、一九八七年四月唐沢郵政相は、北太平洋ケーブルの陸揚げを認める決断を下した。中曽根首相の訪米、さらにはベネチア・サミットを直前に控え、譲歩が必要だったのである。一本化によりC&Wの影響力を減じ、ケーブル敷設を断念させる方針から、北太平洋ケーブルの陸揚げを認めたうえで一本化する方針に変更したのである。しかし、最終的に一本化交渉は決裂し、ITJとIDCは、それぞれ国際通信事業の認可を申請した。NTTが支援していたIDCの参入に大きな影響を与えたサッチャー首相は、その後一九九一年、NTTの招きで来日、大歓迎を受けた。

第五章でみたとおり、そもそもKDDの設立は、商社などの利用者が株主となる利用者本位の会社を目指したものであった。したがって、商社連合によるITJの設立は、KDD当初の理念回帰に見える点が皮肉である。歴史的にみればITJは民間会社として屋上屋を重ねたことになる。NTTや郵政共済組合が保有していたKDD株をITJ出資企業にゆずり、KDD法による規制を緩和し、国内参入を可能とするという選択肢もありえただろう。第一次通信自由化は、様々な面で検討不足であった。その結果、自国企業の日本市場参入を目指した英米両国政府による日本政府への圧力が、日本の通信市場再編に影響を与えることになったのである。

## 携帯電話の登場と米国からの圧力

　英国が国際通信市場で攻勢をかけたのに対し、米国が攻勢をかけたのは、今では私たちが一日も手放せなくなっている携帯電話市場であった。携帯電話が登場したのは、ちょうどこの時期、一九八〇年代末である。

　電電公社は一九七九年に自動車電話の取扱いを開始し、一九八七年に本格的に携帯電話の取扱いをはじめた。取扱い開始時の自動車電話端末の重さが七キログラムであったのに対し、携帯電話機（ＴＺ―８０２Ｂ）は九〇〇グラムと一〇年間の間に大幅に軽量化されていた。電電公社が開発したＴＺ―８０２Ｂは、来るべきモトローラ社端末の日本参入を意識して投入されたものであった。[252]しかし、工事負担料などで七万二八〇〇円、保証金一〇万円、月額基本料が二万三〇〇〇円、通話料が六・五秒で一〇円と大変高額であったこともあり、この頃は携帯電話が急速に普及すると考える人は少なかった。現に経済界も携帯電話より国際通信の方が有望だと考えており、数字を見ても、一九九〇年三月末の時点で契約数は五〇万にみたなかった。今や日本の人口以上の契約数を誇る携帯電話も、そのスタートは大変地味なものであったのである。

　しかし米国は携帯電話サービスの開始前から、新技術である携帯電話の日本への売り込みを目論んでいた。一九八五年から一九八六年にかけて行われたＭＯＳＳ協議（市場分野別個別協議）の電気通信分野で、米国は日本の通信自由化後の通信設備市場の開放を求めた。この中で自動車電話（携帯電話）もとりあげられ、合意事項には、「新規参入者に機会を拡大することとなるような自動車電話の技術基準の設定及び周波数の分配」を実施するという内容が盛り込まれた。

日本の携帯電話市場への新規参入には、NTT方式を採用する日本移動通信（IDO、主要株主は日本高速通信とトヨタ自動車）と、米国モトローラ社の方式を採用するDDIセルラー（主要株主は、京セラと第二電電）が名乗りを上げた。郵政省は、周波数割当の関係もあり、NTTを含めて二社が望ましいと考えていた。結局、郵政省は、一本化を諦め、一九八七年二月、モトローラ方式を採用するDDIセルラーに期待を寄せた。もちろん米国政府は、モトローラ方式を採用するDDIセルラーをDDIセルラーと地域を分けて参入を認めることとした。この決定に対し、東日本をIDO、西日本をDDIセルラーと地域を分けて参入を認めることとした。この決定に対し、米国政府はモトローラ方式が首都圏で使えないのはおかしいと抗議し、差別的扱いは非関税障壁であると非難した。[253]米国政府は郵政省による需給調整の過程が不透明であることが不満であった。同年四月、郵政省は、IDOの営業地域を首都圏、中部圏に限定し、北海道、東北地方をDDIセルラーに新たに割り当て、モトローラ方式を利用するDDIの営業地域を拡大することにより決着を図った。だが、一九八九年に至り、一旦解決したかにみえていたモトローラ問題が再燃する。米国政府は、首都圏でモトローラ方式の携帯電話が利用できないのは、MOSS協議の合意に違反があると一方的に主張し、IDOに対しモトローラ方式の導入を、郵政省に対し周波数の割り当てを求めたのである。[254]交渉のため、この年の六月まで官房副長官を務めていた小沢一郎が特使として米国に派遣された。結局、日本政府が米国からの制裁を避けるため譲歩した結果、IDOはNTT方式に加え、モトローラ方式を導入するという二重投資を強いられることになった。

この問題を当時外務省北米第二課長として日米交渉にあたった藪中三十二（後に外務次官）は、次のように総括している。[255]

「日本の主張の方が正しいと言えたが、おそらく一般にはアメリカの主張の方がわかりやすく、もっともな主張と映ったかもしれなかった。『NTTは日本全土で事業が行なえるのに対し、モトローラ方式は首都圏で事業が認められない、これはアンフェアだ』というのはアメリカ国内では通りのよい議論であった」

「制度はできるだけシンプルで、一般にわかりやすいものにしておくことが肝要だと考えさせられる問題でもあった」

第一次通信の自由化に関して、当時の郵政官僚は後に、「（NTTをどう活性化するかが課題で）国際通信と無線通信について、ほとんど検討ができなかった」、あるいは、「通信施策の真剣な議論の結果ではなく、臨調基本答申により棚ボタ的に行われたため、関係者の議論が不十分で、後になって多くの問題が噴出した」と素直に語っている。[256] この結果、電電公社にいいとこどりされ、自由化による国際競争にも敗れたと振り返り、「国際的視野が最初になくてはならない」と反省している。さらに「電電公社の独占体制が、日本のエレクトロニクス産業を米国並みの水準に持っていたのは間違いない。莫大な金を使って電電ファミリーのメーカーに試作させたり、発注していたりしていた。ITC（情報通信）産業が疲弊しているのは電電の金が無くなったからだろう」としている。この件は、次章でまた検討を加えよう。

## （六）米国主導の通信網と米国国家安全保障庁

### 理想の通信網と諜報活動の両立

ここで一九七〇年代末から八〇年代にかけての太平洋域におけるケーブル敷設状況を確認しておこう。やはり中心となっているのは、ハワイとグアムを結んでいる太平洋横断ケーブル、TPC―1とTPC―2である。米国はインテルサットも主導しており、英連邦諸国との協力のもと海と空のネットワークを支配下に置いていたといっていいだろう。

帝国主義全盛期にみられた、経済力と技術力で圧倒し、相手国側の陸揚げ局や無線局まで自国で管理する弱肉強食ともいえる国際通信網は、第二次世界大戦後、戦前に米国が提唱した理念のもと、各国対等のシステムに変貌したようにもみえる。だが、それはインテルサット体制を筆頭に、米国主導のネットワークという色彩も濃かった。通信もまたパクス・アメリカーナといえる状況であった。このネットワーク支配のもと、米国は、傍受・盗聴活動を行っていたのである。

米国は、第一次大戦後、理想の通信網を提唱する一方で他国の電報を傍受していたように、戦後も理想の提唱と傍受活動を同時に推し進めた。米国にとって、理想の通信網の提唱と傍受活動は相矛盾するものではない。車の両輪のようなものといえるだろう。

米英両国の通信傍受協力は強化されていた。大戦後の一九四六年、両国はUKUSA（ユーキューサ：UK―USA）協定を締結した[257]。この両国の活動に、その後一九四九年にカナダ、一九五六年にオーストラリア、ニュージーランドが加入し、現在に至っている。ファイブ・アイズと呼ばれる英語圏五カ国による情報共有体制である。

米国のジャーナリスト、ジェイムズ・バムフォードによれば、一九五二年に設立された米国国家安全保障庁（NSA）は、米国内の各インテルサット地球局の近くに傍受用アンテナシステムを備えていたという。[258] またNSAの前身にあたる通信保安局（SSA）は、日本がポツダム宣言受諾を表明した一九四五年八月の直後から、当時の大手国際通信会社三社である、RCA、ITT（国際電話電信会社）、ウェスタン・ユニオン社から外国政府の電報の傍受承認を取り付けていた。承認はその後NSAに引き継がれ、一九七五年まで続いた。[259] この計画のコードネームは「シャムロック」。三つ葉のクローバーを意味する言葉で、それは三位一体を意味していたが国際通信三社は、FCCから規則違反と指摘されることと、労組から違反を暴露されることを恐れていた。しかも傍受活動は、国際通信の場合は、安全保障や麻薬犯摘発などにより正当化されるが、米国人が通信の当事者になっているケースでは、自国民に対する監視として激しい反発が予想された。だが最終的に三社は、司法長官が可能な限り各社を保護するという条件のもと、同計画に加わることとなった。その後、傍受対象は外国政府電報以外の国際電報にも拡大した。

国際通信の場合、相手国に情報を収集される可能性は常にあるが、第三国を中継する通信による情報漏洩は、直通回線を整備すれば避けることができる。したがって第三国中継による通信は、中継料金というコストが発生することも含め、望ましい状況とはいえない。各国が相手国との直通回線に拘る理由の一つである。逆に国際通信網のハブとなることは、様々な点で有利となる。

この時代の傍受対象は、政府間あるいは麻薬密輸組織などの犯罪関連、国内では反体制運動などであったが、その対象が個人にまでおよびつつあることが、二〇一三年のスノーデン事件により明らかにされた。この件については次章で再び触れることとしよう。

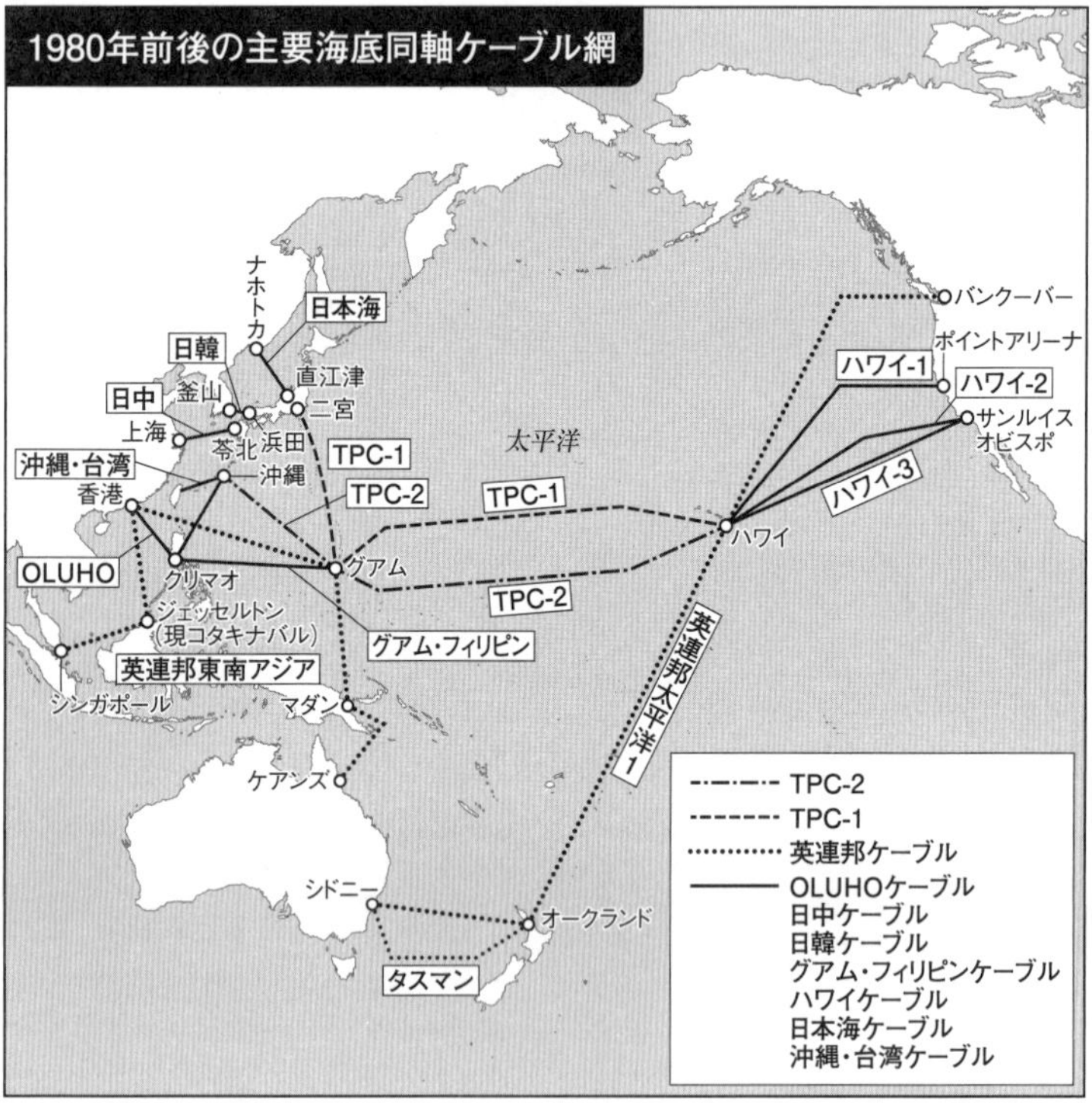

1980年前後の主要海底同軸ケーブル網

昭和53年版通信白書をもとに作成

# 第七章　光海底ケーブルの登場とインターネットの衝撃

今や世界で半数以上の人が使っているといわれるインターネットだが、その商用サービスとしての歴史はまだ三〇年に過ぎない。この急速な普及は、世界を結んでいる光海底ケーブルなしでは語ることができない。前世代の海底同軸ケーブルの容量が最大電話数一〇〇〇回線だったのに対し、光海底ケーブルは電話回線に換算すれば数億、数十億に相当する。外観は同じケーブルであるが、容量は全く異なる。私たちがインターネットで常に世界とつながっているように感じるのは、この光海底ケーブルのお陰である。金融商品の電子取引が日常的になった現在、衛星通信による約〇・二四秒の遅れは決定的に不利となる。

通信技術の革新と通信の自由化により、安定していた国際通信秩序が動揺し、競争の末勝ち残ったのは、長距離通信会社ではなく、利用者に身近な携帯電話会社や地域通信会社であった。そして今や情報通信の分野で主役を務めているのは、通信会社ではなくグーグルやフェイスブックなどのＩＴ企業である。

光ケーブルの登場、コンピュータの発達、そしてインターネットという通信方式が普及した結果が、現在の情報社会である。私たちにとってかかせない存在となったインターネットであるが、通信を巡る安全保障とプライバシー保護が新たな問題となっている。本章ではまず、今まで語られることが少なかった光ケーブルの登場から話をはじめよう。

## （一）グローバル化を加速させた光海底ケーブル

一九七〇年代、国際通信量の急増に対応するためには、従来の同軸ケーブルの増設では限界があることが明らかになってきた。回線容量を増やすためにはケーブルを五センチ程度の大口径にする必要があり、ケーブル敷設船への積み込みが困難となることなどが要因であった。[260] そんな中、より大容量を可能とする技術として、一九七〇年に米国のコーニング社が開発した光ファイバーに期待が集まった。光ファイバーは、直径一ミリ以下の細い石英ガラスでできている。光ファイバー通信は、このファイバーの中にレーザー光を通すことによって通信を行う方法である。大容量の通信が可能なうえ、信号の減衰も少なく、材料も安いことで注目された。しかし光海底ケーブルの実用化には、中継器に使われる半導体レーザーの開発や、もろいガラス製のファイバーを圧力のかかる海底で長期間使えるようにする必要があり、数多くの問題を解決する必要があった。

日本における光ファイバーの研究は、一九七五年、電電公社、ＫＤＤ、ＮＥＣ、富士通、日本大洋海底電線（現ＯＣＣ）、古河電気工業、住友電気工業、藤倉電線、安立電気（現アンリツ）などが協力する形で開始された。関係者たちが「日本連合」と呼ぶ協力関係である。米国のベル研究所、英国のＳＴＣ（Standard Telephones and Cable）、フランスのサブマルコムなど、日米英仏の四カ国の企業が開発を競い合った。一九六四年開通のＴＰＣ—１の敷設の時は米国の技術に頼るほかなかったが、光ケーブル開発では、日本の技術は世界のトップクラスの水準に達していたのである。

## 太平洋域初の光ケーブル

第六章でみたように国際間の通信量が急増していたため、TPC—1やTPC—2などのケーブルは満杯の状況となっていた。そのために一九七八年一〇月の時点で各国通信事業者は同軸ケーブルによる第三太平洋横断ケーブル（TPC—3：回線容量一六〇〇または一八四〇）や第四ハワイケーブル（HAW—4：回線容量四〇〇〇）敷設計画に合意した。[261] しかし、米国連邦通信委員会（FCC）が衛星通信との兼ね合いもあり、ケーブル敷設に慎重な姿勢を見せたため、計画は一時棚上げの形となってしまった。KDDはこの間、需要増加に対応するため、衛星回線の増設などの検討を重ねていた。一九八二年に至り、ようやくFCC（米連邦通信委員会）からの認可が得られる目途がついたことから、AT&TとKDDは、一九八八年末の開通を目途に光ケーブル方式によるTPC—3、HAW—4の計画を推進することで合意した。FCCの政策によりケーブル敷設計画が遅れたことにより、TPC—3は、同軸ケーブル方式ではなく、光ケーブル方式により敷設されることになったのである。

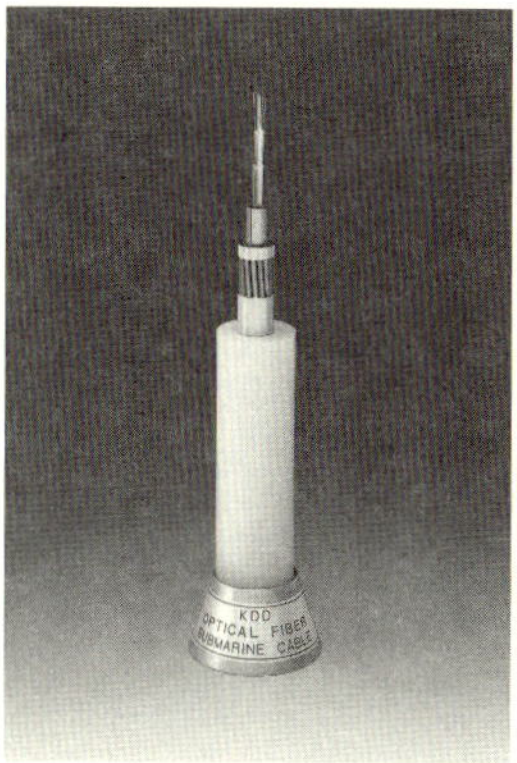

光海底ケーブル（深海用）

一九八三年四月、各国から二七通信事業体が参加し、データ収集会合が開催された。AT&Tは一二、KDDは九のルート案を提出したが、大きく分類すると次の三案である。①日本とハワイを直接結ぶルート、②ハワイ─グアム─日本と、グアム経由で結ぶルート、③海中分岐により日本、グアム、ハワイをそれぞれ結ぶルート、である。一本のケーブルルートは他のケーブル計画にも影響を与える。またルートが長くなるとそれだけ建設費が高くなり、出資者の負担が増えることもあり、各通信事業体の思惑が交錯する。

フィリピンと台湾がグアム経由を希望したのに対し、KDD、香港（C&W）、シンガポールは、ハワイから直接日本に陸揚げするルートを希望した。C&Wは、KDDとの間で日本─香港間の光ケーブル敷設に合意していた。各国はルートによっては参加の取りやめや取得回線数を減らすなどの様々なオプションをちらつかせていた。

ハワイ─日本が直通で結ばれ、将来、別のケーブルで日本から香港、台湾、フィリピンが結ばれれば、日本は西太平洋域の通信のハブとなることができた。日本─グアム─ハワイであれば、引き続きグアムが重要なハブであり続ける。一方、米国の国防総省とNTIA（電気通信情報庁）は、グアムが極東戦略上の要であることから、ハワイ─グアム間をいかなる国からも妨げられることのないように直接結ぶことを求めた。

また、海底ケーブル設備の調達の問題も存在した。KDDにとっては一番通信量が多い、日本とハワイを直接結ぶルートが経費の面でも望ましかったが、この場合、全区間米国のシステムで敷設される可能性があった。一番望ましいのは、日本─ハワイを直通とし、KDDが開発したシステムが採用され、日本のメーカーがケーブル、中継器を受注することであったが、その可能性は低かった。これに対し、グアム経由の場合は、ハワイ─グアム間を米国、グアム─日本間を日本が受注するという棲み分けが可能であった。

最終的にグアム経由に決定し、日本―グアム間は日本の技術が採用された。しかし、Ｃ＆Ｗは、グアム経由に難色を示し、ＴＰＣ―３建設参加を見送った。第六章でみたようにＣ＆Ｗは香港―日本―米国を直接結ぶケーブル計画を秘かに検討していたのである。

このように海底ケーブルの敷設には、各国の様々な利害がからまってくる。軍事的な要素はそのひとつである。一九八四年一二月一九日の衆議院逓信委員会で日本共産党の佐藤祐弘委員は、米国国防総省の意向を取り入れて、ハワイからグアムと日本を結ぶルートで妥結したのは、アメリカの国益が日本の国益を押しつぶしたということではないかと追及した。郵政省の説明員は、「各通信事業体が通信需要を勘案して検討するものであり、日本の通信主権が侵されたということはない」と回答した。この時の佐藤委員の主な目的は、電電公社の民営化反対にあったので、それ以上の追及はなかった。佐藤委員の意見に一理あることはみたとおりであるが、国内通信事業者であった電電公社民営化反対のロジックとして持ち出したのは、少し無理があった。

## 太平洋ケーブル敷設競争

ＴＰＣ―３の建設保守協定は一九八六年一月、ＫＤＤ、ＡＴ＆Ｔなど二二事業者により締結された。千葉県千倉町からグアムを経由し、ハワイに陸揚げされる光ケーブルは、二八〇メガビット毎秒（ｂｐｓ）×二、電話回線換算七五六〇（三七八〇×二）回線の容量を誇っていた。

ＴＰＣ―３敷設には、ＫＤＤ丸とＡＴ＆Ｔのロングラインズ号があたり、一九八九年四月一八日に開通した。[262] 同時に建設保守協定が締結された第二グアム―フィリピンケーブルは、グアムから海中分岐により台湾にも陸揚げするグアム―フィリピン―台湾（Ｇ―Ｐ―Ｔ）ケーブルに変更

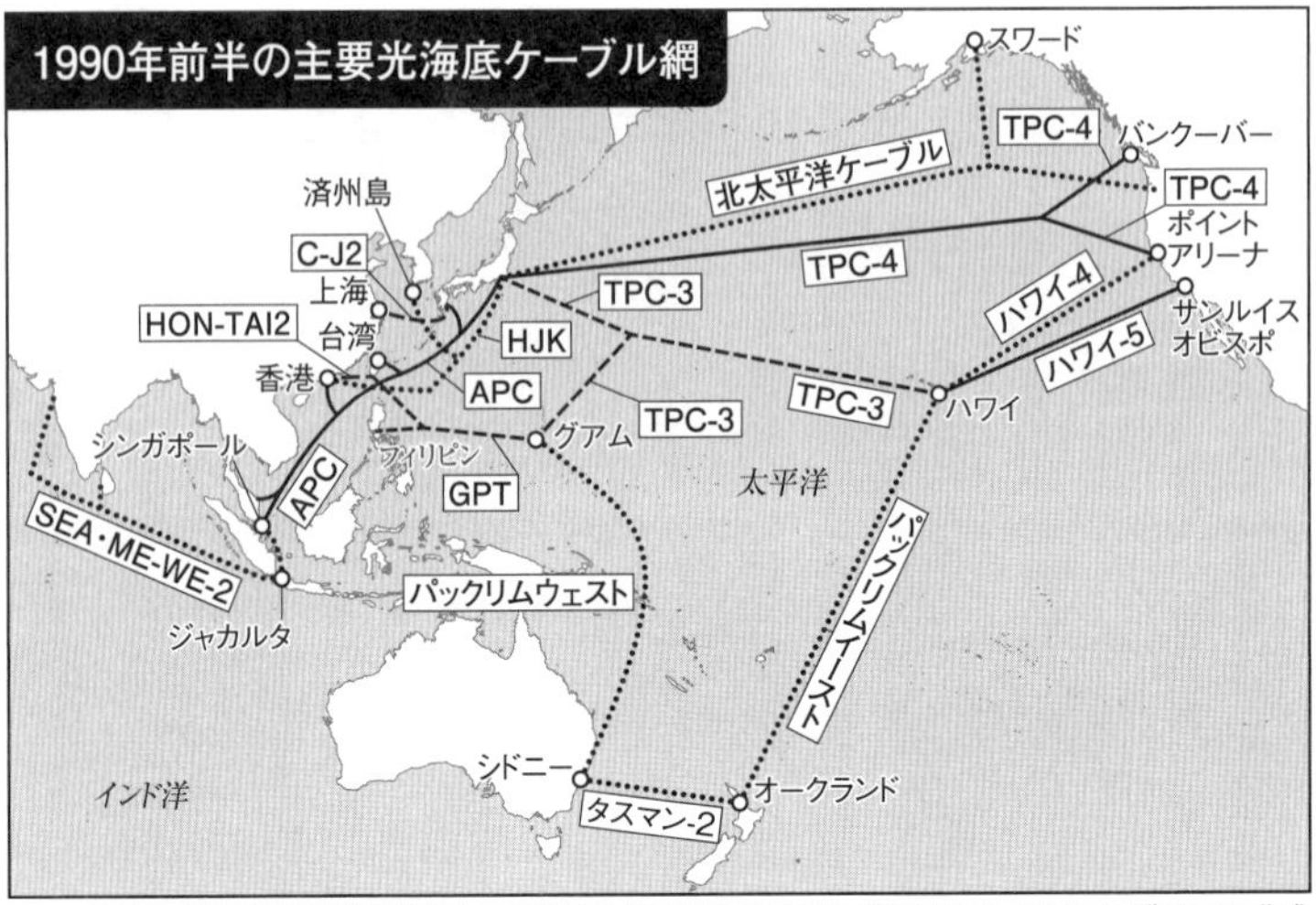


1990年前半の主要光海底ケーブル網

大山昇・桑原守二監修『光海底ケーブル通信』（KDDエンジニアリング・アンド・コンサルティング）をもとに作成

され、一九八九年一二月に開通した。このケーブルの開通により、グアム経由で日本とフィリピン、台湾が光ファイバーで結ばれたのである。次に結ばれたのは、日本と香港、韓国であった。香港—千葉県千倉町—韓国を結ぶH—J—Kケーブルが敷設され、一九九〇年五月に開通した。

一方、C&Wは、前述のように自らの手で太平洋ケーブル、大西洋ケーブルを敷設し、香港—日本—米国—英国を結ぶ計画を進めていた。C&Wが出資しているIDCは、日本と米国本土、アラスカを結ぶ回線容量約一七〇一〇回線の北太平洋ケーブル（NPC）を敷設し、一九九一年に運用を開始した。C&Wの独自の動きに各国の通信事業者は危機感を抱いていた。

そしてTPC—3がまだ計画段階であった一九八七年にKDDとAT&Tは、第四太平洋横断ケーブル（TPC—4）の検討に入っていた。TPC—4は、太平洋の北側を回り、海中分岐装置を介し、日本から米国本土、カナダを繋ぐ、全長九八五〇キロ、回線容量五六〇メガbps×二、電話回線換算一万五一二〇回線（七五六〇回線×二）のケーブルであり、一九九二年一一月に運用を開始した。このケーブルは建設時期、ルートともC&Wのグローバル・デジタル・ハイウェイを意識したものとなっている。敷設には、新造の敷設船KDDオーシャンリンクが使用された。

初期の光海底ケーブルは、減衰した光信号を中継器で一旦電気に変換して増幅させていたが、KDDとAT&Tは、光信号を電気に変換することなく増幅する、光直接増幅装置方式を共同で開発した。この方式により中継器の構造が簡単になり、五ギガbps（六万回線）の容量が可能となった。最初にこの光中継器が用いられたのは日本―米国本土―ハワイ―グアムをループ状に結ぶ第五太平洋横断ケーブルネットワーク（TPC―5CN）であった。総延長は二万五〇〇〇キロ、回線容量は五ギガbps×二（回線容量約一二万回線）である。TPC―5CNは、光直接増幅装置に加え、障害が発生しても瞬時にバックアップできるセルフヒーリング機能を有していた。回線が切断したとしてもループ構造のため逆回りで通信できる仕組みである。一九九五年七月から一部区間が開通し、一二月から全区間運用開始となった。ループ構造での運用開始は、一九九六年一二月であった。

## 光ケーブルに敗れた衛星通信

同軸ケーブルの時代には、衛星通信が経済性でケーブルを上回っていたが、光海底ケーブルの大容量化により、この状況は逆転した。一九九六年前後に海底ケーブルが衛星回線を上回ったのである。

もちろん、インテルサット衛星の回線容量も大きく増加はしていた。一九七一年から利用されたインテルサットⅣ号衛星では、テレビ二チャンネル電話四〇〇〇回線、一九七五年から利用されたⅣ号A系では、テレビ二チャンネルおよび電話六〇〇〇回線の容量を実現しており、この時期の衛星の回線容量は海底同軸ケーブルの容量を上回っていた。特に国際間のテレビ伝送は、衛星中継が独占していた。一昔前までテレビ中継中に、衛星放送というテロップが入っていたことが思い出されるように、一九九二年の時点でインテルサット衛星を介して世界一五〇〇の地球局との間を一二万電話回線が利用されていた。このような状況を変えたのが、一九九五年のTPC—5CNの竣工である。翌年開催されたアトランタオリンピックでは、この回線を用いて米国から日本にテレビ伝送が行われた。この時点で、衛星通信は経済的有利性を失ったのである。

しかも、光海底ケーブルは、二度目の技術革新により、さらに大容量化した。一本の光ファイバーに波長の異なる多くの光信号を同時に乗せる光波長多重方式が実用化されたのである。この方式により一〇〇ギガbpsという大容量が可能となった。電話回線で一二〇万回線、テレビ伝送で二〇〇〇回線に相当する。この技術はTPC—5CNにも一九九八年の時点で導入され、回線容量も二倍の約二四万回線となった。以後、光海底ケーブルの容量は飛躍的に増加し、今や国際間の通信の九九%がケーブル経由となっている。この二度にわたる光ケーブルの技術革新が、グローバル化を大きく進めることになったのである。

また一九九〇年代には、商用インターネットの開始やウィンドウズ95の発売など、情報通信に関連するサービス、技術も次々登場した。こうした技術革新と先進諸国による通信政策の自由化の流れが、それまでの安定した国際通信秩序を大きく揺さぶることになるのである。

## インターネットの登場

国と国を隔てていた海は、光海底ケーブルにより最良の伝送路に変貌し、国際通信料金の急激な低廉化の一大要因となった。さらにインターネットの普及により国際間の情報のやりとりは飛躍的に容易になったのである。

インターネットは、米国の研究機関のコンピュータを繋ぐため、一九六九年にパケット交換方式をつかって構築したＡＲＰＡＮＥＴがその源流となっている。パケット交換方式とは、通信データを細分化したうえで、相手先の方にむけて空いた回線をつかって送り、相手に着いたところで、細分化されていたデータをまとめて元通りにする方法である。細切れにしたデータをパケット（小包）という。電話を利用する場合は交換機を通して発信者と受信者の間の回線を占有する必要があるが、パケット交換方式の場合は、回線を占有する必要がない。

インターネットは、ネットワークの負担を極力減らし、必要なことは端末のコンピュータで処理をするという発想である。したがってネットワークの拡張が容易で、しかも柔軟性がある。従来の通信は、送信者と受信者の間を確実に結び情報を授受するというものであったが、インターネットは、とりあえず情報を細切れにして送り、送れなかったら、端末からもう一度送ればいい。この新たな発想がパソコンの普及と呼応し現在の興隆に結びついた。当初米国の四つの大学を結んでいたＡＲＰＡＮＥＴは、その後接続拠点の大学の数を増やし、一九八三年にインターネットの前身にあたるネットワークの一部となった。一九八八年、米国で商用インターネットの取扱いがはじまった。

日本では一九八四年に東京大学など三つの大学を結んだJUNETによりコンピュータの相互接続実験が開始され、一九九二年にはじめての商用インターネットプロバイダーであるインターネットイニシアティブ（IIJ）が発足した。そして一九九五年のウィンドウズ95の発売を機に利用者が急増したのである。

インターネットは、全世界共通のネットワークとの考えで構築されているため、国境の概念は希薄である。全体を管理するような組織もない。利用者はインターネットプロバイダーを通して世界中のコンピュータと通信できるようになっている。

このように環境が激変した時代に通信事業者はどのように対応したのだろうか。次節では、自由化による各国、各企業の競争とその結末に触れることとしたい。

## （二）自由化施策と市場争奪戦

### 過激な値下げ競争

「ゼロゼロワンダフル」と各国の若い女性が笑顔で語りかけるKDDのテレビCMを覚えている人も多いだろう。国際電話の冒頭にダイヤルするKDDの「〇〇一」を訴求する内容である。一九九〇年代、日本の国際通信市場で、KDDと新規国際通信事業であった日本国際通信（ITJ）と国際デジタル通信（IDC）の三社が競争を展開していた時代のCMである。

ITJとIDCは一九八九年一〇月、国際電話サービスを開始した。国際電話をかける場合、

KDDは〇〇一の後に相手国番号と相手国の国内番号をダイヤルするが、ITJの場合は〇〇一の代わりに〇〇四一、IDCは〇〇六一をダイヤルする。一けた違いで、ほぼイコールフッティング(同等の条件)での競争があっけなく実現したのである。しかも国際ダイヤル通話は、国際電話会社に登録する必要もなく、〇〇四一または〇〇六一を回すだけで、その時点から新規事業者のサービスを使うことができた。国内の長距離電話の競争条件を整えるのに一〇年以上を費やしたのと対照的だが、国際と国内が分離されていたため、イコールフッティングが当初から実現したのである。というのもKDDは既存会社というものの、NTTに足回りの回線を頼るという点では、新規参入事業者と同じ条件だったからである。この時代、通信業界は巨大なNTTグループと数多くのその他の通信事業者に二分されていたのである。

ITJ、IDCは、米国あての国際電話開始に際し、三分八九〇円であったKDD料金に対し、六八〇円で参入した。一カ月後、KDDは七三〇円に値下げした。夜間時間帯は二割、午後一一時以降の深夜料金は、四割安く料金が設定されていた。一九九〇年時点で、三二〇キロ以上のNTT料金は三分二八〇円であったから、国際電話の料金水準が大幅に低下していたことが分かる。

さらに一九九〇年四月、KDDは六八〇円とITJ、IDCと同額に値下げした。これを受け九月にITJ、IDCが、さらに六七〇円に値下げ、一〇円の料金差となった。KDDが料金値下げをするたびに、ITJ、IDCが一〇円安い料金に値下げするという状況が一〇年近く続いた。ITJ、IDCはサービス開始直後、出資企業を中心に確実にシェアを獲得していった。そして、その後も一〇円の料金格差と代理店の活用により取扱量を増やした。KDDは、割引サービスの開始、外国人留学生、労働者向けのプリペイドカードの取扱いなどで対抗した。また国際オペレータ通話を含む全世界あての取扱い、外国番号案内や故障調べを行う専担電話番号〇〇五六による案内業務など、サービス面での優位性や〇〇一番号、技術力の訴求などに力を注いだ。

## 巨大通信会社の合従連衡

もちろん、国際通信市場における競争は、日本の三社の間だけで行われたわけではなかった。通信市場の自由化、相互参入の促進という世界の潮流に乗って英国のC&Wをはじめとする各国の通信事業者は海外進出に力を注ぐようになり、多国籍企業を主な対象に、一通信事業者で相手国側まで含み、一括で通信網を構築しようとする動きが起こった。相互に通信主権を認め、相手側の設備は相手に任せるという従来の国際通信秩序は動揺しはじめた。そして、このような通信自由化による事業者間の競争に対応するため、KDD、AT&T、そして英国のBT（ブリティッシュ・テレコム）の三社は、一九八六年一月、「サービス改善努力の覚書」を調印した。これは、ABK提携と呼ばれるもので、一九八九年には三社の間で世界初の国際間のISDN（サービス統合デジタル網）サービスがはじまった。

ところが、AT&T、KDDと協力関係にあったはずのBTが、一九九〇年代に入ると、一社でグローバルネットワークを構築し、相手国に乗り込む動きを見せはじめ、別会社を設立して海外進出の機会をうかがうようになったのである。さらにBTは米国の通信会社MCIと提携し、体制を強化した。当時、NTTもその提携相手の候補ともいわれた。またドイツテレコム、フランステレコムに米国のスプリント社を加えた三社連合も誕生した。KDDはこれらの動きに対抗するため、一九九三年九月、AT&T、シンガポールテレコム（ST）と提携し、緩やかな連合

「ワールドパートナーズ」を結成した。

この頃、国際通信事業者の間では、日米英連合、米独仏連合など帝国主義時代を思わせる言葉が飛び交っていた。各国通信会社は海外進出の機会を窺う一方で、外国の通信会社からの自国市場防衛にも注力した。このような状況から、日本の国際通信市場を小規模なＫＤＤに任せておくより、ＮＴＴで対抗するべきではないかとの議論が起こりはじめ、これは分割阻止を図るＮＴＴに有利に働いた。日本の通信サービスが遅れているのは、ＮＴＴの国際進出に足かせがあるためであるという論調が繰り返し現れたのである。結果としてはインターネットと携帯電話の急激な普及の前に、このような大艦巨砲主義を思わせる国をあげてのメガキャリアの競争は、効果を発揮せず、竜頭蛇尾に終わることになるが、ＮＴＴの再編問題に影響を与えたことは間違いない。

### モトローラ端末を振りかざしたカンター代表

こうした中、一九九四年、米国は、ＩＤＯのモトローラ端末のシェアが伸びないのは郵政省による周波数割り当てが適切でなく、日本の市場開放が十分でないためであるとして、周波数割当の見直しと、ＩＤＯの携帯基地局の増設を求めた[263]。ＮＴＴ方式とモトローラ方式の両方の設備投資を強いられていたＩＤＯにさらなる追加投資を求めたのである。結果的に増設に伴う増額分を、ＩＤＯの出資企業であるトヨタ自動車や東京電力などが負担することとなった。

日本の通信会社に対する資材調達の自由化ならともかく、通信会社が必要としない通信設備投資の強要は、露骨な内政干渉であった。市場開放を名分としながら、郵政省にＩＤＯへの行政指導を迫った米国の手法も筋が通っていない。この米国の強引な要求は、モトローラ製品を調達したＩＤＯの経営に悪影響を与えた。経済学者の小谷清によれば、米国は、日本の通信市場の開放という名目で、トヨタが米国であげた収益をモトローラに移転させたのだという。自動車産業による対日赤字を通信設備の押し売りにより補填したということである。

この時の米国通商代表部（ＵＳＴＲ）の代表がミッキー・カンターである。カンター代表は、一九九四年六月、ジュネーブで行われた日米自動車交渉で、橋本龍太郎通産相との間で火花を散らした人物である。橋本通産相に竹刀を突き付けているニュースをご記憶の方もいるだろうが、実はその四カ月前、カンター代表は記者会見で、モトローラ端末を持ちながら、こんな良い製品が日本で売れていないのは日本の市場構造に問題があるからだと訴えていたのである。ここでも日本の通信産業がスケープゴートにされたのである。同時に郵政省による細分化された市場に対する行政指導の不透明性が米国につけ入る隙を与えてしまったといえるだろう。

## ＮＴＴ分離分割問題の小田原評定

この間、ＮＴＴ分割問題は、どのような経緯をたどっていたのだろうか。一九九〇年三月、電気通信審議会は、ＮＴＴの長距離部門と携帯電話部門の地域電話部門からの分離などを内容とする最終答申を深谷隆司郵政相に提出した。ＮＴＴが発足してからの五年の間に、一九八七年のＮＴＴ株上場、一九八八年のリクルート事件による真藤会長の辞任と、ＮＴＴをとりまく情勢は大きく変容していた。最終答申とされていたにもかかわらず、同じ三月に生じたＮＴＴ株の急落もあり、経営形態の見直しはさらに五年後に延期された。携帯部門については一九九二年七月一日に分離され、ＮＴＴ移動通信網（ＮＴＴドコモ）が発足した。

一九九五年、郵政省はＮＴＴ分離分割問題にけりをつける決意を固めた。郵政省は分離分割問題でＮＴＴと対立していただけでなく、他の通信各社にも必要以上に細かな規制をして悩ませていたのである。同年一一月九日に開催された行政改革委員会の規制緩和小委員会において、郵政省の電気通信事業部長は、「日本は先進七カ国のうち市場開放が一番進んでいる。法制度のうえでは、長距離と地域の事業区分もない」と発言。しかし、かつて需給調整により長距離部門進出を断念した経緯のある東京通信ネットワーク（ＴＴＮｅｔ：「東京電話」で知られる）の藤森和雄社長は、「現実には郵政省の指導がある。今、地域接続をお願いしたら、認めてくれますか」と追及し、政治評論家の田中直毅委員も需給調整条項に問題があることを指摘した。[264] さらに同部長は、「ＮＴＴの海外進出が遅れているのは規制のせいではない。むしろ、私は積極的に海外に打ってでてほしい」と発言したという。これに対しＮＴＴの児島仁社長は、「よく、そんな嘘八百が言えたものだ」と怒鳴りつけたと伝えられている。郵政省は、通信各社や委員ばかりか、ＮＴＴにも呆れられてしまったのである。郵政省が行政裁量で行っていた区分別の需給調整が完全に行き詰まったのである。ＮＴＴの在り方だけでなく、郵政省の強引な体質、異常に細かい規制も問題と認識された。

このような状況を受け一九九五年一二月、井上一成郵政相は、「国際、長距離、地域の垣根を廃止し、機動的な参入や自由な料金設定を阻んできた行政指導を廃止する」と記者会見で述べた。これは郵政省に対する批判をかわすには有効であったろうが、ＮＴＴの在り方を含め、競争のルールが決まる前の発言としては無責任と言わざるをえない。今まで行政指導に従ってきた新規事業者が割を食うことになったわけである。規制緩和と競争促進は同義ではない。一九九四年五月、行政改革推進本部の情報・通信作業部会の専門員は、「規制緩和は、それ自体が価値を持つものでない。国際と国内の切り分けの撤廃は、現在のNTTによる市内網の独占というボトルネックによる市場支配力を前提とする以上、行革が目的とする競争の促進に反することになる」と警鐘を鳴らしていた[265]。独占的企業NTTに対する規制は、本来競争を促進するためのものであるが、現実には郵政省は、些細な問題まで規制し、通信事業者を支配しようとしていたのである。

翌一九九六年一月に橋本龍太郎内閣が発足、社会党の日野市朗が郵政大臣に就任した。二月に行われた電気通信審議会では、「NTTを長距離部門と地域部門の二社に分離・分割するのが適当」と答申が提出されたものの、三月二九日の閣議決定では、NTT再編問題を一年先送りとすることとなった。何回も繰り返された「決定の先送り」であった。

## 外資開放の理由

一方、国際通信市場の規模を過大評価していた経団連は一九九四年以降、需給調整条項の撤廃など規制緩和を訴えていた[266]。「日本の通信事業者による欧米並みの国際通信事業ならびに海外市場展開」が重要であるとし、国内市場における競争促進は、我が国通信事業者の国際競争力の強化につながり、結果としてユーザーの利益にも寄与すると結論づけた。さらに外資規制を緩和するべきと見解をまとめた。経団連は、日本の市場で収益をあげると同時に料金値下げを求めるという二兎を追うのをやめ、規制緩和による料金値下げと日本企業の積極的な海外市場進出を求める方針に変更したのである。この主張の背景には、競争の条件が整わず、NTTに十分対抗できない新規通信事業者には外資導入の梃入れが必要という考えがあった。また、一九九二年に実施されたNTT、KDDの二割未満の外資開放の要因のひとつは、低迷するNTT株対策でもあった。外国資本にNTT株を買わせて株価を上げられればという考えである。橋本龍太郎首相も海外に進出できる強いNTTを求めたのである。この判断の背景には橋本首相が通産相時代に経験した米国の激しい攻勢もあっただろう。

こうした中、GATT（経済及び貿易に関する一般協定）ウルグアイ・ラウンドで、通信の自由化に関して各国が合意しつつあった。一九九四年、ウルグアイ・ラウンドにおいて、世界貿易機関（WTO）設立が合意され、一九九五年四月、WTO基本電気通信交渉が開始された。ITUにおける交渉は、各国間で行われる制度に関する交渉であったが、WTOにおける交渉は、市場の在り方そのものを巡る交渉である。通信主権の問題は背景に退き、電気通信は市場の問題として議論されることとなった。

## 行き詰った通信行政

一九九六年秋の総務庁の行政改革委員会規制緩和小委員会においても前年同様、議論の粉糾は続いた。「新電電の役割は終わった」と発言した委員に対して、ITJの幹部は、「会社を何だと思っているのか」と怒声を浴びせたという。[267] 限界がみえた国際通信市場で値下げ競争を行っていたITJにとって、さらに国内長距離通信会社に新規参入されれば存続できる可能性などなかった。開業わずか七年目にして「新電電の役割は終わった」と言われては、「お前は当て馬だったのだ」と言われたのと変わらない。怒りを通り越してジョークとしか思えなかったろう。

しかし遂に小田原評定も終わりを迎えるときが来た。一九九六年一二月、郵政省、NTTの間で決着が図られたのである。NTTは持株会社のもとに、長距離会社（NTTコミュニケーションズ、以下Nコム）、東西二つの地域会社（NTT東日本、NTT西日本）へ再編成されることとなったが、これは分割ではなく単なる分社化と呼ぶべき決定であった。当然ながら、分離・分割を答申していた電気通信審議会委員からは、「一グループとして認めてしまったことが最大の問題」と非難されたが、再編成に伴いNTTはNコムを通して国際通信を取り扱えるようになったのである。

かくしてNTTは念願の国際市場を手に入れた。このときNTTは、国際通信市場を宝の山に通じる道だと考えていたようである。しかしかつて過度に有望視されていた国際通信市場の収益構造は、急激に変化していくのである。そしてNTTの分割が形式的なものに留まった後に残ったのは、郵政官僚による行政裁量が破綻した結果としての「規制緩和」であった。国際、長距離、地域に分かれていた新規事業者にはもはや合従連衡を図る以外生き残る道は無かった。通信技術の急激な発展に伴う市場の急変に、郵政省は当事者能力を欠く状況に陥っていたのである。そもそもなぜ官僚が通信市場を細分化したうえで需給調整できると考えたのか、中途半端な電気通信事業法と不透明な郵政省の行政裁量に問題の根があったといえるだろう。[268]

### 取り払われた市場区分

一九九七年六月、NTT法、KDD法、電気通信事業法が改正され、需給調整条項は廃止された。この結果、各通信会社は、国際、長距離、地域という全ての区分での業務を行うことが可能となった。三社でも多いのではないかとされていた国際部門にNコムをはじめ、長距離通信事業者ＤＤＩなどの参入が可能となったのである。

国内通信で収益を上げられるＮコムは、規制緩和のもと、国際専門の通信事業者に対し、破滅的競争を招く料金水準で参入することができた。そのため通信各社はＮＴＴに対抗し、存続するために合併する道を選んだ。単独での存続を諦めたＩＴＪは、早くも同年一〇月、日本テレコムに合併された。通信事業者の合併が急速に進み始めた。

さらに一九九八年七月にはＫＤＤ法が廃止され、同年一〇月にはＤＤＩと米国資本のＭＣＩワールドコムジャパン（ＷＣＯＭ）が国際電話の取扱いを開始した。当時ＫＤＤの米国あて昼間三分料金が四五〇円だったのに対し、ＤＤＩは二四〇円、ＷＣＯＭは二四八円であった。こうした動きを受け、一二月にＫＤＤは日本高速通信（ＴＷＪ）と合併したのである。

ところで、このＫＤＤの合併に先立ち、第五章でみた郵政共済組合のＫＤＤ株所有問題が思わぬところで取り上げられた。一九九八年一〇月の電気通信審議会電気通信事業部会において、郵政省が審議委員にＫＤＤとＴＷＪの合併の報告をした際、審議委員から「ＫＤＤの筆頭株主が郵政省共済組合であることについて何か指摘を受けたことはないのか」との質問が出されたのである。[269] 郵政省は、「ＫＤＤの設立当時、株式の引き受け手がないという事情により、ＫＤＤから郵政省共済組合へ安定株主として株式の買い受け依頼があり、郵政省共済組合が資産運用の観点から株式を取得したという歴史的経緯があるが、郵政省と郵政省共済組合とは法人格は別であるので、特段問題はない」と回答して、その場を繕った。澁澤社長や当時の参議院逓信委員会のメンバーが聞いたらさぞかし驚いただろう。役人による歴史の改竄ともいえるだろう。

一九九九年にも次々と国際通信市場に事業者が参入した。同年七月には東京通信ネットワークが、一〇月にNコムが国際電話サービスを開始。九月には、BTとAT&Tが日本テレコムの第三者割当増資を引き受け、両社は日本テレコム株のそれぞれ一五%を所有することとなった。

このような状況のもと、IDCを巡り、かつて盟友だったNコムとC&Wの間で、傍から見ると理解不能の買収合戦が行われた。この時点で単独で生き残れる可能性をなくしていたIDCに多大な資産価値を見出していたのは両社くらいのものであったろう。結局C&Wは、Nコムが提示した額より一〇億円高い六九〇億円でIDCを傘下に収め、一九九九年九月、ケーブル・アンド・ワイヤレスIDCが誕生した。

一九九九年末の時点で、日本の約三五〇〇億円規模の国際通信市場で、合計七社が競合していた。世界を代表するBTとAT&Tが日本テレコムに出資したことから、日本の市場も外資系企業との熾烈な競争となるものと思われた。しかし、最終的な勝者は、AT&TでもC&Wでもなかった。インターネットの登場は、それまでの通信会社の常識を覆してしまったのである。

## (三) インターネットの衝撃と競争の顛末

一九九〇年代後半、国際通信市場の成長は陰りをみせていた。国際電話の発着総数は一九九七年度に七億九八五〇万通だったものが、一九九八年度には七億七三二〇万通とわずかながらも減少した[270]。これは一九五八年度以来、実に四〇年ぶりの国際電話量の減少であった。市場規模でみれば、一九九七年度の四七四三億円が一九九八年度には三八四一億円、一九九九年度には三四六七億円へと急激に減少した。この背景には、一九九七年一二月に専用線の両端を公衆網と接続する国際公―専―公接続が解禁されたことがある。つまり従来は通信会社の国際電話サービスを使っていた利用者が国際部分に専用線を使うことにより、料金を節約することが認められたのである。専用線とは通信量の多い利用者向けの定額サービスである。さらに度重なる料金値下げもあり、国際通信市場は縮小し、独自の市場としての収益をあげるのは困難になりつつあった。そして何よりも、国際電話市場は光ケーブルの普及とインターネットによりグローバルネットワークにくみこまれ、高収益をあげられる市場ではなくなってしまったのである。

光海底ケーブルという国際伝送路と、インターネットという仕組みにより、利用者の通信端末と外国の距離は、最寄りの通信会社の収容局との距離とほとんど変わらなくなってしまった。以前は国内回線と国際回線を結ぶ関門局（国境局）があったが、関門局の概念そのものが希薄になったのである。外国と簡単に連絡が取れると同時に、外国からも簡単にアクセスできる。二〇世紀の末、文字通り国境のないグローバル通信化の動きが急加速した。この結果、国際通信市場そのものは、各国の国内通信市場と連結され、ボーダレス化し、消滅に向かいはじめたのである。

## ラストワンマイルを制する者

このように国際伝送路や長距離伝送路の整備が進むと、利用者にとって、自分の端末と身近な通信会社の設備を結ぶ回線（ラストワンマイル）が重要な意味を持つようになった。いわゆる「ラストワンマイル問題」である。ラストワンマイルとは、携帯電話なら電話機と最寄りの無線基地局、パソコンであれば自宅やオフィスから通信会社の収容局までの区間である。長距離区間でなく、個別のローカル回線の設置こそ困難で費用がかかるという問題である。国際間の伝送路より利用者周辺の伝送路が主役となったのである。ラストワンマイルが重要なのは、世界中の情報とアクセスするために、国際間や各都市間が大容量回線で結ばれていても、肝心なラストワンマイル部分の回線容量が不足していてはボトルネックとなり、インターネットを十分利用できないからである。これはインターネットやパソコンを利用できるか否かにより情報格差が生じるとしてデジタルデバイドの問題としてもとりあげられることとなった。利用者がこれまで気にしていなかった回線のスピードや容量に拘ることとなったのである。

そして、携帯電話の契約数は一九九四年の端末の自由化以降、急増していた。一九九五年度に一一七一万台だった携帯電話とPHSの合計契約数は、二〇〇〇年度には六六九八万台と急増し、ついに固定電話数を抜いた。さらに一九九九年二月、NTTドコモはインターネットに接続できるiモードの取扱いを始め、三カ月で二〇万契約を達成。一年後には四二〇万契約となった。多くの利用者が携帯端末からのインターネット接続を歓迎したのである。

国際通信市場が縮小に向かい、国内長距離固定電話も陰りを見せる中、通信市場の主戦場は、足回りの地域市場と携帯電話市場にシフトしたのである。通信事業者間の競争も携帯電話会社が鍵を握ることとなり、業務区分再編のための合併の核となった。新規参入した国際通信会社や長距離通信会社に生き残る術はほとんどなかった。

こうした動きの中、NTTの分離・分割が中途半端に終わったことにより、一九九八年に新たな日米摩擦が顕在化するという事態が起こった。米国からの新たな要求は、米国の三倍から四倍高いとされたNTTの市内網への接続料金の値下げであった。長距離通信会社がエンド・ツー・

エンドでサービスを行うためには市内網を利用せざるを得ない。ボトルネックとなっていたNTTの市内網利用料が高くては低廉なサービスを行うことができないことから、不透明なうえ割高なNTTの接続料金問題がクローズアップされたのである。この時、米国通商代表部（USTR）の背後の圧力団体には、日本の通信市場に参入していた欧州系企業とともに日本企業が存在したという噂が絶えなかった。[271] NTTグループによる地域通信の圧倒的な支配力は、外資、内資を問わず他の通信事業者にとって悩みの種であったことは確かであった。

## 海外進出を図ったNTTの成果

国内通信網を押さえつつ念願の国際進出を果たしたNTTグループだったが、実のところ海外では莫大な損失を重ねた。Nコムは二〇〇一年度決算で四五三〇億円の赤字を計上した。主な要因は、Nコムが出資していたウェブサイトの構築や運用サポートを主業務とする米国のヴェリオ社の株式評価損七二五一億円の影響であった。また、同年度にNTTドコモもAT&Tワイヤレス株やオランダのKPNモバイル株などの評価損でも八一二八億円を計上した。NTTグループ全体では約一兆五〇〇〇億円である。

もっとも、経営に苦しんだのは日本の企業だけではない。米国では二〇〇二年、MCIやスプリントを買収したワールドコムが破綻した。ワールドコムの破綻は、リーマン・ブラザースの破綻まで、米国史上最大の経営破綻であった。また二〇〇五年にはAT&Tが地域通信会社に買収され、一二〇年の長い歴史を閉じた。海底ケーブルも二〇〇〇年前後を境に供給過剰に陥り、米国の海底ケーブル会社グローバルクロッシングが倒産した。これにより海底ケーブルの敷設は一時的に中断された。[272]

つまり巨大通信会社の世界進出というビジョンは、もはや絵に描いた餅であり、企業の存亡そのものが脅かされるようになっていたのである。そう考えると、海外で損失を重ねながらも国内では強いＮＴＴがその設立以来の政治力を駆使して命脈を保ったということになるだろう。ＮＴＴグループの温存は、将来像が描けない時点での施策としては、日本の通信事業を混沌とした状況に陥らせない安全な策であり、危機管理上はやむを得ない判断とみることもできる。もちろん株価維持にもつながった。しかし、それが利用者にとって良かったのかはまた別の問題である。日本の政治家、官僚、経済界はそろって海外通信事業者の日本進出を、不安だからこその攻勢であったことを見抜けていなかった。

## 新たな勢力図

二一世紀初頭、日本の電気通信市場では三つのグループが競い合っていた。持株会社の下に再編された「ＮＴＴグループ」と、ＤＤＩ、ＫＤＤ、ＩＤＯが合併して二〇〇〇年一〇月に発足した「ＫＤＤＩ」、ＢＴとＡＴ＆Ｔが資本金の三割を占めていた「日本テレコム（ＪＴ）」の三社である。日本テレコムはＪフォンブランドのもとに携帯電話事業を展開した。こうして、ＮＴＴグループ、ＫＤＤＩ、日本テレコムの三社により、国内、国際、携帯のすべての市場で競争が展開されることとなった。

さらに同年一二月には、英国の大手携帯電話会社ボーダフォンが日本テレコム株の一五％を取得した。海外の通信会社の国内進出がより本格化する様相をみせていたのである。そして二〇〇三年にはボーダフォンは、本来の目的である携帯電話部門のJフォンを傘下に収め、ボーダフォンと改名した。しかし、その後ボーダフォンは、日本テレコムにさらに追加投資したものの、BT&AT&Tは大きな成果をあげられずに撤退した。C&Wも国際通信部門で確固たる成果を得ることができず、二〇〇五年二月、六年前に六九〇億円で傘下に収めたケーブル・アンド・ワイヤレスIDCを約一二三億円という安値でソフトバンクグループに売却した。日本の国際通信の自由化はC&WにはじまりC&Wにより終焉をむかえたということになろう。

## ソフトバンクの台頭

こうした中、利用者と通信会社の収容局を結ぶブロードバンド回線市場では、ソフトバンクBBがADSL（非対称デジタル加入者線：銅線の電話線を使ってインターネットに高速で接続する技術）で参戦、NTTとの間で熾烈な競争が繰り広げられることとなった。

日本でブロードバンド回線が急速に普及した要因として、通信市場に詳しい経済学者の依田高典は、次の四項目をあげている。[273] 第一にNTTが分離分割案に対抗するため、社会貢献を名分とする対抗策として全国で光ファイバー建設に努めたこと。第二に政府による地域ネットワーク開放策により、新規参入者が自前のインフラなしでADSLやFTTH（ファイバー・ツー・ザ・ホーム）を提供できたこと。第三に能力と意欲のある新規参入者が登場したこと。すなわちADSL市場ではソフトバンクBBが、FTTH市場では関西電力系のケイ・オプティコムが価格競争をリードし普及に貢献した。第四にNTTが懸命に経営努力をしたことである。しかしNTTは国策として温存されたのだから経営努力するのは当然であろう。

その後ソフトバンクは、二〇〇四年に日本テレコム、二〇〇五年にケーブル・アンド・ワイヤレスＩＤＣ、さらに二〇〇六年にはボーダフォンを買収し、三グループ中の一角を占め現在に至っている。このようにソフトバンクが、ＮＴＴやＫＤＤＩとならぶ通信会社に成長したのは、主戦場を的確に選定し、効果的に資源を投入したことにある。ラストワンマイルのブロードバンド回線をまず固め、次いで長距離部門に強い日本テレコム、さらに国際伝送路を持つケーブル・アンド・ワイヤレスＩＤＣ、最後に携帯電話のボーダフォンの買収に成功した手腕は見事であった。それだけに米国で低迷していたスプリント社を買収し、未だに大きな成果をあげられないのが不思議である。当初から専門家の間では、同社の買収は疑問視されていたが、かつてのＮＴＴグループの海外投資と同じく、外部からは知ることができない事情があったのかもしれない。

それはともかく、一時は日本の電気通信市場を席捲するかにみえた外資系のＢＴ、ＡＴ＆Ｔ、ボーダフォン、Ｃ＆Ｗは全て日本から撤退した。現在、ブロードバンド市場の競争は沈静化し、携帯電話市場では、ＮＴＴ、ＫＤＤＩ、ソフトバンクの三社寡占の状況となっている。だが、三社寡占では競争に限りがある。市場が機能しているとは到底言えない状況である。ブロードバンド市場では革新者であったソフトバンクも、ロボットなどで目新しさを演出しているが、通信事業者としては今や既得権者の一員になっている。一昔前、外資の攻勢に神経を尖らせていたのが嘘のような状況といえるだろう。ゆえに日本の通信市場は平穏のようにみえる。しかし本当にこの状況にとどまっていていいのだろうか。結論を急ぐ前に、今後の通信における問題を考えるため、二〇一三年、世界を揺るがせたスノーデン事件をとりあげよう。

## （四）これからの通信主権と安全保障

全世界単一のネットワークであるインターネットには、少なくとも理念上は国境の概念はない。そもそも通信事業が市場の問題として議論され、インターネットが普及している現在では、かつて国家同士が威信をかけて争った通信主権に関しても捉え方を見直す必要がある。複数の通信会社が競合する現在では低廉で良好なサービスを提供するのは、あくまでも市場を通してである。したがって政府が関わるものは、安全保障上の問題、犯罪の捜査、サイバー攻撃への対応、および他国からの干渉の排除などということになるだろう。

### インターネットと暗号

通信会社同士で伝送路を繋いで通信を行っていた従来の方式に対し、インターネットは、さまざまなネットワークの回線を選んで通るため、サイバー攻撃など〝見えない敵〟を防ぐことは難しい。利便性は高いが、脆弱性をもった仕組みなのである。それだけに安全保障の問題がより重要になっている。また商取引には、機密保持ばかりでなく、本人の認証が不可欠である。暗号専門家の辻井重男が「暗号なしにサイバー・スペースあるいは電子社会は築けない」[274]というように、今や政府や企業だけでなく、個人レベルでも暗号化技術を日常的に利用している状況にあり、様々な暗号システムが登場しつつある。

現在、普及しているのが、情報秘匿に加え、認証にも使える公開鍵暗号である。第三章でみたように、従来の暗号（共通鍵暗号）は、送信者と受信者が同じ鍵（暗号表）を持つ必要があったが、これに対し、公開鍵暗号は、暗号化するために必要な鍵と復号（解読）するために必要な鍵が異なっていることが特徴である。しかも暗号化するための鍵は公開することができる。このため暗号化する鍵を公開鍵という一方、復号化する鍵を秘密鍵という。つまり暗号化はだれでもできるが、復号は秘密鍵をもっていないとできないのである。公開鍵暗号の嚆矢であるＲＳＡ暗号（三人の考案者、リヴェスト、シャミール、アドルマンのイニシャルから）は、素因数分解がネタになっている。素数どうしを掛け合わせて解を求めるのは簡単にできるが、この掛け合わせた数値を逆に素因数分解するのは桁が多い場合は大変難しい。素数のけた数を増やすとコンピュータを使っても膨大な時間がかかる。片方の計算は簡単にできるが逆は難しい数式（非対称な数学的システム）を見つけて活用するのが公開鍵暗号である。このように公開鍵は、暗号として使えるが、秘密鍵で署名をして、公開鍵で確認してもらうことにより、本人認証にも使えるという特徴がある。公開鍵暗号は、まさに情報の秘匿と認証が必要なインターネット時代になくてはならないシステムといえるだろう。

しかし、公開鍵暗号は莫大な時間を費やせばいつかは解けるものである。量子コンピュータの開発など、その処理能力が飛躍的に向上すれば、役に立たなくなる可能性を内包している。またサイバー攻撃も激しさを増し、ハッキングされて情報が流出してしまったという事態も後を絶たない。今後も暗号を巡る攻防戦が続いていくことも間違いないだろう。だが、これとはまた違う次元の問題がある。それが国家などによる傍受であり監視活動である。

## エシュロンへの疑惑

第六章でみたように、米国や英国の通信傍受活動はしばしば見え隠れしていた。そんな中、一九九〇年代の終わりから二〇〇〇年代のはじめにかけて、「『エシュロン』が世界中の通信を傍受している」と各国のメディアで取り上げられたことをご記憶の方も多いだろう。エシュロンとは、米国や英国などUKUSA協定締結国五カ国が共同で運用していた通信傍受システムである。エシュロンが脚光をあびるきっかけとなったのが、ニュージーランドのジャーナリスト、ニッキー・ハーガーの著作『シークレット・パワー』の刊行である。同書によればニュージーランドの情報通信保安局（GCSB）は、UKUSA協定のもと一九八一年以降、日本の外交電報の一部の解読を分担していた。強度の高い暗号については、ワンタイムパッド（一回限りの乱数表の使用）の方式がとられているため、解読に至っていなかったようだが、強度の低い暗号については解読に成功していたという。[275] ニュージーランドは一九八九年に自前の衛星通信傍受局を設置するまでは、米国国家安全保障局（NSA）の衛星通信傍受局などから送られた暗号電報の解読を受け持つ形で関与していたという。

また、冷戦が終了した一九九〇年代は、サウジアラビアと仏エアバス社との売買契約など米国による他国の経済情報傍受活動の噂が多く取沙汰された時期でもある。[276] 二〇〇一年に提出された欧州議会エシュロン特別委員会の最終報告書では、英米など五カ国による通信傍受網の存在が確認できたとし、次の項目をあげている。[277] ①UKUSA協定により、米国、英国、カナダ、オーストラリア、ニュージーランドの五カ国が世界的規模の通信傍受網を運用していることはもはや疑いない。システムはエシュロンと呼ばれているものとみられる。②主な傍受対象は個人や民間企業の通信である。③エシュロンの能力は、一部で主張されたような、世界中の電話、ファクス、電子メールを傍受できる水準には及ばない。④米国がエシュロンなどで得た成果を産業スパイ活動に利用している確固たる証拠は得られなかった。

この報告書では、エシュロンの過大評価は認めないものの、米国などが経済情報を傍受している疑念は拭えないとして、「国際レベルでのプライバシー保護合意の強化」や「欧州独自の暗号技術の開発」を訴えた。米国では電報のシステムがコンピュータ化された一九六〇年代の半ばには、宛名や単語による検索により、電報を抽出することが可能になっていた。[278] 欧州議会が危惧していたのは、米国政府が、傍受した情報をもとに米国企業に有利となるように働きかけているのではないかということであった。さらに、自国でも許されない国民への監視を外国が行っているという点も懸念された。

エシュロンを巡る議論は、特定の相手に狙いを定めた傍受と、全体から検索する方法による傍受を混同している場合があるので、過大評価になりやすい。いずれにしろ、エシュロンが取りざたされていた一九九〇年代末は光海底ケーブル主体の通信網となっており、衛星通信の傍受システムであったエシュロンそのものは既に主流ではなかった。またこの五カ国は、ほかにソ連の衛星を対象としたシステムも運用しており、エシュロンはサブシステムの一つに過ぎなかったのである。

とはいえ、ＮＳＡによる盗聴の疑惑は尽きなかった。たとえば一九九五年一〇月一五日付『ニューヨーク・タイムズ』には、日米自動車交渉時にＣＩＡによる諜報活動があり、ＮＳＡも関与していたとの記事が掲載された。この記事が出た直後の一〇月一七日、自ら交渉にあたっていた橋本龍太郎通産相は「大変不愉快な感じと信じたくないという思いと、双方がよぎった」と衆議院商工委員会で答弁している。これが本当なら、橋本通産相は、竹刀を突き付けられたうえ、盗聴までされていたことになる。このほかにも真相は定かではないが、一九九〇年のインドネシアの電話交換機設置で日米企業が競合した際もNSAによる盗聴活動があったのではないかとみられている。[279] この時期、米国の大手通信会社が各地で受注に成功していたことも確かなようである。[280]
冷戦終結後、要員を大幅に削減したNSAは、[281] 経済情報の傍受に注力するようになったといわれていた。しかし、二〇〇一年九月一一日の米国同時多発テロによりこの事情は一変する。

## スノーデンの告発

二〇一三年六月、NSAの仕事を請け負う民間企業に勤めていたエドワード・スノーデンは、勤務地ハワイから香港に移動し、同地でジャーナリストを通じてNSAの機密資料を大量に持ち出したことを明らかにした。スノーデンが告発した主なNSAの活動は次のとおりである。[282] ①大手通信会社から大量の通信記録を得ていること、②インターネット監視システムを利用した傍受対象が個人にまで及んでいること、③海外へのサイバー攻撃の準備をしていること、④米国のインフラを通過する電子メール、通話データの収集、分析、保存を行っていること、⑤光海底ケーブルから大量の情報を傍受していること、[283] ⑥協力企業を通して他国の電話会社やプロバイダーにもアクセス可能であること、⑦米国内外国公館からの傍受、などである。つまり、米国発着および米国を経由する電話や電子メールに加え、米国外の電話や電子メールも協力企業により傍受可能になっていた、ということである。スノーデンは政府による市民の監視は民主主義の根幹にかかわることと考え告発に踏み切ったという。

かつてエシュロンが取りざたされた際、傍受の対象は衛星通信であり、通信情報を通信会社から得る必要はなかった。しかし、光海底ケーブルからの傍受は通信会社の協力なしには困難である。同時多発テロ以降、第六章でみたシャムロック作戦が復活していたとみていいだろう。米国では、一九七〇年前後にミナレット計画という反体制運動家やジャーナリストを対象とした傍受活動を行っていた前歴がある。[284]

これまでみてきたように国際通信の場合、相手国側で情報を傍受される危険性は常にあるが、インターネットの場合はさらに深刻だ。米国主導のインターネットでは多くのサーバーが米国内にあり、利用者が気づかないうちに米国内のサーバーにアクセスしていたり、経由していたりする。利用者が意識しないまま、国際通信を行っているのである。NSAの監察官が二〇〇九年に書いたレポートによると、二〇〇三年の国際通話一八〇〇億分のうち二〇%が米国発着で、一三%が米国中継であるというが、インターネットはそれ以上であったという。[285]

米国はこれまでも様々な諜報活動を行っていたので、今さらスノーデンの告発に驚くこともないともいえるが、告発内容をみると、従来以上にその活動がエスカレートしていることは確かである。米国内の通信であれば、通信会社やプロバイダーの協力があれば簡単にデータを入手できるにもかかわらず、海底ケーブルからのデータ入手など、手間のかかる方法も恒常的に行っているようであり、二重、三重にデータ傍受網をめぐらしていることになる。米国内に残るデータのみならず、ケーブル経由で交わされる第三国のデータも入手しようとしているのだろう。

事態をさらに憂慮させるのは、インターネットの利用により格段に増加した個人情報を含めたデータが危機に瀕している点である。インターネットの出現以前は、ネットワーク経由で流出するデータは特定の諜報対象に限られていた。だが、今や潜在的に全ての個人に拡げられている。さらに通信中に傍受される危険性があるだけでなく、蓄積したデータが漏洩してしまう危険性もある。顧客データなど膨大な個人情報をもつ組織には厳重な管理が求められる。スノーデンは、防諜組織ではたらく職員の仕事の姿勢にも疑問を抱き、告発に至る要因となっている。スノーデン事件が世間を大きく騒がせたのは、一個人もまた諜報活動の対象にされることがありうるという点にあるだろう。

## インターネットと通信主権

このような時代にあって、国境のないインターネットと、従来の通信主権はどのような関係にあるのだろうか。各国はインターネットにどのようにかかわっているのだろうか。その好い例が、二〇一四年、セウォル号事件の際に韓国で生じた「サイバー亡命」である。当時、朴槿恵大統領に対する批判が高まった際、韓国の検察当局がインターネット上で虚偽の事実を流して他人の名誉を棄損すれば、逮捕を含め徹底的に捜査する方針を示した。[286] 韓国では「カカオトーク」というアプリでチャットをしている人が多かったが、この方針が発表された後、ドイツの「テレグラム」というアプリに乗替えする人が相次いだという。「テレグラム」は韓国内にサーバーがなく、セキュリティの高さに定評があった。これを韓国の人たちは「サイバー亡命」と呼んだ。

またスノーデンの暴露後、ドイツは米国を経由しないで電子メールをやりとりできるようにし、ブラジルもまた米国経由を避けて欧州との直通の海底ケーブル敷設を決定した。[287] インドはより抜本的対策を講じ、タイプライターを復活させたという。ロシアや中国などはスノーデン事件前から、インターネットの国内支配の強化を進めていた。

二〇一一年、ロシアは中国などと共同で、国連で総会決議案として「情報セキュリティ行動規範」を提出した[288]。この「行動規範」では、「主権の尊重」、「情報通信技術による侵略の禁止」などを掲げている。ロシアや中国がここで主張している「主権」とは、「インターネットのコンテンツに対する国家の規制権限」で、政府による検閲や監視を認めるというものである。インターネット発祥の地、米国では、その政治的理念に加えてIT企業が海外で多大な収益をあげていることからも自由な流通を求めている。各国の政治体制の違いとそれぞれの国益により、各国が異なった考えをもっているわけである。

インターネットは利便性に富んでいるが、様々な形で外部からの攻撃を受ける。いわゆるサイバー攻撃である。攻撃者はターゲットの通信機能をマヒさせたり、情報を窃取したりするわけであるが、サイバー攻撃がやっかいなのは、その攻撃者の特定が困難なことである。また多くの国の政府は頻発しているテロ対策にも通信の傍受が必要と考えている。

二〇一二年一二月、ITUの国際電気通信規則（ITR）の改定が議論された際、ロシアや中国は安全保障やセキュリティのため国家の介入を認めるべきだと提案して、自由な情報流通を主張する米国などと対立した。従来ITUはインターネットを管轄していなかったが、インターネットの現状に不満を抱く国々が、議論の場をITUに求めたのである。つまりインターネットに関して、国家の規制を認めるべきという国とできるだけ介在するべきではないという国が対立しているわけである。争点は、次の四つである[289]。①インターネット・ガバナンス、②セキュリティと表現の自由、③スパム対策、④電気通信の定義およびＩＴＲが対象とする事業者の範囲。このうち①のインターネット・ガバナンスは、インターネット全体の管理の問題であり、国によるアドレスの管理などが提案された。④は、電気通信の定義と事業者の範囲を拡大するという内容であった。だが、この二項目はこの時の議論では大きな進展がなかった。

結局、新ＩＴＲには、セキュリティ確保の規定とスパム拡散防止の規定が加えられることとなった。しかし、ロシア、中国、ブラジルなど八九カ国は新規則に署名したが、米国をはじめ、英国、日本など五五カ国は署名を見送った。署名しなかった国には旧ＩＴＲが適用され、二〇一五年一月一日に発効した新ＩＴＲは署名した国だけに適用されている。規則が二本立てになっているわけである。米国は、セキュリティの問題やスパムメールの対策は場合により通信の内容に触れざるを得ず、検閲に繋がりかねないと主張している。新ＩＴＲはセキュリティに関しては、コンテンツを扱うものではないと条文に明記し、スパムメールについては「求められていない大量の電子通信」という表現にするなどの配慮もなされたが合意には至らなかった。

とはいえ、米国は今後も、自由で開かれた通信網を提唱するとともに、傍受活動を続けるだろう。いずれにしてもインターネットの在り方に関しては、これからも様々な局面で議論していく必要がある。

## （五）「新しい時代」の光と陰

### 躍進する米国のＩＴ企業

諸外国に比べ日本の電気通信市場は平穏のようにみえるが、回線を所有していなくても全世界にサービスを展開できるインターネットの時代にあっては、激動期をむかえつつあると考えるべきだろう。実際、現在日本で多く使われている携帯端末はアップルやグーグルであり、パソコンの基本ソフトはマイクロソフトとアップルである。検索エンジンはグーグル、ＳＮＳはフェイスブックやツイッターである。ハードの通信設備を所有・管理していれば通信主権は守られるという時代は既に終わっている。利用者が誰と連絡をとり、何を検索し、どのような嗜好を持っているかの情報が外国企業のもとに集まりつつある。しかもこれら多くのＩＴ企業が米国の通信傍受活動の実態を暴露したスノーデンにより米国政府に情報提供していたと告発されているのである。各企業が持つビッグデータとＡＩ技術が結びつけば、一企業により世界の政治や経済に影響を与える可能性も高いだろう。

また、海底ケーブルの敷設主体も、通信会社からグーグル、アマゾン、マイクロソフトなどに変わりつつある。「はじめに」で触れたようにマイクロソフトやフェイスブックは次々とケーブル敷設計画に参加している。米国のＩＴ企業は世界各地の自社データセンターを光ファイバーで結ぶプライベートネットワーク構築を目指しているのである。こうなると日本の通信会社に残されているのは国内の伝送路の管理だけということになりかねず、通信事業以外の産業にも悪影響を及ぼす可能性がある。安全保障、通信の秘密、経済的問題などの観点から、日本においても通信施策の再検討、あるいは企業による積極的な事業展開が必要な時期にきているといえるだろう。

## 監視社会か、暴露社会か

こうした「新しい時代」において、スノーデンの告発をどのように考えるべきなのであろうか。単純に「監視社会」になったと捉えるだけでいいのだろうか。これまで長い通信の歴史をみてきて、通信の傍受が決定的な意味を持ったことも数多くあるが、一方で通信を傍受したとしても必ずしも優位に立てるとは限らないのも事実である。というのも実際に交わされている大部分のコミュニケーションは第三者にとってほとんど価値がないものである。金銭や名誉にかかわるものなどの情報は秘匿する必要があるが、そのほかのものは雑音のようなものであろう。しかも電話の傍受の場合はそれだけ時間がかかり、要員がいくらいても足りなくなる。「全ては傍受される可能性がある」というのは心構えとして間違いではないが、「全ては傍受されている」というのは過剰な反応だろう。ターゲットにされない限り、コンテンツまで探るのは、篩にかけたうえでないと無理である。監視社会論で著名なデイヴィッド・ライアンの「標的型と大量監視との境界はかなり明確であったように思うが、もはやそうではない[290]」という指摘は、検索技術が進んだ現代社会では的を射ているが、それでも大量データの解析や通信解析を抜きにターゲットとされる可能性は低いだろう。もちろん政治家や官庁、企業やNPO、メディアなどは、通信を行うにあたり機密保持に最大限の配慮を払う必要がある。

過去多くの諜報機関で情報の取捨選択に失敗してきた。膨大な情報を政府や企業が効率的に処理することは想像以上に難しい。情報を多く収集すれば、それだけ雑音も多く入ってくる。英国の当局者は、「データの大部分は閲覧もせずに破棄されます」[291]と語っているが、それはその通りであろう。危ないのはむしろ、情報を収集している政府や企業の失策や外部からのサイバー攻撃により収集した情報が外部に流出してしまうことの方かもしれない。もちろん、国の行き過ぎた監視活動は改めなければならない。さもないと民主主義そのものが脅かされてしまう。だが、逆に監視社会の危険性を強調することにより、社会全体が萎縮してしまう可能性も留意しなければならない。昨今の政府の発言やメディアの反応をみると懸念される傾向も出てきている。権威主義的な傾向が強い政府がインターネットの検閲を行った場合、ジョージ・オーウェルの『一九八四年』のような監視社会となってしまう可能性もあるだろう。

しかし、現在の日本では、むしろ一般の個人の危険性はインターネット上に必要以上に自分の情報を晒してしまうことにある。ウェブ閲覧履歴、検索履歴、購入履歴、自らの反社会的行為が、フリーメールやSNSの情報とともに悪意のある第三者により統合されたうえ、社会に暴露されたり、脅迫のネタにされたりする危険性がある。さらに、SNSに集約されたビッグデータを利用した情報操作も危惧されている。また、自分のデータを預ける先も吟味が必要である。一般的には、組織の利用を含め、何のためらいもなく安易にSNSを使い過ぎているのではないだろうか。

だが、インターネットの歴史ははじまったばかりである。一五〇年にわたる電気通信の歴史を顧みると、国際間の伝送路整備が、必ずしも国と国の相互理解や和平に寄与していないことが分かる。伝送路の開設時に両国元首が交わした平和への願いは、しばしば裏切られてきた。またインターネットや携帯電話が普及しても人々の幸福感が増大したようにはみえない。問題は私たちがどのように通信技術を使いこなすかにあるだろう。おそらく私たちが恐れなくてはいけないのはロボットに職場を奪われることではなく、人間がロボット化することの方なのである。

本書を終えるにあたり、かつて国際通信をリードした二社について触れておきたい。日本の国際通信を開始したデンマークのグレートノーザン電信会社は、二〇一一年、通信事業から撤退し、現在は補聴器やヘッドセットの会社として活動している。英国のC&Wは、二〇一二年、英国の携帯電話会社ボーダフォンに買収されてその長い歴史を終えた。

# おわりに

　ここまで、一五〇年にわたる通信の歴史を国際間の伝送路の変遷を通してみてきた。国際伝送路の構築は、かつては外交問題、時には戦争と隣りあわせの重要施策であった。明治期、グレートノーザン電信会社に与えた独占権により制約を受けた日本は、朝鮮半島や中国には半ば強引にケーブルを次々と陸揚げした。海底ケーブルは確かに「帝国の手先」という一面を備えていた。

　帝国主義の時代、先進各国は、自国または自国企業によるケーブル敷設に力を注いだ。敷設の目的は経済的な問題とともに安全保障上の問題だった。第一次世界大戦前夜、英国はオール・レッド・ルートを構築し、情報覇権を握る一方、ドイツは、自国ケーブル敷設に加え、新技術である無線通信に着目し、英国に対抗した。

　そして第一次世界大戦後、疲弊した欧州諸国にかわって主役に躍り出たのが、米国である。大戦後のパリ講和会議で、米国のウィルソン大統領は、各国公平な新たな通信秩序の構築を訴えたが、既得権にこだわる日英仏などの合意を得ることができなかった。その後、日米両国は、ケーブル陸揚げを巡ってはヤップ島で、長波無線局設置を巡っては中国で激しく対立した。

　一九三〇年代になると、国際伝送路の主流は、ケーブルから無線に移行したが、無線はケーブルに比べ容易に相手に傍受されてしまうという欠点があり、各国は暗号強度の向上を図るとともに他国の暗号の解読に励んだ。日米間でも熾烈な情報戦が行なわれていた。太平洋戦争前夜、日米両国は互いに相手の外交暗号の解読に成功していたのである。

このようにみてくると、国際通信は、貿易や金融、報道に欠かせないばかりでなく、安全保障上においても重要であることが分かる。そして暗号電報の問題として、語り継がれているものの一つが太平洋戦争開戦時に生じた対米最終通告遅延問題である。従来、対米通告の遅延は、在米大使館員の怠慢に起因するとされてきたが、近年、統帥部の策謀により故意に遅れさせたという説が出され、支持を集めつつある。本書ではこの問題を電文、発着時刻、使用した伝送路など、通信の問題として詳細に検討して新たな見方を提示した。太平洋戦争中も外交電報は引き続き解読され、海軍の暗号も徐々に解読されるに至り、ミッドウェイでの敗北を招いた。

太平洋戦争の敗戦によりＧＨＱの統治下におかれた日本は一九五二年、主権を回復した。電気通信事業は民営化を望む声も多かったが、最終的に電電公社に委ねられた。しかし、吉田茂首相の決断で国際部門のみ民営化され、国際電信電話株式会社が設立された。外国通信会社と柔軟に対応し、きめ細かな顧客サービスを提供するためであった。

一九六〇年代、海底同軸ケーブルと衛星通信が実用化された。この時代、各国はそれぞれの通信主権を尊重し、ケーブル敷設に関し、各国協同で行う体制を築いた。一方、衛星通信も米国主導のインテルサット衛星を共同で利用した。第一次世界大戦後、米国が提案した公平な通信制度が実現したとみることもできるが、衛星通信に関しては、冷戦下、米国主導のインテルサットとソ連主導のインタースプートニクと、東西の二つのシステムが覇を競っていたのである。

一九八〇年代に入り、日米英各国の自由化施策と新技術デジタル通信の登場により、それまで安定していた国際通信秩序が動揺した。長年、政府あるいは大企業が独占していた通信事業に新たな事業者の参入が認められた。ほぼ同時期にデジタル通信技術が登場し、高品質、大容量通信が可能となった。通信事業における独占と協調の時代は終わり、各国の通信会社が、外国の通信市場参入の機会をうかがう状況となったのである。

一九八五年、電電公社が民営化されてNTTが誕生し、新規通信事業者の市場参入が可能となった。しかし、郵政省は、国際、長距離、市内と市場を細分化して新規事業者の参入を認めるという施策をとったため、「巨大なNTT」対「新規通信会社」という構図となり、競争環境を整えることができなかった。さらに郵政省の不透明な行政は、米国や英国からの干渉を招いてしまった。懸案であったNTTの分離・分割も、分社化に留まった。一方、日本進出を図った外資系企業も成果をあげることができず撤退し、今の日本の通信業界は、三社の寡占体制となっている。

二一世紀に入り二〇年近くが過ぎた。現在のグローバル化した社会を作っているのは、インターネットという仕組みと、それを支える光海底ケーブルである。光海底ケーブルによる大容量化に加え、回線を効率的に利用するインターネットにより、通信料金は急激に低下した。この結果、通信市場の主戦場は、国際、長距離から、利用者と最寄りの通信会社を結ぶラストワンマイルの部分にシフトし、携帯電話会社と地域通信会社が主役に躍り出た。さらにグーグルやフェイスブックなどのIT企業がビジネスチャンスをつかみ、今や自ら光ケーブルを敷設し、ネットワークを拡大している。通信事業から外資系は撤退したものの、米国を中心としたIT企業は、日本に着実に根付き、データを蓄積しつつある。

また、インターネットに関して、監視と安全保障の問題も議論を呼んでいる。規制のない自由な制度が望ましいのか、検閲も可能な制度とするべきなのか、インターネットの通信主権の問題である。理想のネットワークとして喧伝されたインターネットも、背後では各国が様々な形でしのぎを削っている。日本は、各国や企業の間で繰り広げられている熾烈な争いに無自覚すぎるのではないかと懸念される。歴史を振り返ってみれば、通信主権や経済的進出を巡る各国の思惑は、現在でも変わることなく続いていることは間違いないのである。

このように、それぞれの時代の国際通信網は、技術水準、各国間の力関係、各国の政策、企業の営利活動などの要素により成り立っている。つまり国際通信史の研究は、外交や国際関係、戦争のみならず経済、国際交流の歴史研究にも新たな知見をもたらす可能性を秘めているのである。

本書では、国際伝送路の変遷を中心に、暗号や諜報活動を補助線に使い、明治初頭以来の通信の歴史を振り返ってきた。「はじめに」でも触れたが、通信を語る難しさは、通信の中身が見えないという点にある。経済史的なアプローチや国際関係史を通しての検討が可能であり、既に成果も出ている。しかし、私がより興味を覚えるのは、一本の電報が歴史をどう動かしたかということである。米国のピューリッツァー賞受賞作家、バーバラ・タックマンの『ツィンメルマン電報』（邦訳名『決定的瞬間』）や『八月の砲声』は、電文や伝送路を詳細に調査して書かれた優れた著作である。日本においても日清戦争直前、漢城（現ソウル）の日本公使館と東京の間の電報交信を詳細に検討した中塚明の『『蹇蹇録』の世界』や高橋秀直の『日清戦争への道』など、戦争に至る過程をたどった研究がある。刻々と変わる情勢、次々と到着する電報のもと、政治家や軍人がいかに決断したかが明らかになる。当時の電文を目にするとき、その時の緊張感が伝わってくるように感じられる。目に見えない「通信」について検討するためには、マクロ的手法とともにこのようなミクロ的手法も不可欠であろう。

第四章で、近代日本史上、最も議論されてきた日米開戦時の「対米最終通告覚書」を運んだ暗号電報を取り上げ、詳細な検証を試みた。この問題が、実際の通信網がどのように利用されていたかを示す絶好の題材でもあると考えたからである。結論に対する評価は読者に委ねたいが、この問題に関する資料である『日本外交文書』やその他の外務省記録、防衛省防衛研究所史料については、それぞれ外務省外交史料館ホームページやアジア歴史資料センターにアクセスすればウェブ上で閲覧可能なので、適宜ご参照のうえ、ご意見、ご批判をいただければ幸いである。また「マジック情報」を収録している *The "Magic" Background of Pearl Harbor* や米国両院合同調査会の『報告書』などもウェブ上で閲覧できる。その膨大な量に圧倒される思いがするだろう。

本書執筆にあたり数多くの方にお世話になった。KDDI広報部の田山靖氏（現KDDI総合研究所）、城市明氏、KDDI運用本部の小野祐一氏、KDDI総合研究所の寺田真一郎氏（現北九州市立大学教授）、元KDD関係者では、富士暹氏、新納康彦氏、櫻井（大坪）恭子氏に特にお世話になった。また前著『国際通信史でみる明治日本』の博士論文審査では、主査の吉井博明東京経済大学名誉教授、副査の有山輝雄元東京経済大学教授、土屋大洋慶応義塾大学大学院教授に大変お世話になった。柏倉康夫放送大学名誉教授にメディア論、稲葉千晴名城大学教授に暗号史のご指導をいただいた。また、政治史、外交史の分野で数々の編著がある小宮一夫氏に草稿段階で貴重なご意見をいただいた。いずれも深く感謝したい。

新潮社学芸出版部の竹中宏氏には、ひとかたならぬお世話になった。深く感謝したい。最後に今年九〇歳を迎えた母、弘子に感謝の言葉を贈りたい。

## （資料）対米最終覚書概略

### 第九〇一号「対米覚書」発電について

米国提案に対する覚書を送付する。秘密を厳守し、訓令次第いつでも手渡せるよう準備せよ。

### 第九〇二号「覚書」

#### 第一分割

帝国政府は、米国政府との間で行ってきた交渉において、米国政府の固持する主張やこの間米英両国が帝国に執った措置について率直に米国政府に開陳する。

世界の平和は帝国不動の国是であるが、中国は帝国の真意を解せず不幸にして支那事変が発生した。帝国は平和克復に励み、戦禍拡大阻止に努めてきた。昨年締結した三国同盟もこの目的のためである。

#### 第二分割

しかるに米英両国は中国を援助し、日中全面和平の成立を妨害した。仏領インドシナ共同防衛の措置を講じるや米英は自国領域に対する脅威と曲解し、資産凍結を行い、明らかに敵対態度を示すとともに帝国に対する軍備も増強し、帝国包囲の態勢を整え、帝国存立を危殆させる状況を誘致するに至った。

#### 第三分割

それにもかかわらず帝国総理大臣は、事態の急速収拾のため米国大統領との首脳会議を提議したが、米国は首脳会議の開催は両国間の重要問題で意見一致した後とするべきと主張した。帝国はさらに譲歩したが、米国は終始当初主張を固執し交渉は停滞した。

#### 第四分割

一一月二〇日に至り、帝国は、米国が資産凍結を解除すれば帝国は南部仏印から撤退すると提案した。

**第五分割**

同時に帝国は米国が日中直接交渉の妨げにならないように確約を求めたが、米国は応じないばかりか、中国支援継続の意思を表明した。一一月二六日に至り、米国は帝国の主張を無視する提案をするに至ったのは誠に遺憾である。

**第六分割**

この間、帝国は公正、謙抑なる態度で極力妥協の精神を発揮したのは米国政府も了解することと信ずる。

**第七分割**

米国政府は何の譲歩もしなかった。特に次の点について注意喚起する。

(一) 現実を無視した独善的主張を相手国に強要するような態度は交渉成立を促進するものではない。

**第八分割**

今般、米国政府が提案した諸原則の中には帝国として趣旨に賛同できるものもあるが、米国政府が直ちに採択を要望するのは世界の現状に鑑み架空の理念に駆られているものというほかない。

(二) 米国政府は、帝国の三国同盟の義務履行を牽制する意図を提案しており、帝国は受諾できない。

**第九分割**

米国は自己の主張と理念に幻惑され自ら戦争拡大を企図しつつありといわざるを得ない。

**第一〇分割**

（三）米国政府が英国等とともに行っている経済力による圧迫は場合により武力圧迫以上の非人道行為にして国際関係処理の手段として排撃されるべきものである。

（四）米国は英国とともに従来保持せる支配的地位を強化しようとしていると見るほかはない。東亜諸国は過去百年余り帝国主義的搾取政策のもとに現状維持を強いられてきた。帝国はこれを断じて容認できない。

**第一一分割**

米国が提案する仏領インドシナに関する六カ国政府の共同保証は、このいい例である。紛糾の最大原因の一つである中国に関する九カ国条約をインドシナに拡張するものとみるべきものであり、帝国として容認できない。

**第一二分割**

（五）米国が要求する日本の中国からの完全撤退、通商無差別原則の無条件適用といい、いずれも中国の現実を無視し、東亜の安定勢力である帝国の地位を履滅しようとするものである。重慶政府以外の支持を認めず南京政府を否認する態度は交渉の基礎を根底から覆すものである。米国に日中正常化、東亜平和の回復を阻害する意思があることを実証するものである。

**第一三分割**

米国の提案は、全体的にみて帝国として交渉の基礎として到底受け入れることはできない。米国は英、豪、蘭、重慶などと協議し、提案していると認められ、これらの諸国は米国と同様帝国の立場を無視しようとしていると断ぜざるを得ない。

**第一四分割**（七日午後四時発電）

よって、帝国は米国の態度に鑑み今後交渉を継続しても妥協に達することはないと認めるほかない旨を米国に通告するのを遺憾とするものなり。

### 第九〇四号　「対米覚書」の機密保持方訓令

覚書の準備にあたっては「タイピスト」などを絶対に使用せず機密保持に万全を期されたい。

### 第九〇七号　「対米覚書」手交方訓令

往電第九〇一号に関し本件対米覚書貴地時刻七日午後一時を期し米側に（成る可く国務長官に）貴大使より直接手交あり度。

### 第九〇八号　両大使以下館員に対する慰労の意伝達

貴両大使が心血を注がれたる御尽力にも不拘日米国交の調整成らず遂に今日の事態に立ち至るは共に頗る遺憾とする所なり。

此の機会に両大使の御努力と御労苦に対し深甚の謝意を表すると共に貴館館員御一同の御奮闘を感謝す。

### 第九〇九号　（参事官以下に対する慰労）

山本アメリカ局長より井口参事官と館員および結城書記官へ
私はアメリカ局の局員とともに、未曽有の難局に対処し、あらゆる困難にもかかわらず、長期にわたりわが国のために尽力されたことに対し、深く感謝し心からお礼を述べる。諸氏のご健康を祈る。

### 第九一〇号　（暗号機械等の処分について）

往電九〇二号の第一四部、第九〇七号、第九〇八号および第九〇九号を翻訳した後、残されている翻訳機械と同暗号書をただちに処分されたし、機密書類も同様に処理されたし

### 第九一一号　「対米覚書」の一部修正方訓令

往電第九〇二号に関し
対米覚書中Ⅲの初めの方 But the American Government adhering steadfastly to its original proposal の proposal を assertions に訂正あり度

# 註釈・参考文献

## はじめに

1 総務省報道資料「平成二九年通信利用動向調査の結果」(二〇一八年五月二五日)
2 総務省報道資料「我が国のインターネットにおけるトラヒックの集計・試算」(二〇一八年二月二七日)
3 山口修「不毛の通信史学」『日本歴史』第二六二号(一九七〇年三月)
4 ダニエル・R・ヘッドリク『帝国の手先―ヨーロッパ膨張と技術―』(日本経済評論社、一九八九年)、同『インヴィジブル・ウェポン―電信と情報の世界史一八五一―一九四五』(日本経済評論社、二〇一三年)

## 第一章

5 外務省編『日本外交文書』第四巻(巌南堂書店、一九九四年)一二四頁
6 郵便事業は、一八七一年四月二〇日(明治四年三月一日東京―大阪間で開始された(石井寛治『情報と通信の社会史―近代日本の情報化と市場化―』(有斐閣、一九九四年))四八―五一頁
7 園田英弘「地球が丸くなる時」米欧回覧の会編『岩倉使節団の再発見』(思文閣出版、二〇〇三年)一七一―一七四頁。同『世界一周の誕生』(文藝春秋、二〇〇三年)
8 星名定雄『情報と通信の文化史』(法政大学出版局、二〇〇六年)三九八―四〇一頁
9 アンソニー・ギデンズ『国民国家と暴力』(而立書房、一九九九年)二〇六頁
10 村本脩三編『国際電気通信発達略史(世界編)』(国際電信電話株式会社、一九八一年)九頁
11 倉田保雄『ニュースの商人ロイター』(朝日新聞社、一九九六年)六三―九〇頁
12 長島要一「大北電信会社の日本進出とその背景」『日本歴史』第五六七号(一九九五年八月)七七―九二頁
13 薛軼群『近代中国の電信建設と対外交渉：国際通信をめぐる多国間協調・対立関係の変容』(勁草書房、二〇一六年)二〇―二二頁、二八頁
14 有山輝雄『情報覇権と帝国日本―海底ケーブルと通信社の誕生―』I(吉川弘文館、二〇一三年)三〇―三二頁
15 川野辺冨次「英国公使との事前取極による伝信機条約」『交通史研究』第三〇号(一九九三年六月)四四―六五頁
16 小寺彰「電気通信と主権」『国際法外交雑誌』第九〇巻三号(一九九一年八月)二八五―三二四頁

17 逓信省編『逓信事業史』第三巻（逓信省、一九四〇年）六一五―六二〇頁
18 『逓信省第七年報』（逓信省、一八九四年）四三七―四五二頁、四二二―四二三頁
19 郵政省編『郵政百年史資料』第二巻（吉川弘文館、一九七〇年）四六―四九頁
20 宮内庁編『明治天皇紀』第五巻（吉川弘文館、一九七一年）二九六頁
21 日本電信電話公社海底線施設事務所『海底線百年の歩み』（電気通信協会、一九七一年）八三三―八三五頁
22 Headrick, Daniel R., *The Invisible Weapon: Telecommunications and International Politics, 1851-1945*（Oxford University Press, 1991）99-100
23 花岡薫『海底電線と太平洋の百年』（日東出版社、一九六八年）六二頁
24 Headrick, *The Invisible Weapon* 100-101
25 陸軍省 密大日記 明治三六年（防衛研究所）（JACAR〈アジア歴史資料センター〉: C03022793500）
26 外務省編『日本外交文書』第三五巻（日本国際連合協会、一九五七年）三七七―三七九頁
27 郵政省編『郵政百年史資料』第六巻（吉川弘文館、一九七〇年）一七八―一八三頁
28 外務省編『日本外交文書』第三八巻第二冊（日本国際連合協会、一九五九年）一三三―一三四頁
29 陸軍省　密大日記、大正三年（防衛研究所）（JACAR: C03022365600）
30 『外国電信特別協約集』第二号（逓信省電務局、出版年不明）七五頁。この時点で国際料金の換算率は一フラン〇・四〇円であった。
31 『中外商業新報』一九一二年九月二三日

## 第二章

32 村本『国際電気通信発達略史（世界編）』四八―五八頁
33 高橋雄造『電気の歴史―人と技術の物語―』（東京電気大学出版局、二〇一一年）一六九―一七五頁
34 Winkler, Jonathan Reed *Nexus: Strategic Communications and American Security in World War I*（Harvard University Press, 2008）5-6
35 平間洋一『第一次世界大戦と日本海軍』（慶応義塾大学出版会、一九九八年）七二頁
36 大野哲弥「第一次世界大戦初頭の日本の国際通信網」『情報化社会・メディア研究』第一一巻（二〇一五年四月）一三―二四頁
37 外務省編『日本外交文書』大正八年第三冊上巻（外務省、一九七一年）五一六―五四七頁

38 ヘッドリク『インヴィジブル・ウェポン』二三八頁
39 外務省編『日本外交文書　巴里講和会議経過概要』（外務省、一九七一年）八六九―八七三頁
40 海底電線問題　第一巻（外交史料館）（JACAR: B06150273300）
41 外務省編『日本外交文書』大正八年第三冊上巻五二四―五三二頁
42 稲田真乗「日本海軍のミクロネシア占領とヤップ島問題」『法研論集』第九〇号（一九九九年六月）一〇九―一一〇頁、外務省編『日本外交文書』大正九年第三冊上巻（外務省、一九七四年）五九二頁
43 外務省編『日本外交文書』大正九年第三冊上巻（外務省、一九七四年）四六九―四七一頁
44 同前書、五〇〇―五〇二頁
45 同前書、五六八―五六九頁
46 同前書、六一一―六一二頁
47 外務省編『日本外交文書』大正一〇年第三冊上巻（外務省、一九七五年）三二三―三二六頁
48 同前書、三七七―三七九頁
49 稲田「日本海軍のミクロネシア占領とヤップ島問題」一一五頁
50 須永徳武「中国の通信支配と日米関係：三井・双橋無電台借款とフェデラル借款をめぐって」『経済集志』六〇（四）（一九九一年）一五七―一八八頁
51 三井無線電信契約問題経過概要／支那無線電信問題資料第二（亜―六〇）（外交史料館）（JACAR: B02130079300）
52 同前（JACAR: B02130079000）、有山輝雄『情報覇権と帝国日本―通信技術の拡大と宣伝戦―』Ⅱ（吉川弘文館、二〇一三年）七九―一一九頁、薛『近代中国の電信建設と対外交渉』一二六―一四二頁
53 陸軍省　密大日記　大正九年　五冊の内　四（防衛研究所）（JACAR: C03022516800）
54 支那交通部対米国「フェデラル」無線電信会社契約問題経過概要／支那無線電信問題資料第三（亜―六二）（外交史料館）（JACAR: B02130081400）
55 貴志俊彦「通信特許と国際関係」『模索する近代日中関係』（東京大学出版会、二〇〇九年）一三七頁
56 外務省編『日本外交文書　ワシントン会議極東問題』（外務省、一九七六年）一七七―一七九頁
57 同前書、一九五―二二四頁
58 服部龍二『幣原喜重郎と二十世紀の日本』（有斐閣、二〇〇六年）七八頁
59 本邦各国間無線電信連絡利用雑件／日、支間ノ部（外交史料館）（JACAR: B10074942600）

60 村本修三編『国際電気通信発達史（日本編）』（国際電信電話株式会社、一九八四年）七五―七六頁
61 『大阪朝日新聞』一九一六年一一月一四日
62 逓信省電務局編『電務年鑑』昭和一二年版（逓信省電務局、一九三八年）四五頁
63 『横浜貿易新報』一九一八年六月二九日
64 電波監理委員会編『日本無線史』第五巻（電波監理委員会、一九五一年）一五七頁
65 大正一一年　公文備考　巻二　官職附属（防衛研究所）（JACAR: C08050650700）
66 同前、（JACAR: C08050650900）
67 帝国無線電信関係雑件（外交史料館）（JACAR: B12081362800）
68 国際電気通信株式会社史編纂委員会編『国際電気通信株式会社史』（国際電気通信株式会社、一九四九年）三―四頁。須永徳武「戦前期日本の対外通信事業の特質と通信自主権―日本無線電信会社の設立を中心として―」『経世論集』第一七号（一九九一年）四一―四四頁
69 『日本無線史』第五巻一六五頁。無線通信とケーブル通信の利用状況に関する研究として、三井物産史料を用いた若林幸男「国際通信市場再編期における総合商社の情報通信環境―「無線国策」時代突入時の三井物産大阪支店の情報通信事情―」『政経研究』七二号（一九九九年三月）がある。
70 『国際電気通信株式会社史』五―六頁、九頁。商社の国際電報利用状況については、石井『情報・通信の社会史』、藤井信幸『テレコムの経済史―近代日本の電信・電話―』（勁草書房、一九九八年）、藤村聡「明治・大正期における貿易商社〝兼松〟の通信手段とその費用」『経済経営研究年報』第五二号（二〇〇二年）、同「戦間期の貿易商社における通信費の構成」『経済経営研究年報』第五一号（二〇〇一年）
71 日本無線電信株式会社は一九三八年に国際電話株式会社と合併し、国際電気通信株式会社が設立された。
72 逓信省電務局編『電務年鑑』昭和一七年版（逓信省電務局、一九四二年）二六五頁
73 白戸健一郎『満洲電信電話株式会社―そのメディア史的研究―』（創元社、二〇一六年）三六―六三頁
74 大野哲弥「大正・昭和戦前期の国際電報料金、取扱量の変遷」『情報化社会・メディア研究』（二〇一四年三月）四一頁
75 逓信省電務局編『電務年鑑』昭和一六年版（逓信省電務局、一九四一年）一八六、一九三頁
76 逓信省電務局編『電務年鑑』昭和一七年版三二一―三二三頁
77 大野貫二『わが国対外無線通信の黎明期』（国際電信電話株式会社、一九七六年）一〇八―一〇九頁
78 逓信省電務局編『電務年鑑』昭和一六年版一八二―一八三頁

79 有山『情報覇権と帝国日本』Ⅱ（吉川弘文館、二〇一三年）四三六—四三七頁
80 逓信省電務局編『電務年鑑』昭和一六年版一八四—一八七頁
81 本邦各国間無線電話連絡利用雑件　第二巻（F-2-3-2-6_002）（外交史料館）（JACAR: B10075004400）

## 第三章

82 長田順行『ながた暗号塾入門』（朝日新聞社、一九八八年）二〇—二一頁
83 萩原延寿『岩倉使節団（遠い崖—アーネスト・サトウ日記抄九）』（朝日新聞社、二〇〇〇年）一九八頁
84 佐々木隆は明治期の各省の暗号に共通している特徴としてヰ、ヱ、オを省いていることをあげている（佐々木隆「明治期中期の政府暗号」『メディア史研究』第三号（一九九五年六月）一一八頁）
85 大野哲弥『国際通信史でみる明治日本』（成文社、二〇一二年）七八頁
86 早稲田大学古典籍総合データベース　電信暗号ニ関スル交渉書類：西郷台湾事務都督宛／蕃地事務局長官大隈重信。吉村昭は、初めに外務省が正式に暗号表を作成したのは、明治七年五月一四日としているが、これは蕃地事務局暗号の改正と混同しているものと思われる（吉村昭『ポーツマスの旗』『吉村昭自選作品集』（新潮社、一九九一年）第七巻九三頁）
87 長田『ながた暗号塾入門』二一五—二一六頁
88 単行書　処蕃始末・甲戌六月之二・第十八冊（国立公文書館）（JACAR: A03030160800）
89 寺島宗則研究会編『寺島宗則関係資料集』上巻（示人社、一九八七年）一三二—一四六頁
90 長田順行『西南の役と暗号』（朝日新聞社、一九八九年）、田中信義『電報にみる佐賀の乱・神風連の乱・秋月の乱』（熊本印刷紙工、一九九六年）、大野哲弥「西南戦争時の政府暗号補論」『情報化社会・メディア研究』第九巻（二〇一三年三月）五九—六六頁
91 単行書　電報集一・本局書記官（国立公文書館）（JACAR:A07090025400）
92『読売新聞』二〇一四年一月三日
93 単行書　自九年至十年　電報録（国立公文書館）（JACAR: A07090134200）
94 藤井『テレコムの経済史』二四五—二四六頁
95 逓信省電務局編『電務年鑑』昭和一二年版（逓信省電務局、一九三八年）一一九頁
96 仮名符号及其使用心得書送付一件（外交史料館）（JACAR: B13080297300）
97 外務省百年史編纂委員会編『外務省の百年』下巻（原書房、一九六九年）一三一四—一三二〇頁

98 極秘　明治三七・八年海戦史　第四部　防備及ひ運輸通信　巻四（防衛研究所）（JACAR: C05110109800）
99 大正三年一〇月　第二艦隊　日令、訓令、法令、命令、公報、普号綴（防衛研究所）（JACAR: C10080005400）
100 大井昌靖「明治期の海軍における軍法会議の適用に関する一考察」『軍事史学』第五〇巻第一号（二〇一四年六月）七六頁
101 大正三～四年　遣米枝隊関係書類　巻一三（防衛研究所）（JACAR: C11081157400）
102 大正三年　第三戦隊　日令　法令及機密綴（防衛研究所）（JACAR: C10080143800）
103 大正三年～九年　大正戦役　戦時書類　巻九一　通信四（防衛研究所）（JACAR: C10128260700）
104 長田『ながた暗号塾入門』六七―七一頁
105 ハーバート・O・ヤードレー『ブラック・チェンバー』（荒地出版社、一九九九年）二五八―二九四頁
106 外務省編『日本外交文書　ワシントン会議』上巻（外務省、一九七七年）二八九―二九〇頁
107 ヤードレー『ブラック・チェンバー』三一三―三二四頁
108 同前書、二九六―三一三頁
109 会議開催ノ提議及開会ニ至ル迄ノ経過一般　松本記録（外交史料館）（JACAR: B06150938700）
110 稲葉千晴『バルチック艦隊ヲ捕捉セヨ』（成文社、二〇一六年）八二―八四頁
111 簑原俊洋「日米情報戦―開戦前の暗号解読の実態」五百旗頭真編『日米関係史』（有斐閣、二〇〇八年）一三四―一三五頁
112 倫敦海軍会議一件／暗号ニ関スル海軍省意見（外交史料館）（JACAR: B04122581000）
113 デイヴィッド・カーン『暗号戦争』（早川書房、一九七八年）一三四―一三五頁
114 外務省百年史編纂委員会編『外務省の百年』下巻一三二九―一三三八頁
115 軍用通信の見地よりする通信窃取に対する方策　昭和三・五（防衛研究所）（JACAR: C14010456900）
116 ヤードレイ著「アメリカン・ブラックチェムバー」問題一件（外交史料館）（JACAR: B13080930400）
117 R・W・クラーク『暗号の天才』（新潮社、一九八一年）九五―九七頁
118 長田『ながた暗号塾入門』二五一―二六一頁、原勝洋・北村新三『暗号に敗れた日本』（PHP研究所、二〇一四年）一〇六―一三五頁
119 逓信省編『逓信事業史』第三巻六七七―六七八頁
120 欧州内で発着信する乙種の場合は四分の三の料金であった。
121 陸軍省　昭和九年「密大日記」第六冊（防衛研究所）（JACAR: C01004033800）
122 東郷茂徳『時代の一面―大戦外交の手記―』（中央公論社、一九八九年）二三六―二三七頁）

123　カーン『暗号戦争』三八頁
124　同前書、四六―五四頁
125　同前書、二三頁
126　ゴードン・W・プランゲ『真珠湾は眠っていたか―運命の序曲―』Ｉ（講談社、一九八六年）一三七頁
127　カーン『暗号戦争』五四―五五頁
128　森山優「戦前期における日本の暗号解読能力に関する基礎研究」『国際関係・比較文化研究』第三巻第一号（二〇〇四年九月）一一五―一三七頁
129　日、米外交関係雑纂／太平洋ノ平和並東亜問題ニ関スル日米交渉関係／「特殊情報」綴（外交史料館）（JACAR: B02030750000）

## 第四章

130　日本国際政治学会太平洋戦争原因研究部編『太平洋戦争への道　開戦外交史七　日米開戦』（朝日新聞社、一九八七年）三七七―三七八頁
131　ゴードン・プランゲ『真珠湾は眠っていたか―世紀の奇襲―』Ⅱ（講談社、一九八六年）二四二―二四三頁
132　保阪正康「外務省五〇年の過失と怠慢」『文藝春秋』（一九九一年一二月）一七八―一九五頁
133　東郷茂彦「東郷家文書が語る一二月八日」『文藝春秋』（一九九一年一二月）一九六―二〇七頁
134　秦郁彦『昭和史の謎を追う』上（文藝春秋社、一九九三年）二四一―二六二頁
135　須藤眞志『真珠湾〈奇襲〉論争―陰謀論・通告遅延・開戦外交―』（講談社、二〇〇四年）一五八―一八五頁
136　井口武夫『開戦神話』（中央公論新社、二〇一一年）二〇四―二一六頁
137　三輪宗弘「対米開戦通告の一五時間遅延の謎：在華府日本大使館への責任転嫁は可能なのか」『日本歴史』第七八四号（二〇一三年九月）四一―四四頁。三輪宗弘「対米開戦通告の遅延と外務省の訂正電報―第九〇三号と第九〇六号の東京発信時刻と日本大使館配達時刻」『エネルギー史研究』第三一号（二〇一六年三月）一―二四頁。吉田裕『アジア・太平洋戦争』（岩波書店、二〇〇七年）二〇―二一頁、加藤陽子『昭和天皇と戦争の世紀』（講談社、二〇一一年）三三一頁。クレイグ・ネルソン『パール・ハーバー―恥辱から超大国へ―』上（白水社、二〇一八年）二七九頁
138　岩畔豪雄『昭和陸軍謀略秘史』（日本経済新聞社、二〇一五年）三〇二―三〇三頁
139　カーン『暗号戦争』六〇―六一頁、*Pearl Harbor attack: hearings before the Joint Committee on the investigation of the Pearl*

*Harbor attack*, Congress of the United States, Seventy-ninth Congress Part 4, 1861-1862. 以下同書を PHA と略記。

140　PHA　Part 4, 1862-1863

141　外務省編『日本外交文書　日米交渉―一九四一年―』上巻（外務省、一九九〇年）四八頁

142　「館長符号」という用語は戦後も外務省で利用されている。平成一八年、鈴木宗男衆議院議員が提出した質問主意書に対する小泉純一郎首相名の答弁書の内容は次のとおりである。「館長符号は、一般に、外務省設置法（平成十一年法律第九十四号）に規定する外務省の所掌事務を遂行するに際し、外務本省と在外公館長本人との間で連絡を行う必要がある場合に用いられる」。

143　日本国際政治学会太平洋戦争原因研究部編『太平洋戦争への道　開戦外交史　資料編』別巻（朝日新聞社、一九八八年）四一四頁

144　カーン『暗号戦争』六〇―六二頁。PHA　Part 4 1863

145　佐藤元英『外務官僚たちの太平洋戦争』（NHK出版、二〇一五年）二一四―二二三頁

146　外務省編『日本外交文書　日米交渉―一九四一年―』下巻（外務省、一九九〇年）九一頁

147　*The "Magic" Background of Pearl Harbor Appendix IV*, US. Department of Defense.1977 Appendix IV　A-28　No. 60

148　Ibid., A-194 No.386

149　日、米外交関係雑纂／太平洋ノ平和並東亜問題ニ関スル日米交渉関係　第五巻（外交史料館）（JACAR: B02030721700）

150　同前、（JACAR: B02030721600）

151　藤山楢一「日米開戦前夜のワシントン大使館」秦郁彦編『真珠湾燃える』上（原書房、一九九一年）一六九頁

152　極東国際軍事裁判所編『極東国際軍事裁判速記録』第六巻（雄松堂書店、一九六八年）二六五頁

153　本省電信事務関係雑件（外交史料館）（JACAR.B12080888900）

154　藤山楢一『一青年外交官の太平洋戦争』（新潮社、一九八九年）九〇頁

155　実松譲『日米情報戦記』（図書出版社、一九八〇年）一五〇―一五一頁

156　実松譲編『現代史資料三四　太平洋戦争一』（みすず書房、一九六八年）五二三―五二四頁

157　日、米外交関係雑纂／太平洋ノ平和並東亜問題ニ関スル日米交渉関係　第五巻（外交史料館）（JACAR: B02030722700）。マジック情報には、「大至急」も very urgent も記録されていない（PHA Part 12, 155-158）。第八一二号は、大至急指定なしで、very urgent を書き入れているが、マジック情報では urgent になっている（PHA Part12, 165）

158　柳田邦男『マリコ』（新潮社、一九八三年）九〇―九一頁、日、米外交関係雑纂／太平洋ノ平和並東亜問題ニ関スル日米交渉関係　第四巻）（外交史料館）（JACAR: B02030720400）

159 実松編『現代史資料三四　太平洋戦争一』五五一―五五五頁
160 外務省編『日本外交文書　日米交渉―一九四一年―』下巻二〇五―二〇六頁
161 実松譲編『現代史資料三六　太平洋戦争三』（みすず書房、一九六九年）二二〇―二二一頁
162 『太平洋戦争への道　開戦外交史七　日米開戦』三六八―三六九頁
163 『太平洋戦争への道　開戦外交史　資料編』別巻五九二―五九三頁
164 実松編『現代史資料三四　太平洋戦争一』五五九頁―五六〇頁
165 外務省編『日本外交文書　日米交渉―一九四一年―』下巻二二一頁
166 実松編『現代史資料三四　太平洋戦争一』五六二頁
167 同前書、五六六頁
168 同前書、五七〇頁
169 同前書、一二〇頁
170 マジック情報に記録されている英文は次のとおりである。I request your approval of our desire to delay for a while yet the destruction of the one code machine. (PHA Part 12, 236)
171 原口邦紘「昭和十六年十二月七日対米覚書伝達遅延事情に関する記録」『外交史料館報』第八号（一九九五年三月）五〇―五三頁
172 須藤『真珠湾〈奇襲〉論争』九二頁
173 大本営政府連絡会議議事録　其2（防衛研究所）（JACAR: C12120256700）
174 原口「昭和十六年十二月七日対米覚書伝達遅延事情に関する記録」五六―五七頁
175 日、米外交関係雑纂／太平洋ノ平和並東亜問題ニ関スル日米交渉関係　第六巻（外交史料館）（JACAR: B02030723800 B02030723900 B02030724000）
176 実松編『現代史資料三四　太平洋戦争一』五八九頁。米国両院合同調査会編『真珠湾攻撃記録および報告』第一二部に収録されている「マジック情報」の和訳である。
177 亀山は東京裁判で「最終電報の番号通報」の電報を打ったと陳述している（『極東国際軍事裁判速記録』第六巻二六五頁）
178 井口『開戦神話』二一七―二一八頁
179 外務省編『日本外交文書　日米交渉―一九四一年―』下巻二五〇―二五一頁
180 日本が一九一一年に批准した開戦に関する条約（ハーグ条約）第一条では開戦前に明確な最後通牒または開戦通告を行うこと

が定められていた。日米開戦時の最終覚書は、交渉の打ち切りを宣言しただけで、「最後通牒」にはあたらず「最終覚書」が間に合っていても、米国は真珠湾攻撃を「卑怯な不意打ち」ととらえただろうという見方が有力である。しかし、太平洋戦争中や戦争直後はともかく、戦後七〇年以上も不意打ちと日米両国で言われ続けているのは、この「覚書」すら間に合わなかったということが大きな要因となっていることは間違いないだろう。

181 実松編『現代史資料三四　太平洋戦争一』五八九頁

182 *The "Magic" Background of Pearl Harbor Appendix IV,* A-194 No.386
Note:
"Kinqu" designation for "extremely urgent."
"Daiqu" designation for "urgent."
"Sikyu" designation for "Priority."

183 日、米外交関係雑纂／太平洋ノ平和並東亜問題ニ関スル日米交渉関係　第六巻（外交史料館）（JACAR: B02030724000）。『日本外交文書』下巻では、第九〇八号電に「大至急」指定がないが、外務省記録に「大至急」、マジック情報に urgent の指定がある。

184 『極東国際軍事裁判速記録』第六巻二六四―二七〇頁、原勝洋監修・解説『日米開戦時における日本外交暗号の検証』（ゆまに書房、二〇〇五年）五三―六八頁をもとに作成。ただし第九〇五号電の発出時刻は、『日本外交文書』による。太字部分は、三輪発見資料の時刻による。東部標準時間は日本時間より一四時間遅い。『極東国際軍事裁判速記録』第三巻一一一頁。

185 『日本経済新聞』二〇一二年一二月八日、三輪「対米開戦通告の遅延と外務省の訂正電報」二一―四頁

186 『極東国際軍事裁判速記録』第六巻二六五―二六六頁

187 井口『開戦神話』二〇七―二一〇頁

188 *The "Magic" Background of Pearl Harbor Appendix IV,* A-130-134 No.241A. PHA Part 12.240, 243-245

189 原『日米開戦時における日本外交暗号の検証』五二頁

190 日本の暗号外交電報を在外公館で平文化する場合は、復号であり、相手国の暗号を平文化する場合は「暗号解読」というべきであるが、本書では以後「復号」についても「暗号解読」または「解読」と表記する。

191 一三本目までの解読終了時間は、奥村「夜半まで」、堀内「午前一時頃迄」（原口「昭和十六年一二月七日対米覚書伝達遅延事情に関する記録」五一頁、五三頁）

192 『極東国際軍事裁判速記録』第六巻二六七頁

193 藤山『一青年外交官の太平洋戦争』八三頁。同書には、この時松平書記官が、「これで戦争だね」と言ったところ同席の人たちが笑声をあげたとの記述がある。

194 吉田寿一「通告遅れの内幕―日本大使館員にも言わせてくれ」『諸君!』(一九九二年一月)六八―六九頁

195 カーン『暗号戦争』九二頁。同書によると送信の順序は次のとおりである。一、二、三、四、一〇、九、五、一二、七、一一、六、一三、八。原『日米開戦時における日本外交暗号の検証』五五―五七頁の米海軍傍受時刻で確認できる。

196 井口『開戦神話』二二三頁

197 寺井善守『ある駐米海軍武官の回想』(青林堂、二〇一三年)一二六―一二八頁

198 井口『開戦神話』二二七―二二八頁

199 原口「昭和十六年十二月七日対米覚書伝達遅延事情に関する記録」五三頁

200 同前書、五二頁

201 同前書、六〇頁

202 ジョセフ・C・グルー『滞日十年』下(筑摩書房、二〇一一年)三〇七頁

203 実松編『現代史資料三四 太平洋戦争一』五九〇頁

204 PHA Part 12, 251

205 実松編『現代史資料三四 太平洋戦争一』五九〇―五九一頁

206 Robert J. Hanyok, David P. Mowry. *West Wind Clear: Cryptology and the Winds Message Controversy- A Documentary History.* Center for Cryptologic History, National Security Agency, 2008. 171-175

207 北山節郎『ラジオ・トウキョウ―戦時体制下 日本の対外放送―』Ⅱ(田畑書店、一九八八年)一〇―一七頁

208 Hanyok , Mowry, *West Wind Clear*, 171-175

209 実松編『現代史資料三四 太平洋戦争一』五七四頁

210 カーン『暗号戦争』一〇〇頁

211 原口「昭和十六年十二月七日対米覚書伝達遅延事情に関する記録」六一頁

212 八木正男「対米通告遅延の全真相」『文藝春秋』(一九九五年一二月)一八四―一九五頁

213 法眼健作『元国連事務次長法眼健作回顧録』(吉田書店、二〇一五年)二二六頁

214 『極東国際軍事裁判速記録』第六巻二五六―二五七頁

215 井口『開戦神話』一九五頁

## 第五章

216 村本『国際電気通信発達史（日本編）』一三五頁
217 カール・ボイド『盗まれた情報』（原書房、一九九九年）一、四七頁
218 エドウィン・T・レートンほか『太平洋戦争暗号作戦―アメリカ太平洋艦隊情報参謀の証言―』下（TBSブリタニカ、一九八七年）二五一―二五三頁
219 小谷賢『インテリジェンスの世界史』（岩波書店、二〇一五年）二九―三二頁
220 ジョン・アール・ヘインズ、ハーヴェイ・クレア『ヴェノナ―解読されたソ連の暗号とスパイ活動―』（PHP研究所、二〇一〇年）六三頁
221 マーティン・S・キグリー『バチカン発・和平工作電』（朝日新聞社、一九九二年）一八五―一九六頁
222 『海底線百年の歩み』四九六―四九七頁
223 藤村建雄『知られざる本土決戦南樺太終戦史―日本領南樺太十七日間の戦争―』（潮書房光人社、二〇一七年）五四九―五九九頁
224 北山節郎『ピース・トーク―日米電波戦争―』（ゆまに書房、一九九六年）
225 北山節郎『ラジオ・トウキョウ　敗北への道』Ⅲ（田畑書店、一九八八年）三〇一―三〇二頁
226 村本編『国際電気通信発達史（日本編）』一三七―一三八頁
227 山本武利『GHQの検閲・諜報・宣伝工作』（岩波書店、二〇一三年）五〇―五一頁
228 柏木輝彦『戦後日本の国際通信施策―特にITUとの係わりを中心として―』（マルチメディア振興センター、一九九九年）三―一二頁
229 猪木正道『評伝吉田茂』四（筑摩書房、一九九五年）四二一―四二二頁
230 花岡薫『国際通信―歴史と人物』（日東出版社、一九八一年）一二六―一二七頁
231 以下、衆参両院の本会議、各委員会の模様は「国会会議録検索システム」（http://kokkai.ndl.go.jp/）で確認できる。
232 澁澤敬三「私と国際電電」『澁澤敬三著作集』第五巻（平凡社、一九九三年）三七七―三八四頁
233 以下KDDの業務関連事項は、KDD社史編纂委員会編『KDD社史』（KDDIクリエティブ、二〇〇一年）およびKDDエンジニアリング・アンド・コンサルティング編『国際電信電話株式会社二十五年史』（国際電信電話株式会社、一九七九年）により、通信量などは国際電信電話株式会社編『国際電信電話年報』各年度版による。

234 渋沢雅英『父・渋沢敬三』（実業之日本社、一九六六年）一六五―一六六頁

## 第六章

235 恵木真哲「拡大する国際ケーブル網の動向」『国際通信に関する諸問題』（一九八三年一月）四六―六七頁
236 木村惇一「国際海底ケーブル建設における問題点とその背景（一）」『国際通信に関する諸問題』（一九八三年三月）八―一〇頁
237 TPC―1の開通は、米国の権威ある電気、電子分野の学会、標準化団体の組織であるIEEE（Institute of Electrical and Electronic Engineers）による歴史的偉業としてマイルストーンに認定された。
238 NHKプロジェクトX制作班編『プロジェクトX　二六　復興の懸け橋』（日本放送出版協会、二〇〇五年）二六二―三〇五頁
239 この日米最初のテレビ中継もIEEEのマイルストーンに認定された。
240 無線百話出版委員会編『無線百話―マルコーニから携帯電話まで―』（クリエイト・クルーズ、一九九七年）三五二頁
241 木村惇一「国際海底ケーブル建設における問題点とその背景（二）」『国際通信に関する諸問題』（一九七三年七月）二二頁
242 貴志俊彦『日中間海底ケーブルの戦後史―国交正常化と通信の再生』（吉川弘文館、二〇一五年）三九―四六頁
243 G3ファクスの国際標準化もまたIEEEのマイルストーンに認定された。IEEEの認定したマイルストーンは、二〇一五年一二月の時点で、一六〇件、そのうち日本は東海道新幹線、日本語ワープロなど二六件、KDDは三件が認定されている。このほか、国際通信関連では、日本無線電信株式会社の依佐美送信所（愛知県刈谷市）が認定されている。
244 I．M．デスラー、佐藤英夫編『日米経済紛争の解明』（日本経済新聞社、一九八二年）二三三―三〇六頁
245 大河原良雄『オーラルヒストリー　日米外交』（ジャパン・タイムズ、二〇〇六年）三〇二―三〇三頁。村松岐夫は、独占が不可能になった時点で、通信主権の概念の修正が必要なのではないかと提議していた（村松岐夫「民営化・規制緩和と再規制の構造―電気通信政策の変化―」『レヴァイアサン』第二号（一九八八年四月）一三四頁）
246 鈴木賢一「電気通信事業における競争政策」『調査と研究』第四一八号（二〇〇三年七月）
247 須田祐子「日本の電気通信政策を巡る外圧と国内政治」『国際政治』第一二二号（一九九九年九月）一七九―一九八頁
248 須田祐子『通信グローバル化の政治学―「外圧」と日本の電気通信政策―』（有信堂高文社、二〇〇五年）一〇八頁
249 グループNET『第2KDD戦争』（日本ソフトバンク出版事業部、一九八八年）七一頁
250 須田『通信グローバル化の政治学』一〇九頁
251 グループNET『第2KDD戦争』九九―一〇二頁

252 城水元次郎『電気通信物語―通信ネットワークを変えてきたもの―』（オーム社、二〇〇四年）二二九―二三一頁
253 須田『通信グローバル化の政治学』九六―九八頁
254 『通信白書』平成二年版二三八―二四〇頁
255 藪中三十二『対米経済交渉―摩擦の実像』（サイマル出版会、一九九一年）一二〇―一二一頁
256 林秀弥・武智健二『オーラルヒストリー電気通信事業法』（勁草書房、二〇一五年）七七頁、一五九―一六一頁
257 小谷『インテリジェンスの世界史』四〇―四六頁
258 ジェイムズ・バムフォード『パズル・パレス（超スパイ機関ＮＳＡの全貌）』（早川書房、一九八六年）一八六―一九九頁
259 同前書、二五九―二六九頁

## 第七章

260 新納康彦「太平洋一万キロ決死の海底ケーブル―国際光海底ケーブルネットワーク―」『情報メディアセンタージャーナル』第七号（二〇〇六年四月）六〇―六九頁
261 恵木真哲「世界海底ケーブル敷設計画の進展状況」『国際通信に関する諸問題』（一九八四年三月）七八―八九頁
262 ＮＨＫプロジェクトＸ制作班編『プロジェクトＸ　一八　勝者たちの羅針盤』（日本放送出版協会、二〇〇三年）一一八―一八〇頁
263 小谷清『「反」特殊主義の経済学―日本経済論の通説を断つ―』（東洋経済新報社、一九九六年）一四七―一四九頁
264 町田徹『巨大独占―ＮＴＴの宿罪―』（新潮社、二〇〇四年）二二三―二二八頁
265 舟田正之「情報・通信分野における規制緩和」『立教法学』第四一号（一九九五年三月）二一四―二二八頁
266 須田『通信グローバル化の政治学』一五五―一五七頁
267 SankeiBiz 二〇一五年四月二五日
268 福家秀紀『情報通信産業の構造と規制緩和』（ＮＴＴ出版、二〇〇〇年）一六頁。福家は「そもそも規制当局が、市場の需給見込みを判断できると考えること自体に無理がある」としている。
269 電気通信審議会電気通信事業部会第一六六回会議議事要旨（平成一〇年一一月一六日公表）
270 『電気通信事業者協会年報』二〇〇一年版（電気通信事業者協会、二〇〇一年）九五―九六頁
271 町田『巨大独占』六二―六四頁
272 高崎晴夫「国際ケーブル事業　国際海底ケーブルの建設形態の変遷と将来展望」『海外電気通信』第三五巻第八号（二〇〇二年

一一月）七―二六頁
273 依田高典『次世代インターネットの経済学』（岩波書店、二〇一一年）五八―六七頁
274 辻井重男『暗号と情報社会』（文藝春秋社、一九九九年）八頁
275 ニッキー・ハーガー『シークレット・パワー―国際盗聴網エシェロンとUKUSA同盟の闇―』（リベルタ出版、二〇〇三年）一四七―一五二頁
276 鍛冶俊樹『エシュロンと情報戦争』（文藝春秋社、二〇〇二年）一一三―一一四頁
277 産経新聞特別取材班『エシュロン―アメリカの世界支配と情報戦略』（角川書店、二〇〇一年）六二―六三頁
278 バムフォード『パズル・パレス』二六七―二六九頁
279 鍛冶『エシュロンと情報戦争』一四二―一四三頁
280 江下雅之『監視カメラ社会』（講談社、二〇〇四年）四六―四八頁
281 小谷『インテリジェンスの世界史』一六〇―一六一頁
282 グレン・グリーンウォルド『暴露―スノーデンが私に託したファイル―』（新潮社、二〇一四年）九五―一二八頁、一五九―一六一頁
283 ルーク・ハーディング『スノーデンファイル―地球上で最も追われている男の真実―』（日経BP社、二〇一四年）一九七―二〇〇頁
284 バムフォード『パズル・パレス』二七六―二八〇頁
285 ハーディング『スノーデンファイル』一九八―一九九頁
286 土屋大洋『暴露の世紀―国家を揺るがすサイバーテロリズム―』（角川書店、二〇一六年）八〇―八二頁
287 ハーディング『スノーデンファイル』二七一―二七三頁
288 橋本靖明、河野桂子「サイバー戦争と国際法」土屋大洋監修『仮想戦争の終わり―サイバー戦争とセキュリティ―』（角川学芸出版、二〇一四年）二六〇―二六六頁
289 泉健太郎「ITUとインターネット―ITR（国際電気通信規則）改正を中心に―」『Nextcom』Vol・14（二〇一三年六月）二二―三一頁
290 デイヴィッド・ライアン『スノーデン・ショック―民主主義にひそむ監視の脅威―』（岩波書店、二〇一六年）一三四頁
291 ハーディング『スノーデンファイル』一六四頁

# 引用文献以外の主な参考文献


邦文史料

池田信夫『電波利権』（新潮社、二〇〇六年）
石原藤夫『国際通信の日本史―植民地化解消へ苦悶の九十九年』（東海大学出版会、一九九九年）
犬塚孝明『寺島宗則』（吉川弘文館、一九九〇年）
井上照幸『電電民営化過程の研究』（エルコ、二〇〇〇年）
軍事史学会編『第二次世界大戦（二）―真珠湾前後―』（錦正社、一九九一年）
KDDI総研編『コミュニケーションの国際地政学：国際海底ケーブル建設の歴史的発展過程とその地政学上の諸問題の分析：調査報告書 海底ケーブル編』（KDDI総研、二〇〇四年）
小谷賢『イギリスの情報外交―インテリジェンスとは何か―』（PHP研究所、二〇〇四年）
佐々木隆「明治時代の政治的コミュニケーション（その二）」『東京大学新聞学研究所紀要』第三三号（一九八三年）
千葉正史『近代交通体系と清帝国の変貌―電信・鉄道ネットワークの形成と中国国家統合の変容―』（日本経済評論社、二〇〇六年）
土屋大洋『サイバーセキュリティと国際政治』（千倉書房、二〇一五年）
東京国際電話局沿革史編纂プロジェクトチーム編『世界の声の交差点で：KDDオペレータの素顔とその半世紀』（国際電信電話東京国際電話局、一九八七年）
西岡洋子『国際電気通信市場における制度形成と変化―腕木通信からインターネット・ガバナンスまで―』（慶応義塾大学出版会、二〇〇七年）
西田健二郎監・訳・編『英国における海底ケーブル百年史』（国際電信電話株式会社、一九七一年）
日本電信電話公社電信電話事業史編集委員会編『電信電話事業史』第一巻、別巻（電気通信協会、一九五九～六〇年）
Hugh Barty-King『地球を取り巻く帯―Cable and Wireless 社並びに同社の前身の物語』（国際電信電話株式会社、一九八二年）
服部聡『松岡外交―日米開戦をめぐる国内要因と国際関係』（千倉書房、二〇一二年）
深谷健『規制緩和と市場構造の変化―航空・石油・通信セクターにおける均衡経路の比較分析―』（日本評論社、二〇一二年）
藤井信幸『通信と地域社会』日本経済評論社、二〇〇五年）
防衛庁防衛研修所戦史室著『戦史叢書⑩ ハワイ作戦』（朝雲新聞社、一九六七年）
宮杉浩泰「戦前期日本の暗号解読情報の伝達ルート」『日本歴史』第七〇三号（二〇〇六年一二月）

室井嵩監訳『ケーブル・アンド・ワイヤレス百年史』（国際電信電話株式会社、一九七二年）
大北電信株式会社編国際電信電話株式会社監訳『大北電信株式会社：1869-1969年会社略史』（国際電信電話株式会社、一九七二年）
森山優『日米開戦と情報戦』（講談社、二〇一六年）
柳下宙子「戦前期外務省における電信書式の変遷」『外交史料館報』第一五号（二〇〇一年六月）
山田高敬『情報化時代の市場と国家—新理想主義をめざして—』（木鐸社、一九九七年）
吉田一彦、友清理士『暗号事典』（研究社、二〇〇六年）
若林登、高橋雄造編著『—黎明期の本邦電気通信史—てれこむノ夜明ケ』（電気通信振興会、一九九四年）
和田洋典『制度改革の政治経済学—なぜ情報通信セクターと金融セクターは異なる道をたどったか？』（有信堂高文社、二〇一一年）

## 英文文献

Ahvenainen, Jorma, *The Far Eastern Telegraphs : the History of Telegraphic Communications between the Far East, Europe and America before the First World War*, Helsinki : Suomalainen Tiedeakatemia, 1981.
Yang Daqing, *Technology of Empire: Telecommunications and Japanese Expansion in Asia, 1883-1945*, Harvard University Asia Center, 2011

## ウェブ

アジア歴史資料センター（https://www.jacar.go.jp/nichibei/index.html）
暗号の本棚（http://angohon.web.fc2.com）
うなばら会ホームページ（http://unabarakai.web.fc2.com/index.html）
ＮＰＯ法人インテリジェンス研究所（http://www.npointelligence.com/index.html）
k-unet（KDD OBネット）（http://k-unet.org/）
Cryptiana: Articles on Historical Cryptography（友清理士ホームページ）（http://cryptiana.web.fc2.com/code/crypto.htm）

なお、開戦通告関連のマジック情報の多くは次のURLなどで閲覧できる。
The "Magic" Background To Pearl Harbor（https://archive.org/details/MagicBackgroundOfPearlHarbor）
Pearl Harbor attack（https://archive.org/stream/pearlharborattac12unit#page/156/mode/2up）

新潮選書

# 通信《つうしん》の世紀《せいき》——情報《じょうほう》技術《ぎじゅつ》と国家《こっか》戦略《せんりゃく》の一五〇年史《ひゃくごじゅうねんし》

著　者……………………大野哲弥《おおのてつや》

発　行……………………2018年11月20日

発行者……………………佐藤隆信
発行所……………………株式会社新潮社
〒162-8711 東京都新宿区矢来町71
電話　編集部 03-3266-5411
読者係 03-3266-5111
https://www.shinchosha.co.jp
印刷所……………………錦明印刷株式会社
製本所……………………株式会社大進堂

乱丁・落丁本は、ご面倒ですが小社読者係宛お送り下さい。送料小社負担にてお取替えいたします。価格はカバーに表示してあります。
© Tetsuya Ohno 2018, Printed in Japan
ISBN978-4-10-603834-1 C0365